普通高等教育"十三五"规划教材

大学有机化学实验

孔祥文　编著

中国石化出版社

内 容 提 要

本书是辽宁省级精品课程《有机化学》的配套教材、辽宁省教育科学"十二五"规划立项课题（JG14DB334）的研究成果之一。

全书共6章，分别为有机化学实验的一般知识、基本操作、有机化合物的制备与鉴定、综合性、研究性、设计性和开放性实验等。例题解析为部分高校本科生结业考试、研究生入学考试试题，另有模拟试题五套并配有参考答案。

本书既可作为普通高等学校和高等职业技术院校化学、应用化学、化工、轻工、石油、纺织、材料、药学、医学、环境、生物、食品、制药、安全、高分子、林产、冶金、农学等专业的教材，也可作为其他相关专业的教学用书或参考书，还可作为相关行业工程技术人员、科研人员和管理人员的参考用书，尤其适合作为报考硕士研究生的考生和参加化学竞赛的中学生的备考用书。

图书在版编目（CIP）数据

大学有机化学实验 / 孔祥文编著 . —北京：中国
石化出版社，2018.8
ISBN 978-7-5114-4970-2

Ⅰ. ①大… Ⅱ. ①孔… Ⅲ. ①有机化学-化学实验-
高等学校-教材 Ⅳ. ①O62-33

中国版本图书馆 CIP 数据核字（2018）第 176899 号

中国石化出版社出版发行

地址：北京市朝阳区吉市口路 9 号
邮编：100020　电话：(010)59964500
发行部电话：(010)59964526
http://www.sinopec-press.com
E-mail：press@sinopec.com
北京柏力行彩印有限公司印刷
全国各地新华书店经销

*

787×1092 毫米 16 开本 13.5 印张 312 千字
2018 年 8 月第 1 版　2018 年 8 月第 1 次印刷
定价：36.00 元

前　言

本书是作者在总结多年教学改革和实践的基础上，借鉴和吸收其他高校在有机化学实验教学改革方面的经验所编写的，是辽宁省级精品课程《有机化学》的配套教材和辽宁省教育科学"十二五"规划立项课题（JG14DB334）的研究成果之一。

本教材旨在通过精选内容、锤炼精品、强化操作，使学生掌握一般有机化合物的合成、分离和鉴定的方法，加深对有机化学基本概念、基本理论、有机化合物性质及变化规律的理解，掌握有机化学实验的基本操作和基本技能，培养学生严谨的科学态度、分析和解决实际问题的能力。

全书共分6章，分别为有机化学实验的一般知识、基本操作、有机化合物的制备与鉴定、综合性、研究性、设计性和开放性实验、例题解析、模拟试题及参考答案。

例题解析部分选择了3种类型典型例题，分别是高校招收攻读硕士学位研究生入学考试试题、高校本科生结业考试试题和一般问题，如：（厦门大学，2017）表示为厦门大学2017年招收攻读硕士学位研究生入学考试试题，（厦门大学）表示为厦门大学本科生结业考试试题，题后无高校名称的表示为一般问题。

本书既可作为普通高等学校和高等职业技术院校化学、应用化学、化工、轻工、石油、纺织、材料、药学、医学、环境、生物、食品、制药、安全、高分子、林产、冶金、农学等专业教材，也可作为其他相关专业的教学用书或参考书，亦可作为相关行业工程技术人员、科研人员和管理人员参考用书，尤其适合报考硕士研究生的考生复习《有机化学》课程的备考用书，特别适合作为中学生参加化学竞赛的参考用书。

本书由孔祥文（沈阳化工大学）、王鹏（山东科技大学）、吕丹（沈阳工业大学）、由立新（沈阳化工大学）编著。其他参加编写的人员有：沈阳化工大学的于秀兰、王晓丹、王娟、朱晓宇、任保轶、崔天放、盛永刚、滕雅娣（按姓氏笔画排序）；山东科技大学的王翠珍。

全书由孔祥文教授制定编写大纲、统稿和定稿。

在本书编写过程中，参阅了国内外的教材和专著，中国石化出版社编审人员对本书给予了大力支持和帮助，在此特致以衷心的感谢。

限于编者的水平，错误和不妥之处在所难免，衷心希望各位专家和使用本书的师生予以批评指正，在此致以最真诚的感谢。

编　者
2018 年 6 月

目　录

第1章　有机化学实验的一般知识

1.1　实验须知

为了保证有机化学实验课正常、有效、安全地进行，保证实验课的教学质量，培养良好的实验习惯，学生必须遵守下列规则：

（1）实验前

进行有机实验之前，必须认真阅读理论教学相关内容及参考资料，完成实验预习内容，按要求写好实验预习报告，方可进行实验。没有达到预习要求者，不得进行实验。

（2）实验中

进入实验室应熟悉实验室环境，知道水、电、气总阀门位置，灭火器材的放置地点和使用方法。实验前应清点仪器，如发现有破损或缺少应向指导教师报告，并按规定补领。正确安装实验装置，经指导教师检查合格后，方可开始进行实验。在操作前，应当明确每一步操作的目的、意义，实验中的关键步骤及难点，了解所用药品的性质及应注意的安全问题。

实验时保持安静，遵守实验纪律，不得擅自离开。严禁在实验室内吸烟和进食。实验中严格按操作规程操作，变更实验内容必须经指导教师同意，方可改变。实验中要认真操作、仔细观察实验现象，如实做好记录并不得涂改。实验完成后，由指导老师登记实验结果，并将产品回收统一保管。

在实验过程中保持实验室的整洁。注意节约水、电、煤气。公用器材用完后应放回原处，并保持原样。药品用完后，应及时将盖子盖好。液体样品一般在通风橱中量取，固体样品一般在称量台上称取。仪器损坏应如实填写破损单。废液应倒在指定容器内（易燃液体除外），固体废物应倒在垃圾桶内，不得丢入水槽，以免堵塞下水道。

（3）实验后

实验完毕后，将个人实验台面打扫干净，玻璃仪器洗净后放回原处。请指导老师检查、签字后方可离开实验室。值日生负责整理公用器材，打扫实验室，关闭水、电、煤气总阀，经指导教师同意后才能离开。

1.2　实验室的安全，事故的预防、处理与急救

1.2.1　防火、防爆

有机化学实验中使用的有机试剂和溶剂大多数都易燃、易爆。着火是有机实验室经常发生的事故之一，为了防止着火，实验中应注意以下几点：

1）易燃、易挥发的化学药品不能用敞口容器加热和放置。

2）尽量防止或减少易燃物气体的外逸，从蒸馏装置接收瓶出来的尾气出口应远离火源。处理和使用易燃物时，应远离明火，注意室内通风，及时将蒸气排出。

3）易燃、易挥发的废物，不得倒入废液缸和垃圾桶中。量大时，应专门回收处理；微量时，可倒入水池用水冲走，但与水发生猛烈反应者除外。

4）实验室不得存放大量易燃、易挥发性物质。装有易燃液体容器周围不得有明火。

5）有煤气的实验室，应经常检查管道和阀门是否漏气。

6）点燃酒精灯后，不得擅离岗位，离开前必须熄灭灯火。

7）蒸馏乙醚、酒精、石油醚、苯等沸点低于80℃的液体时，应采用水浴，不能用明火直接加热。

8）使用油浴时应防止冷水溅入而引起爆溅，发生灼伤或引起火灾。

一旦发生着火，应沉着镇静地及时采取正确措施，控制事故的扩大。第一，立即熄灭附近所有火源，切断电源，移开未着火的易燃物。第二，根据易燃物的性质和火势采取适当的方法进行扑救。有机物着火不能用水浇，因为一般有机物不溶于水或遇水可发生更强烈的反应而引起更大的事故；油类着火，要用沙或灭火器灭火，或者撒上干燥的碳酸氢钠粉末；电器着火，应切断电源，然后用二氧化碳灭火器灭火，但不能使用泡沫灭火器，因为泡沫可导电，有漏电危险；钾、钠着火不可用水灭火，否则会加剧火情，应用干燥的细沙覆盖灭火。小火可用湿布、石棉布或者黄沙盖熄；火势较大时，应用灭火器灭火。

实验室常用灭火器有二氧化碳、四氯化碳、干粉及泡沫等类型。干粉灭火器可扑灭一般火灾，还可扑灭油、气等燃烧引起的失火；二氧化碳灭火器用于扑灭油脂、电器及较贵重的仪器着火。四氯化碳和泡沫灭火器都具有较好的灭火性能，但四氯化碳在高温下能生成剧毒的光气，而且与金属钠接触会发生爆炸；泡沫灭火器会喷出大量的泡沫而造成严重污染，给后处理带来麻烦。不管采用哪一种灭火器，都是从火的周围开始向中心扑灭。

在有机化学实验室中，发生爆炸事故一般有两种情况。一是某些化合物容易发生爆炸。如重金属乙炔化物、过氧化物、芳香族多硝基化合物等，在受热或撞击时均会发生爆炸。另外，含过氧化物的乙醚在蒸馏时，也有爆炸的危险；乙醇和浓硝酸混合在一起，会引起极强烈的爆炸。还有，醚类和汽油类的蒸气与空气相混时，容易引起爆炸。二是仪器安装不正确或操作不当时，也可引起爆炸。如蒸馏或反应时实验装置被堵塞，减压蒸馏时使用不耐压的仪器等。

为了防止爆炸事故的发生，应注意以下几点：

1）使用易燃易爆物品时，应严格按操作规程操作，要特别小心。

2）实验装置切勿造成密闭体系，用玻璃仪器组装实验装置之前，要先检查玻璃仪器是否有破损。反应过于猛烈时，应严格控制加料速度和反应温度，必要时采用冷却措施，使反应平缓进行。

3）常压操作时，不能在密闭体系内进行加热或反应，要经常检查反应装置是否被堵塞。如发现堵塞应停止加热或反应，将堵塞排除后再继续进行实验。

4）蒸馏时不能将液体蒸干，以免局部过热或产生过氧化物而发生爆炸。减压蒸馏时，不能用平底烧瓶、锥形瓶、薄壁试管等不耐压容器作为接收瓶。

1.2.2　意外事故(紧急)处理

1. 防中毒

中毒主要是通过呼吸道和皮肤接触有毒物品而对人体造成危害。因此预防中毒应做到以下几点。

1) 称量药品时不得直接用手接触，必须戴橡皮手套，操作后立即洗手。任何药品不得入口。

2) 使用和处理有毒或腐蚀性物质时，应在通风橱中进行，尽可能避免蒸气外逸，并戴好防护用品。

3) 如发生中毒现象，应让中毒者及时离开现场，到通风好的地方，严重者应及时送往医院。

2. 防灼伤

皮肤接触了高温、低温或腐蚀性物质(如强酸、强碱等)后均可能被灼伤。为避免灼伤，在接触这些物质时，应戴上橡胶手套和防护眼镜。一旦发生灼伤时应按下列要求处理:

1) 碱灼伤:先用大量的水冲洗，再用 1%~2% 的乙酸溶液冲洗，然后再用水冲洗，最后涂上烫伤膏。

2) 酸灼伤:先用大量的水冲洗，然后用 5% 的碳酸氢钠溶液清洗，最后涂上烫伤膏。

3) 被热水烫伤后一般在患处涂上红花油，然后擦烫伤膏。

4) 眼睛被药品灼伤时，应立即用大量的水冲洗，并及时去医院治疗。

3. 防割伤

有机实验中主要使用玻璃仪器。为避免割伤，应注意以下几点:

1) 需要用玻璃管和塞子连接装置时，用力处不要离塞子太远，应用水、甘油等润滑后，逐渐旋转插入。

2) 用铁架台固定玻璃仪器时，用力要适度，以防玻璃破裂，割伤皮肤。

3) 新割断的玻璃管断口处特别锋利，使用时要将断口处用火烧熔或用砂轮打磨，使其成圆滑状。

发生割伤后，应将伤口处的玻璃碎片取出，挤出污血后用生理盐水将伤口洗净，涂上红药水，用纱布包好伤口。若伤口较深，流血不止时，应在伤口上方约 5~10cm 处用绷带扎紧或用双手掐住，然后再进行处理或送往医院。

实验室应备有急救药品，如生理盐水、医用酒精、红药水、烫伤膏、1% 的乙酸、饱和硼酸溶液、5% 的碳酸氢钠溶液、2% 的硫代硫酸钠溶液、甘油、止血粉、龙胆紫、凡士林等。还应备有镊子、剪刀、纱布、药棉、绷带、创可贴等急救用品。

1.2.3　废气、废液、废渣处理

有机化学实验教学不仅要训练并提高学生的实验操作技能，更要培养学生的科学实验方法。有机实验中常常用到种类繁多的毒害性大、易挥发的有机物，产生毒性较大且对环境污染严重的废气、废液、废渣。如果不引起重视或处理不当，不仅会影响人体健康，还会对环境产生污染。

1. 废气处理

废气的处理可以用适当的液体吸收剂来进行。常用的液体有水、酸性溶液、碱性溶液、氧化剂和有机液体，可以净化 SO_2、NO_2、HCl、Cl_2、NH_3、汞蒸气、酸雾和有机蒸气等。另外，可以用活性炭、浸渍活性氧化铝、分子筛等固体吸收剂来净化废气中低浓度的污染物质，如芳香烃、甲醇、乙醇、甲醛、氯仿、四氯化碳、胺类物质，以及 CO、CO_2、H_2S 等。

2. 废水（液）处理

对于酸含量小于 5% 的酸性废水或碱含量小于 3% 的碱性废水，可采用浓度相当的碱或酸进行中和处理。含酚废水可采用二甲苯通过萃取法进行处理。对于可燃烧的废液，且燃烧时不产生有毒气体，又不造成危险，可采用燃烧方法。另外，对废水中溶解的有机物可通过氧化还原法处理，如漂白粉可处理含酚废水；$FeSO_4$ 可用于除去废水中的汞。

3. 废渣处理

废渣主要采用掩埋法处理。有毒废渣需先进行化学处理后深埋在远离居民区的指定地点，以免污染地下水。

另外，对于难以处理的有害废物可报送环保部门进行统一处理。

1.3　实验预习、 记录和实验报告

有机化学实验是一门综合性较强的理论联系实际的课程，是培养学生独立工作能力的重要环节。正确、完整地完成实验预习、实验记录和实验报告，也是一次很好的训练过程。

1.3.1　实验预习

实验预习是有机化学实验的重要环节，对实验成功与否、收获大小起着十分关键的作用。预习时要反复阅读实验相关内容，领会实验原理，了解实验步骤和注意事项。一般来说，实验预习的具体内容包括以下方面。

1）实验目的：写出本次实验要达到的主要目的。

2）反应及操作原理：写出主反应和副反应，并简单叙述操作原理。

3）主要试剂及产物的物理常数。

4）实验用的仪器及药品：规格、型号、用量，过量原料的过量百分数，计算理论产量。

5）画出主要反应的仪器装置图，并标明仪器名称。

6）本次实验所涉及的相关单元操作内容；反应及产品纯化过程的流程图。

7）关键操作步骤与难点，实验过程中的安全问题。

以 1-溴丁烷的制备为例，实验预习格式如下：

1-溴丁烷的制备

一、实验目的

1）了解从正丁醇制备 1-溴丁烷的原理及方法；

2）初步掌握回流、气体吸收装置及分液漏斗的使用。

二、实验原理

主反应：

$$NaBr+H_2SO_4 \longrightarrow HBr+NaHSO_4$$

$$n-C_4H_9OH+HBr \xrightarrow{H_2SO_4} n-C_4H_9Br+H_2O$$

副反应：

$$CH_3CH_2CH_2CH_2OH \xrightarrow{H_2SO_4} CH_2CH_2CH =\!\!= CH_2+H_2O$$

$$2CH_3CH_2CH_2CH_2OH \xrightarrow{H_2SO_4} (CH_3CH_2CH_2CH_2)_2O+H_2O$$

$$2HBr+H_2SO_4 \xrightarrow{\triangle} Br_2+SO_2+2H_2O$$

三、主要试剂及产物的物理常数

主要试剂及产物的物理常数见表 1-1。

表 1-1 主要试剂及产物的物理常数

名称	相对分子质量	相对密度	熔点/℃	沸点/℃	溶解度/(g/100mL 溶剂)
正丁醇	74	0.81	-89.5	117.2	水中 7.9
溴化钠	103				水中 79.5(0℃)
硫酸	98	1.83	10.38	340(分解)	水中 ∞
1-溴丁烷	137	1.28	-112.4	101.6	水中不溶

四、计算

实验所需试剂及用量见表 1-2。

表 1-2 实验所需试剂及用量

名 称	实际用量	理论量	过量	理论产量
正丁醇	6.2mL(5g，0.068mol)			
溴化钠	8.3g(0.08mol)	0.068mol	18%	
硫酸	10mL(0.18mol)	0.068mol	165%	
1-溴丁烷		0.068mol		9.32g

五、实验装置图

实验装置如图 1-1 所示。

图 1-1 连有气体回收的回流冷凝装置

六、实验流程

实验流程图如图 1-2 所示。

图 1-2 实验流程图

七、实验步骤

（1）投料

在 50mL 圆底瓶中加 6.2mL 正丁醇、8.3g 溴化钠和 1~2 粒沸石。小锥形瓶内加入 10mL 水，边振荡边加入 10mL 浓硫酸。安装冷凝管，将稀释的硫酸从冷凝管上端加入烧瓶，充分振荡，混合均匀。（硫酸在反应中与溴化钠作用生成氢溴酸，氢溴酸与正丁醇作用发生取代反应生成 1-溴丁烷。硫酸用量和浓度过大，会加大副反应进行；若硫酸用量和浓度过小，不利于主反应的发生，即氢溴酸和 1-溴丁烷的生成。）

（2）加热回流

以电加热套加热至沸腾，调整加热套电压，以保持沸腾而又平稳回流，并时加摇动烧瓶促使反应完成。反应约 30min。（注意调整距离和摇动烧瓶的操作。）

（3）分离粗产物

待反应液冷却后，改回流装置为蒸馏装置(用直形冷凝管冷凝)，蒸出粗产物。(注意判断粗产物是否蒸完。)

（4）洗涤粗产物

将馏出液移至分液漏斗中，静置分层后，将产物转入另一干燥的分液漏斗中，用 3mL 的浓硫酸洗涤(除去粗产物中的少量未反应的正丁醇及副产物正丁醚、1-丁烯、2-丁烯)。尽量分去硫酸层(下层)。有机相依次用 10mL 的水(除硫酸)、5mL10% 碳酸钠溶液(中和未除尽的硫酸)和 10mL 水(除残留的碱)洗涤后，转入干燥的锥形瓶中，加入 1~2g 的无水氯化钙干燥，间歇摇动锥形瓶，直到液体清亮为止。

（5）收集产物

将干燥好的产物移至小蒸馏瓶中，在石棉网上加热蒸馏，收集 99~102℃的馏分。

实验关键步骤：

1）投料时应严格按教材上的顺序；投料后，一定要混合均匀。

2）反应时，保持回流平稳进行，防止导气管发生倒吸。

3）洗涤粗产物时，注意正确判断产物的上下层关系。

4）干燥剂用量合理。

1.3.2　实验记录

实验记录是科学研究的第一手资料，实验记录直接影响对实验结果分析。因此，学会做好实验记录也是培养学生科学作风及实事求是精神的一个重要环节。记录时务必实事求是，能准确反映实验事实，内容要简明扼要，条理清楚。记录过程中不能涂抹或用橡皮擦掉，写错可以用笔划掉。每位学生应有一本实验记录本，预先编好页码，不能撕下记录本的任何一页。记录直接写在预习报告本上，不能随便记在一张纸上。

有机化学实验记录的格式与内容如下所示：

实验名称_____

年　　月　　日

时　　间	操作步骤及现象

1.3.3 实验报告

实验报告就是在实验完成之后，对实验进行总结。即讨论观察到的实验现象，分析实验中出现的问题和解决的办法，整理归纳实验数据，写出做实验的体会，对实验提出建设性建议等。这是完成整个实验的又一个重要环节。

一份完整的实验报告包括实验目的与要求、实验原理、试剂及产物的物理常数、试剂的规格与用量、实验步骤与现象、产率计算、实验讨论等。

以1-溴丁烷的制备为例，格式如下：

1-溴丁烷的制备

一、实验目的

1）了解从正丁醇制备1-溴丁烷的原理及方法；

2）初步掌握回流、气体吸收装置及分液漏斗的使用。

二、实验原理

主反应：

$$NaBr+H_2SO_4 \longrightarrow HBr+NaHSO_4$$

$$n\text{-}C_4H_9OH+HBr \xrightarrow{H_2SO_4} n\text{-}C_4H_9Br+H_2O$$

副反应：

$$CH_3CH_2CH_2CH_2OH \xrightarrow{H_2SO_4} CH_2CH_2CH=CH_2+H_2O$$

$$2CH_3CH_2CH_2CH_2OH \xrightarrow{H_2SO_4} (CH_3CH_2CH_2CH_2)_2O+H_2O$$

$$2HBr+H_2SO_4 \xrightarrow{\triangle} Br_2+SO_2+2H_2O$$

三、主要试剂及产物的物理常数

主要试剂及产物的物理常数见表1-3。

表1-3 主要试剂及产物的物理常数

名称	相对分子质量	相对密度	熔点/℃	沸点/℃	溶解度/（g/100mL 溶剂）
正丁醇	74	0.81	−89.5	117.2	水中7.9
溴化钠	103				水中79.5（0℃）
硫酸	98	1.83	10.38	340（分解）	水中∞
1-溴丁烷	137	1.28	−112.4	101.6	水中不溶

四、主要试剂规格及用量

正丁醇6.2mL（5g，0.068mol）；

溴化钠（无水）8.3g（0.08mol）；

浓硫酸（$d=1.84$）10mL（0.18mol）；

10%碳酸钠水溶液；无水氯化钙。

五、实验装置图

实验装置如图 1-3 所示。

图 1-3　实验装置图

六、实验步骤及现象

实验步骤及现象如表 1-4 所示。

表 1-4　实验步骤及现象

时　间	步　骤	现　象
9：00	50mL 圆底瓶中加 6.2mL 正丁醇、8.3g 溴化钠和 1~2 粒沸石	NaBr 部分溶解
9：15	小锥形瓶内加入 10mL 水，边振荡边加入 10mL 浓硫酸	放热
9：30	安装冷凝管，将稀释的硫酸从冷凝管上端加入烧瓶，充分振荡，混合均匀	
9：45	冷凝管顶部安装气体吸收装置，开启冷凝水，用加热套小火加热回流 30min	NaBr 渐渐溶解，瓶中液体由一层变为三层，上层开始极薄，中层呈橙黄色，随着反应进行，上层越来越厚，中层越来越薄，最后消失。上层颜色由淡黄→橙黄
10：20	冷却 5min，改成蒸馏装置，加沸石，蒸出 1-溴丁烷	开始馏出液为乳白色油状物，后来油状物减少，最后馏出液变清（说明 1-溴丁烷全部蒸出），冷却后，蒸馏瓶内析出结晶（NaHSO$_4$）
11：00	粗产物用 3mL 浓硫酸洗涤	放热。产物在上层（清亮），硫酸在下层，呈棕黄色
11：10	10mL 水洗；5mL10%NaHCO$_3$ 洗；10mL 水洗	二层交界处有絮状物产生又呈乳浊状
11：30	将粗产物转入小锥瓶中，加 2g 无水氯化钙干燥	开始浑浊，最后变清
11：40	产品滤入 30mL 蒸馏瓶中，加沸石蒸馏，收集 99~102℃馏分	98℃开始有馏出液（3~4 滴），温度很快升至 99℃，并稳定于 101~102℃，最后升至 103℃，温度下降，停止蒸馏，冷后，瓶中残留有约 0.5mL 的黄棕色液体
12：00	产物称重	得 6.0g，无色透明

七、产率计算

理论产量(其他试剂过量,理论产量按正丁醇计):

$$n\text{-}C_4H_9OH+HBr \xrightarrow{H_2SO_4} n\text{-}C_4H_9Br+H_2O$$

$$\begin{matrix} 1 & & 1 \\ 0.068 & & 0.068 \end{matrix}$$

1-溴丁烷即可得 $0.068 \times 137 = 9.32g$

$$产率 = \frac{实际产量}{理论产量} \times 100\% = \frac{6.0g}{9.32g} \times 100\% = 64\%$$

八、讨论

1) 在回流过程中,瓶中液体出现三层,上层为1-溴丁烷,中层可能为硫酸氢正丁酯,随着反应的进行,中层消失表明正丁醇已转化为1-溴丁烷。上、中层液体为橙黄色,可能是由于混有少量溴所致,溴是由硫酸氧化溴化氢而产生的。

2) 反应后的粗产物中,含有未反应的正丁醇及副产物正丁醚等。用浓硫酸洗可除去这些杂质。因为醇、醚能与浓 H_2SO_4 作用生成盐而溶于浓 H_2SO_4 中,而1-溴丁烷不溶。

$$C_4H_9OH+H_2SO_4(浓) \longrightarrow C_4H_9{}^+OH_2+HSO_4^-$$

$$(C_4H_9)_2O+H_2SO_4(浓) \longrightarrow (C_4H_9)_2{}^+OH+HSO_4^-$$

3) 本实验最后一步,蒸馏前用折叠滤纸过滤,在滤纸上沾了些产品,建议不用折叠滤纸,而在小漏斗上放一小团棉花,这样简单方便,而且可以减少损失。

1.4 有机化学实验室的常用仪器和设备

1.4.1 玻璃仪器

有机化学实验常用的玻璃仪器,可分为普通玻璃仪器和标准磨口玻璃仪器两类。

1. 普通玻璃仪器

普通玻璃仪器有量筒、分液漏斗、锥形瓶、烧杯、玻璃漏斗、布氏漏斗、吸滤瓶等,如图1-4所示。

量筒　　　分液漏斗　　　锥形瓶　　　　烧杯　　　布氏漏斗　吸滤瓶

图1-4 普通玻璃仪器

2. 标准磨口仪器

标准磨口玻璃仪器有圆底烧瓶、三口烧瓶、分液漏斗、滴液漏斗、冷凝管、蒸馏头、接引管等，如图 1-5 所示。

75°弯管　　蒸馏接头　　　Y形管　　三颈烧瓶　　锥形瓶

梨形瓶　　圆底烧瓶

直形冷凝管　　球形冷凝管　　恒压漏斗　分液漏斗　　三叉燕尾管

接引管　干燥管　　搅拌封管　　　顶塞　　大小接头　温度计套管

弯形接受管105°　　搅拌器套管　　螺口接头　弯形干燥管

图 1-5　标准磨口玻璃仪器

在有机化学实验中广泛使用带有标准磨口的玻璃仪器，总称为标准磨口仪器。标准磨口仪器的形状、用途与普通仪器基本相同，只是具有国际通用的标准磨口和磨塞，便于仪器的互换、安装与拆卸，通用性强，仪器的利用率高。这样既可免去配塞子及钻孔等手续，又可以防止因使用橡皮塞而造成反应体系污染。

标准磨口仪器按磨口最大端直径分为 10mm、14mm、19mm、24mm、29mm、34mm、40mm、50mm 八种。也有用两个数字表示磨口大小的，如 10/19 表示此磨口最大直径为 10mm，磨口面长度为 19mm。相同编号的磨口和磨塞可以紧密相接，因此可按需要选配和组装各种型式的配套仪器进行实验。

使用标准磨口仪器时必须注意以下事项：

1）磨口处必须保持洁净，若粘有固体物质则使磨口对接不紧密，导致漏气，甚至损坏磨口。

2）用后应拆卸洗净，否则放置后磨口连接处常会粘住而难以拆开。

3）一般使用时磨口无需涂润滑剂，以免造成污染。若反应物中有强碱，则应涂润滑剂，防止磨口连接处因碱腐蚀而发生粘连。

4）安装时应注意磨口编号，装配要正确、整齐，使磨口连接处不受应力，否则仪器易折断或破裂。

1.4.2 常用设备

1. 电吹风

实验室中使用的电吹风应可吹冷风和热风，供干燥玻璃仪器之用。不用时宜放在干燥处，注意防潮、防腐蚀，定期加润滑油和维修。

2. 电加热套

电加热套是玻璃纤维包裹着电热丝织成帽状的加热器（见图1-6），外加金属外壳，中间填充保温材料。加热和蒸馏易燃有机物时，由于不见明火，因此具有不易引起着火的优点，热效率也高。加热温度一般不超过400℃，是有机实验中一种简便、安全的加热装置。电热套主要用做回流加热的热源。用于蒸馏或减压蒸馏热源时，随着蒸馏的进行，瓶内物质逐渐减少，会使瓶壁过热，造成蒸馏物被烤焦的现象。若选用大一号的电热套，在蒸馏过程中，不断降低电热套的高度，就会减少烤焦现象。在加热套的使用时，注意不要将药品或水洒在加热套上，以防引起事故；使用后置于干燥处，否则吸潮后降低绝缘性能。

3. 旋转蒸发仪

旋转蒸发仪由马达带动可旋转的蒸发器（圆底烧瓶）冷凝器和接受器组成（见图1-7），主要用于回收、蒸发有机溶剂。可在常压或减压下操作，可一次进料，也可分批吸入蒸发料液。由于蒸发器的不断旋转，可免加沸石而不会暴沸。蒸发器旋转时，会使料液的蒸发面大大增加，加快了蒸发速度。

接水泵 ←

进水口 →

出水口 →

图1-6 电热套　　　　　图1-7 旋转蒸发仪

4. 电动搅拌器

电动搅拌器在常量有机实验中作搅拌用。一般适用于油、水等溶液或固-液反应中；不适用于过黏的胶状溶液。使用时必须接上地线。平时应注意经常保持清洁干燥，防潮防腐蚀。轴承应经常加油保持润滑。

5. 磁力搅拌器

由一根以玻璃或塑料密封的软铁(磁棒)和一个可旋转的磁铁组成。将磁棒投入盛有欲搅拌的反应物容器中,将容器置于内有旋转磁场的搅拌器托盘上,接通电源,由于内部磁铁旋转,使磁场发生变化,容器内磁棒亦随之旋转,达到搅拌的目的。

6. 烘箱

实验室常用带有自动温度控制装置的电热鼓风干燥箱,使用温度一般为 $50\sim300℃$。烘箱主要用于干燥玻璃仪器或烘干无腐蚀性、加热时不分解的物品。干燥玻璃仪器时应先沥干,无水滴下时才放入烘箱,将温度控制在 $100\sim120℃$ 左右。向烘箱里放入玻璃仪器时,应自上而下依次放入,以免残留的水滴流下使下层已烘热的玻璃仪器炸裂。挥发性易燃物或刚用酒精、丙酮淋洗过的玻璃仪器切勿放入烘箱内,以免发生爆炸。厚壁仪器、橡皮塞、塑料制品不宜在烘箱中干燥。

7. 恒温水浴锅

恒温水浴锅常用于蒸馏、浓缩、干燥时温度不超过 $100℃$ 的恒温加热。可以自动控温,操作简便,使用安全。使用后应将控温旋钮置于最小值后再切断电源;若长时间不使用,应将水箱中的水排净,以免腐蚀设备。

8. 超声波清洗器

超声波清洗器是利用超声波发生器发生的交频信号,传换成交频机械振荡而传播到清洗液中,以疏密相间的形式向被洗物件辐射,产生"空化"现象,致使物体表面及孔隙中的污垢被分散、破裂及剥落,从而达到净化清洁的目的。超声波清洗器主要用于小批量的清洗、脱气、混匀、提取等操作。

9. 循环水多用真空泵

循环水多用真空泵一般用于对真空度不高的减压体系中,如蒸发、蒸馏、结晶、过滤、减压、升华等操作中。由于水可以循环使用,节水效果明显。使用时应在真空泵与减压体系之间接有缓冲瓶,以免停泵时发生倒吸而污染体系。开泵前应将缓冲瓶活塞置于开放状态,开泵后用缓冲瓶上的活塞调节所需真空度,关泵时先打开缓冲瓶的活塞,拆掉与减压体系的接口后再关泵。另外,应经常更换水泵中的水,以保持水泵的洁净和真空度。

10. 油泵

油泵常在对真空度要求较高的条件下使用,好的真空油泵能达到 $10\sim100Pa$ 以上的真空度。油泵结构比较精密,工作条件要求严格。使用时要防止有机溶剂、水或酸气等抽进泵体,以免损坏油泵,影响真空度。定期更换真空泵油,清洗机械装置。如果真空度明显下降,应及时维修,否则机械损坏更为严重。

1.5　有机化学实验常用装置

1.5.1　回流装置

室温下,有些反应速度很慢或难于进行。为了加快反应速度,常常需要使反应物较长时间保持沸腾。在这种情况下，就需要使用回流冷凝装置，使蒸气不断地在冷管内冷凝而返回反应器中，以防止反应瓶中物质逸失。图1-8(a)是普通加热回流装置；图1-8(b)是防潮加热回流装置；图1-8(c)是带有气体吸收的回流装置，适用于回流时有水溶性气体(如：HCl、HBr、SO₂等)产生的实验；图1-8(d)为回流时可以同时滴加液体的装置，用于某些进行剧烈、发热很大的反应，可将一种试剂逐渐滴加进去而对反应加以控制。

回流加热前应先放入沸石，根据瓶内液体的沸腾温度，可选用水浴、油浴或石棉网直接加热等方式。直立的冷凝管夹套中自下至上通入冷水，使夹套充满水，水流速度不必很快，能保持蒸气充分冷凝即可。加热的程度一般控制在使蒸气上升的高度不超过冷凝管的1/3。

(a)　　(b)　　(c)　　(d)

图1-8　回流装置

1.5.2　蒸馏装置

蒸馏是分离两种以上沸点相差较大的液体和除去有机溶剂的常用方法。几种常用的蒸馏装置(见图1-9)，可用于不同要求的场合。图1-9(a)是最常用的蒸馏装置，由于这种装置出口处与大气相通，可能逸出馏液蒸气，若蒸馏易挥发的低沸点液体时，需将接液管的支管连上橡皮管，通向水槽或室外。支管口接上干燥管，可用作防潮的蒸馏。图1-9(b)是应用空气冷凝管的蒸馏装置，常用于蒸馏沸点在140℃以上的液体，此时若使用直形水冷凝管，由于液体蒸气温度较高而会使冷凝管炸裂。图1-9(c)为蒸除较大量溶剂的装置，由于液体可自滴液漏斗中不断地加入，既可调节滴入和蒸出的速度，又可避免使用较大的蒸馏瓶。

1.5.3　搅拌装置

固体和液体或互不相溶的液体进行反应，或反应物之一系逐渐滴加时，为了尽可能使其迅速均匀地混合，以避免因局部过浓过热而导致其他副反应发生或有机物的分解，均需进行搅拌操作。在许多合成实验中若使用搅拌装置不但可以较好地控制反应温度，同时也能缩短

14

反应时间和提高产率。常用的搅拌装置见图 1-10。图 1-10(a)是可同时进行搅拌、回流和自滴液漏斗加入液体的实验装置；图 1-10(b)的装置还可同时测量反应的温度；图 1-10(c)是带干燥管的搅拌装置；图 1-10(d)是磁力搅拌。

图 1-9　蒸馏装置

图 1-10　搅拌装置

在装配机械搅拌装置时，先将搅拌器固定好，用短橡皮管把已插入封管中的搅拌棒连接到搅拌器上，然后小心地将三口烧瓶套上去，至搅拌棒的下端距瓶底约 5mm，将三口烧瓶夹紧，搅拌器的轴和搅拌棒应在同一直线上。用手试验搅拌棒转动是否灵活，再以低速开动搅拌器。当搅拌棒与封管之间不发出磨擦声时才能认为仪器装配合格，否则需要进行调整。最后装上冷凝管、滴液漏斗(或温度计)，用夹子夹紧。整套仪器应安装在同一铁台上。

安装仪器应遵循"先下后上，从左到右"的原则。实验装置要求正确、整齐、稳妥、端正；其轴线应与实验台边沿平行。在装配实验装置时，使用的玻璃仪器和配件应该是洁净干燥的。圆底烧瓶或三口烧瓶的大小应使反应物大约占烧瓶容量的 1/3 至 1/2，最多不超过 2/3。安装时首先将烧瓶固定在合适的高度(下面可以放加热设备)，然后逐一安装上冷凝管和其他配件。每件大的仪器都应用夹子牢固地夹住，金属夹子不可与玻璃直接接触，应套上橡皮管、粘上石棉垫或缠上石棉绳。需要加热的仪器，应夹住仪器受热最少的位置(如圆底烧瓶靠近瓶口处)，冷凝管则应夹住其中央部位。

1.6 玻璃仪器的洗涤、干燥和保养

1.6.1 玻璃仪器的洗涤

玻璃仪器上沾染的污物会干扰反应进程、影响反应速度、增加副产物的生成和分离纯化的困难，甚至会遏制反应而得不到产品。所以进行有机化学实验必须使用洁净的玻璃仪器。

实验用过的玻璃仪器必须养成立即清洗的习惯。因为此时污物与玻璃表面尚未粘结的十分紧密，而且清楚污垢的性质，容易选择适当的清洗方法。一旦长时间放置，清洗就会困难得多。

洗涤一般用特制的刷子(如瓶刷、烧杯刷、冷凝管刷等)，用水、洗衣粉、去污粉刷洗，再用自来水冲洗，当仪器倒置器壁不挂水珠时，表示已洗净。若玻璃仪器难以洗净，则可根据污垢的性质选择合适的洗液进行洗涤。酸性(碱性)污垢用(碱性(酸性)洗液洗涤；对于黏性或者焦油状有机污垢可选择合适的回收溶剂或低规格的乙醇、丙酮等进行洗涤。如条件允许，可采用超声波振动洗涤等。一般来讲，如果用清水和洗衣粉可以刷洗干净的仪器，就不要用其他的洗涤方法。

1.6.2 玻璃仪器的干燥

玻璃仪器洗净后，还要进行干燥处理。这是因为许多有机反应要求在无水条件下进行，若操作过程中带入水分，将导致实验失败。所以，应当养成每次试验后马上把仪器洗净并倒置使之干燥的习惯。玻璃仪器的干燥方法有以下几种。

1. 自然晾干

将洗净后的玻璃仪器倒置，或者倒插在玻璃仪器架上，使其自然干燥。这种干燥方式可以满足大多数有机实验的要求。

2. 烘干

用电烘箱进行干燥是经常采用的一种干燥方法。将自然干燥或经过清洗后流去表面水珠的玻璃仪器，放入烘箱内干燥。仪器的橡皮塞、软木塞不可放入烘箱；活塞或磨口玻璃塞要分开放置，待烘干后再重新装配；有刻度的容量仪器(如量筒、量杯、容量瓶、移液管、滴定管等)不可放入烘箱内烘干。

从烘箱内取出玻璃仪器时，应待烘箱温度降至室温后再取。如需急用，则需将较高温度的玻璃仪器取出后放置在石棉网上，慢慢冷却至室温，以免损坏仪器。

3. 吹干

将沥干水分后的玻璃仪器插入气流干燥器的多孔金属管上，吹入热空气后，可快速干

燥。用电吹风机可对小件急用玻璃仪器进行快速吹干，吹干前一般用少量乙醇或丙酮淋洗。

1.6.3 玻璃仪器的保养

使用玻璃仪器应轻拿轻放。除了烧瓶、烧杯、试管等少数仪器外，都不能用明火加热。锥形瓶、平底烧瓶由于不耐压，不得用于减压操作。温度计水银球部位的玻璃很薄，使用时要特别小心，以防破损。温度计使用后要缓慢冷却，水银球不能马上用冷水冲洗，以免炸裂。

磨口仪器因为价格较贵，使用时要注意保养，使之保持待用状态，并可延长其使用寿命；清洗、干燥或保存时不要碰坏磨口部分而影响密闭性。磨口仪器长时间放置应在各磨口的连接部位垫上纸片，以防粘连。若已粘连，可用橡胶棒轻敲磨口连接部位，使之松动而开启；也可用小火均匀烘烤或在沸水中煮沸，使之受热膨胀而松动。

1.7 有机化合物的结构表征与纯度鉴定

有机分子结构的表征是件复杂、艰巨的工作，确定分子的结构要有多种方法互相认证。结构表征的方法大体上有化学法和物理方法等。

1.7.1 化学方法表征

1. 官能团分析方法

官能团是一类化合物最有特征反应的部分，用各种试剂与之反应，区分、确定各类化合物，决定研究对象所属化合物类别，也可以用官能团分析法进行定性分析，例如用溴区分烯烃和环烷烃(小环分子除外)、用斐林试剂和托伦试剂区分醛和酮、用酸碱中和反应区分羧酸和酯等。这些方法中一些操作简单的试验就是通常说的用化学方法鉴别化合物。官能团分析方法，可以进行定量测定，就是已形成的有机分析学科领域。

2. 化学降解及合成方法

结构复杂的化合物，为确定其结构，常常用化学方法把分子拆成各种"碎片"，测定每一"碎片"的结构，再把碎片的结构组合起来，确定整个分子的结构，为了证实推断是否正确，把推断出来的结构作为模拟的目标，采用已知结构的化合物为原料，利用特定的方法合成目标分子，然后比较两者的各种性质。

3. 官能团转化法

把官能团化合物用特定的试剂转化成衍生物，然后测定衍生物的性质，借以决定官能团化合物的结构。

1.7.2 物理方法表征

1. 测定物理常数法

物性常数如熔点、沸点、密度等是化合物的属性，可借助这些性质鉴定已有的化合物，对新的化合物这种方法不适用。具有同一值的各种常数，所对应的化合物不只一个化合物，常需多种方法联合使用，此法只能为辅助方法。

2. 现代物理仪器测量方法

能用于有机化合物结构表征的方法很多，有机化学中普遍使用的方法主要是测定有机化合物的红外光谱和核磁共振谱。此外质谱也被广泛使用。这些方法的特点是试样用量少，测定时间短，结果准确，尤其与计算机联用后，优点更突出，与测物理常数的宏观方法相比波谱法测定的是化合物微观性质，揭示化合物微观结构，是结构表征的最有力的手段和方法，现主要介绍最常用的红外吸收光谱和核磁共振光谱。

（1）红外吸收光谱

红外吸收光谱是分子振动光谱，简称红外光谱（infrared spectrometry），通过谱图解析可以获取分子结构的信息，是解析有机化合物结构的重要手段之一。红外光谱不但可以鉴别有机化合物分子中所含的化学键和官能团，还可以鉴别这个化合物是否饱和、是否为芳香族化合物，从而推断出化合物的分子结构。红外光谱还可以用于有机化合物的理论研究中，如测定分子化学键的强度、键长、键角，还可用于反应机理和化学动力学的研究。

任何气态、液态、固态样品均可进行红外光谱测定，这是很多其他仪器分析方法难以做到的。

1）基本原理：

红外光谱是一种吸收光谱，它与分子振动能级和转动能级有关。分子的振动形式很多，只有那些在振动过程中有瞬时偶极变化的振动发生能级跃迁时，才吸收红外光而形成红外光谱。引起分子偶极变化的振动分为伸缩振动（V）和弯曲振动（δ）。伸缩振动是化学键两端的原子沿键轴方向来回做周期运动。而原子间除了伸缩振动外，还有键角的周期变化，这种振动称为弯曲振动或变形振动，如图 1-11 所示，可分为面内弯曲振动和面外弯曲振动。分子振动能级是量子化的，分子中的每一种振动都有一定的频率，叫作基频。当用一定频率的红外光照射有机物样品时，如果该样品的某一振动频率与红外光的频率相同，则该样品就吸收这种红外光，使样品的振动由基态跃迁到激发态。所以，使用红外光（波长为 $2.5 \sim 25 \mu m$，波数为 $4000 \sim 400 cm^{-1}$）依次通过有机物样品时，就会出现强弱不同的吸收现象。以波长 λ（μm）或波数 σ（cm^{-1}）为横坐标，表示吸收峰的位置；以吸光度（A）或透过率（$T\%$）为纵坐标，表示吸收强度。将谱带记录下来，就得到该化合物的红外光谱图，如图 1-12 所示。

对称伸缩振动　　　　不对称伸缩振动

(a) 伸缩振动

剪切振动　　面内摇摆振动　　面外摇摆振动　　卷曲振动

(b) 弯曲振动

图 1-11　分子伸缩振动和弯曲振动示意图

图 1-12　甲苯的 IR 谱

　　大量实验表明，在不同的化合物中，同一类型的化学键或官能团的红外吸收频率总是出现在一定的波数范围内。这是因为化学键的振动频率与原子质量、键强度及振动方式有关，因此不同的基团有不同的吸收频率。所以，可以根据吸收峰的位置、强度及形状来判断分子中存在哪些官能团。对于结构简单的分子，可以用红外光谱法进行未知物的结构判断。

　　2) 红外光谱仪简介：

　　目前使用较多的是双光束红外分光光度计和傅里叶变换红外光谱仪（FTIR）。双光束红外分光光度计的工作原理如图 1-13 所示。

图 1-13　红外光谱仪原理示意图

　　红外辐射源由硅碳棒发出，硅碳棒在电流的作用下发热并辐射出红外辐射光。这束光经反射镜反射成可变波长的红外光，分为两束。一束穿过参比池，另一束穿过样品池。如果样品对频率连续变化的红外光不时地发生强度不一的吸收，那么穿过样品池而到达红外辐射检测器的光束强度就会相应地减弱。红外分光光度计就会将吸收光束与参比光束作比较，并通过记录仪得到红外光谱图。

　　傅里叶变换光谱法利用干涉图和光谱图之间的对应关系，通过测量干涉图和对干涉图进行傅里叶积分变换来测定和研究光谱图。傅里叶光谱仪可以理解为以某种数学方式对光谱信息进行编码的摄谱仪，它能同时测量、记录所有信号，并以更高的效率采集来自光源的辐射能量，从而使之具有比传统光谱仪高得多的信噪比和分辨率；同时它的数字化的光谱数据，也便于数据的计算机处理。

　　由于玻璃和石英几乎能吸收所有的红外光，因此不能用来作样品池。制作样品池的材料必须对红外光无吸收，以避免产生干扰。常用的材料有卤盐如氯化钠和溴化钾等。

3）试样的制备：

① 气体样品。气体样品的红外测试可采用气体池进行。在样品导入之前须先抽真空。吸收峰强度可以通过调整气池内样品的压力达到，一般对于红外吸收强的气体，只需要注入 0.6666kPa 的样品；对弱吸收气体，需要注入 66.66kPa 的样品。

② 液体样品。对于易挥发的液体样品应使用固定密封液体池。这种液体池的清洗方法是向池内灌注能溶解样品的溶剂来浸泡，最后用干燥空气或氮气吹干。

一般的液体样品使用可拆卸吸收池，以便于清洗。常用制样方法有两种。

液膜法：液体样品直接滴在盐片上，盖上另一片盐片，两盐片压紧排除气泡。

溶液法：将一定量液体或者固体溶于适当溶剂配成浓度为 0.05%~10% 的溶液，再将溶液倒入样品池中进行测定。常用的溶剂有 CS_2、CCl_4 及 $CHCl_3$ 等，溶剂自身的吸收峰通过溶剂参比进行校正。

③ 固体样品。固体样品除了可以溶于适当的溶剂形成溶液后，按液体样品处理之外，还常采用以下两种方法。

KBr 压片法：取 1~3mg 样品，置于玛瑙研钵中研细后，加入事先已经研细的分析纯 KBr（样品占混合物的 1%~5%）。继续混合研磨成粒度小于 $2\mu m$ 的细粉，将磨细的混合物粉末装入压片模具内，在 60MPa 下压制成厚 1mm 左右的透明薄片。将其直接装在固体样品架上进行测定。

糊剂法：取 10mg 样品，于玛瑙研钵内研细，而后将样品粉末悬浮分散在几滴石蜡油、全氟丁二烯等糊剂中，进一步研磨至均匀的糊状。将糊剂涂在一块氯化钠盐片上，盖上另一块盐片，放在支架上，进行红外光谱测定。

4）红外光谱的解析：

红外光谱比较复杂，一个化合物的红外吸收光谱有时多达几十个吸收峰，通常将红外光谱的吸收峰分为两大区域。$4000~1300cm^{-1}$ 区域：该区域内官能团的吸收峰较多，而这些峰受分子中其他结构的影响较小，易辨别，所以常把这一区域称为官能团区或特征谱带区。该区域是红外光谱解析的基础，常用来判断分子中存在何种官能团。$1300~650cm^{-1}$ 区域：该区域是一些单键的弯曲振动和伸缩振动引起的吸收峰，这些吸收峰受分子结构的影响很大，分子结构有微小的变化就会引起吸收峰位置和强度明显的不同，就像人的指纹，所以常把该区域称为指纹区。不同化合物的指纹区的吸收峰不同，因此指纹区对鉴定两个化合物是否相同起着关键的作用。常见官能团和化学键的特征吸收波数见表 1-5。

表 1-5　常见有机化合物的特征吸收频率

化合物类型	基团	键的振动类型	频率范围/cm^{-1}
烷烃	C—H	伸缩振动	2950~2850
		弯曲振动	1470~1430, 1380~1360(甲基) 1485~1445(亚甲基)
烯烃	=C—H	伸缩振动	3080~3020
		弯曲振动	995~985, 915~905(单取代烯烃) 980~960(反式二取代烯烃) 690(顺式二取代烯烃) 910~890(同碳二取代烯烃) 840~790(三取代烯烃)
	C=C	伸缩振动	1680~1620

续表

化合物类型	基　团	键的振动类型	频率范围/cm^{-1}
炔烃	≡C—H	伸缩振动	3320~3310
	C≡C	伸缩振动	2200~2100
芳烃		伸缩振动	3100~3000
	=C—H	弯曲振动	770~730，710~680(五个相邻氢) 770~730(四个相邻氢) 810~760(三个相邻氢) 840~800(二个相邻氢) 900~860(隔离氢)
	C=C	伸缩振动	1600，1500
醇、醚、羧酸、酯	C—O	伸缩振动	1300~1080
醛、酮、羧酸、酯	C=O	伸缩振动	1760~1690
醇、酚	O—H	伸缩振动	3600~3200
羧酸	O—H	伸缩振动	3600~2500
胺、酰胺	N—H	伸缩振动	3500~3300
		弯曲振动	1650~1590
	C—N	伸缩振动	1360~1180
腈	C≡N	伸缩振动	2280~2240
硝基化合物	—NO$_2$	伸缩振动	1550~1535
		弯曲振动	1370~1345

下面举例来说明红外光谱的解析步骤。

【例】 已知未知物分子式为 C_7H_8，其红外光谱图如图 1-12 所示，试推测其结构。

解：根据化合物的分子式计算它的不饱和度为 4，由此推测该化合物可能含苯环。谱图中 1600cm^{-1}、1500cm^{-1} 和 1460cm^{-1} 为苯环碳骨架伸缩振动的特征峰，3030cm^{-1} 的吸收峰是苯环的 C–H 键的伸缩振动引起的。这些吸收峰以及不饱和度都证实了该未知物含有苯环。谱图中 725cm^{-1}、694cm^{-1} 的吸收峰以及 2000~1700cm^{-1} 间的一组吸收峰是苯环的 C–H 键面外弯曲振动以及倍频吸收所引起的，表明为单取代苯。2960~2870cm^{-1} 的两个吸收峰为烷基的 C–H 键伸缩振动吸收峰，1380cm^{-1} 出现的一个吸收峰是 CH$_3$ 的对称弯曲振动。

综合以上分析，结合分子式，推测该化合物为甲苯，结构式为 。

5) 注意事项：

a. 由于水在 3710cm^{-1} 和 1630cm^{-1} 处有较强吸收峰，因此在作红外光谱分析时，待测样品及盐片需要充分干燥处理。

b. 为了防潮，在盐片上涂待测样品时，宜在红外干燥灯下操作。测试完毕，须及时使用二氯甲烷或氯仿进行擦洗。干燥后，将样品置于干燥器中备用。

c. 石蜡油是高分子量碳氢化合物，因此在 3030~2830cm^{-1} 处有 C—H 伸缩振动吸收，在 1460~1375cm^{-1} 处有 C—H 弯曲振动，在解析红外光谱时应注意先将这些峰除去，以免对谱图的正确解析产生干扰。

（2）核磁共振谱

核磁共振谱（nuclear magnetic resonance spectroscopy）在有机化合物分子结构研究中是一种重要的剖析工具。核磁共振谱能够提供化学位移、偶合常数、各种核的信号强度比和驰豫时间。通过分析这些信息，可以了解特定原子的化学环境、原子个数、邻接基团的种类及分子的空间构型，因此核磁共振在化学、生物学、医学和材料学领域的应用日趋广泛。

1）基本原理：

核磁共振是由原子核的自旋运动引起的。不同的原子核自旋情况不同，其自旋情况在量子力学上用自旋量子数 I 表示，I 与原子的质量和原子序数有一定的关系，当原子的质量数和原子序数二者之一为奇数或均为奇数时，$I \neq 0$，这时原子核就像陀螺一样绕轴做旋转运动，自旋可产生磁矩。核磁共振谱是由具有磁矩的原子核在外加磁场中受辐射而发生能级跃迁所形成的吸收光谱。当 I 为 1/2 时，如 ^1H、^{13}C、^{15}N、^{19}F、^{29}Si、^{31}P 等，这类原子核可看作是电荷均匀分布的球体，原子核的磁共振容易测定，适用于核磁共振光谱分析。

原子核带正电，将旋转的原子核放到一个均匀的磁场中，原子核能级分裂成 $2I+1$ 个。自旋量子数为 1/2 的核裂分为两个能级，其中与外磁场方向相同的自旋核能量较低，称低能自旋态，用 $+1/2$ 表示；与外磁场方向相反的自旋核能量较高，称高能自旋态，用 $-1/2$ 表示。低能自旋态和高能自旋态之间能级差 ΔE，只有当具有辐射的频率和外界磁场达到一定关系才能产生吸收（见图 1-14），其关系式如下：

$$\Delta E = \gamma \frac{h}{2\pi} B_0 = h\nu \qquad \nu = \frac{\gamma B_0}{2\pi}$$

式中　γ——磁旋比，是核的特征常数；

　　　　h——Plank 常量；

　　　　ν——无线电波的频率；

　　　　B_0——外加磁场的磁感应强度。

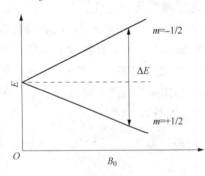

图 1-14　质子在外加磁场中
两能级与外加磁场的关系

当照射电磁波的能量恰好等于两能级能量之差时，原子核吸收电磁波从低能级跃迁到高能级，这时就发生核磁共振。有机化学中研究最多的是 ^1H 的核磁共振和 ^{13}C 的核磁共振。

在实际的分子环境中，氢核外面是被电子云包围的，电子云对氢核有屏蔽作用，从而使得氢核感受到的磁场强度不是 B_0 而是 B'。在有机化合物分子中，不同类型的氢核周围电子云的屏蔽作用不同。也就是说，不同类型的质子在静电磁场作用下，其共振频率不同，所以在核磁共振谱的不同位置出现吸收峰，这种峰位置上的差异叫化学位移（chemical shift）。由于上述位置差异很小，质子屏蔽效应只有外加磁场的百万分之几，测定共振位置的绝对值是难以精确的，因而采用一个标准物质作对比，常用的标准物质是四甲基硅烷（TMS）。化学位移一般表达如下：

$$\delta = \frac{\nu_{样品} - \nu_{TMS}}{\nu_0} \times 10^6$$

式中　　$\nu_{样品}$——样品中质子的共振频率；

　　　　ν_{TMS}——TMS 中质子的共振频率；

　　　　ν_0——仪器所采用的频率。

在样品中加入 TMS，为化学位移的大小提供一个参比标准，规定 TMS 的 δ 值定为零。核磁共振氢谱中横轴用符号 δ 表示，图 1-15 为乙醇的 ^{1}H 核磁共振（NMR）谱。

图 1-15　乙醇的 ^{1}H NMR 谱

2）核磁共振仪简介：

核磁共振仪根据电磁波的来源，可分为连续波和脉冲傅里叶变换两种。连续波核磁共振仪可通过固定磁场改变频率，也可固定频率改变磁场来进行测量（见图 1-16），使用一个强度很大的电磁铁来产生磁场。测试样品放在磁铁两极之间能绕轴旋转的样品管内，样品管周围缠绕着射频线圈。接通电流，射频振荡器通过振荡线圈对样品进行照射。如果样品对射频振荡器发出的射频能产生吸收，即频率与两个自旋态的能量差 ΔE 相匹配时，就发生共振。吸收的能量被射频接收器所检测，形成的信号经放大后记录下来，即得核磁共振谱图。

图 1-16　核磁共振仪示意图

脉冲傅里叶变换核磁共振仪，则是固定磁场，用时间短（约 10^{-5} s）、强度大的无线电波照射样品，使在不同环境下的磁性核同时激发，信号经计算机进行傅里叶变换得到用频率表示的谱图。该方法的优点是样品用量较少，测量时间较短，灵敏度较高。因此，傅里叶变换核磁共振仪如今已普遍应用。

如果按照磁场产生的方式来分,核磁共振仪可分为永久磁铁、电磁铁和超导磁体三种;也可按磁场强度不同,将核磁共振仪分为 60MHz、90MHz、100MHz、200MHz、500MHz 等多种型号,一般兆数越高,仪器分辨率越好。

3)样品的制备:

如果有足够的不黏的液体样品(0.75~1.0mL),可以以纯样进行;固体样品取 5~10mg 溶于 0.75~1.0mL 的适当溶剂中;如果是黏性的液体样品,则先加入 1/5 体积的被测物质,然后加入 4/5 体积的溶剂。若溶剂中不含 TMS,则加入 1~4 滴 TMS。样品的溶液应有较低的黏度,否则会降低谱峰的分辨率。所用溶剂不能含有质子,最常用的有机溶剂是 CCl_4。随着被测化合物极性的增加,就要选择氘代溶剂如 $CDCl_3$、D_2O、CD_3OD、C_6D_6 及 DMSO- d_6 等。

制备的样品应放在塑料帽盖的样品管内,加上盖后摇匀,而后将样品管放入指定位置。一旦放置好,样品管应能够围绕垂直轴旋转。

4)核磁共振谱的解析:

氢的核磁共振谱图通常可以提供有关分子结构的丰富信息:化学位移可推测与产生吸收峰的氢核相连的官能团的类型;自旋裂分的形状提供了邻近的氢的数目;峰面积可算出分子中每种类型氢的相对数目。一般解析未知化合物的核磁共振谱,采取以下步骤。

a. 通过区分有几组峰来确定未知物中有几种不等性质子(谱图上化学位移不同的质子)。

b. 通过计算峰的面积比来确定各种不等性质子的相对数目。共振吸收峰的面积大小,一般用积分曲线的高度来量度。核磁共振仪上带的自动积分仪对各峰的面积进行自动积分,得到的数值用阶梯式积分曲线高度来表示。从积分曲线的起点到终点的总高度与分子中全部氢原子的数目成正比,每一阶梯的高度与该峰面积成正比,即与产生该吸收峰的质子数成正比。

c. 确定各组峰的化学位移值从而确定分子中可能的官能团。不同类型质子的化学位移值如表 1-6 所示。

表 1-6 不同类型质子的化学位移值

质子类型	化学位移(δ)	质子类型	化学位移(δ)
RCH_3	0.9	$ArCH_3$	2.3
R_2CH_2	1.2	$RCH{=}CH_2$	4.5~5.0
R_3CH	1.5	$R_2C{=}CH_2$	4.6~5.0
R_2NCH_3	2.2	$R_2C{=}CHR$	5.0~5.7
RCH_2I	3.2	$RC{\equiv}CH$	2.0~3.0
RCH_2Br	3.5	ArH	6.5~8.5
RCH_2Cl	3.7	$RCHO$	9.5~10.1
RCH_2F	4.4	$RCOOH$,RSO_3H	10.0~13.0
$ROCH_3$	3.4	$ArOH$	4.0~5.0
RCH_2OH,RCH_2OR	3.6	ROH	0.5~6.0
$RCOOCH_3$	3.7	RNH_2,R_2NH	0.5~5.0
$RCOCH_3$,$R_2{=}CRCH_3$	2.1	$RCONH_2$	6.0~7.5

d. 通过识别各组峰的自旋裂分情况和偶合常数来确定各种质子周围的连接情况。在分子中，不仅核外的电子对质子的共振吸收产生影响，邻近质子之间也会互相影响，引起共振谱线的增多。相邻核的自旋之间的相互干扰作用称为自旋-自旋偶合（spin-spin coupling），简称自旋偶合（spin coupling）。由于自旋偶合，引起谱峰增多的现象叫做自旋-自旋分裂（spin-spin splitting），简称自旋裂分（spin splitting）。一般只有相隔三个化学键之内的不等价的质子间才会发生自旋裂分现象。

在外加磁场的作用下，自旋的质子产生一个小的磁矩，并通过成键价电子的传递，对邻近的质子产生影响。质子的自旋有两种取向，假如外磁场感应强度为 B_0，自旋时与外磁场取顺向排列的质子，使受它作用的邻近质子感受到的总磁感应强度为 $B_0 + \triangle B$；自旋时与外磁场取逆向排列的质子，使相邻的质子感受到的总磁感应强度为 $B_0 - \triangle B$。因此，当发生核磁共振时，一个质子的吸收信号被另一个质子裂分为 2 个，这 2 个峰强度相等，其总面积正好和未裂分的单峰的面积相等。2 个峰对称分布在未裂分的单峰两侧。

自旋偶合产生峰的分裂后，两峰间的间距称为偶合常数（coupling constant），用 J 表示，单位是 Hz。J 的大小表示偶合作用的强弱，与两个作用核之间的相对位置有关。

当两组或几组磁等同核的化学位移差值与其偶合常数的比值大于或等于 6 时，相互之间的耦合较为简单，其特征如下：一个峰被分裂成多重峰时，多重峰的数目将由相邻质子中磁等同的核数 n 来确定，其计算式为 $(n+1)$；裂分峰的面积之比，为二项式 $(x+1)^n$ 展开式中各项系数之比，多重峰通过其中点作对称分布，其中心位置即为化学位移；各裂分峰等距，裂距即为偶合常数 J。

e. 根据以上分析，提出可能的结构式，再结合其他信息，最终确定未知物的结构。

下面举例来说明核磁共振谱的解析步骤。

【例】已知某化合物分子式为 C_8H_{10}，^1H 的 NMR 谱如图 1-17 所示，试推测其结构。

图 1-17　未知物 C_8H_{10} 的 ^1H 的 NMR 谱

解：由分子式计算该化合物不饱和度为 4，推测可能含有苯环。从谱图可以看出该化合物有三种质子，个数比为 5：2：3。在低场发生共振（δ 为 7.0）的是苯环上的质子，该组峰含有 5 个质子，说明为一取代苯。δ 为 1~4 之间有明显 CH_3—CH_2— 的峰形，δ 为 1.2 的是

CH_3—CH_2—中 CH_3—，被邻接—CH_2—分裂为三重峰。δ 为 2.5 的应为—CH_2—，被相邻 CH_3—裂分为四重峰。结合化合物的分子式，得出该化合物为 〈苯环〉—CH_2CH_3 。

5）注意事项：

a. 如果选用 D_2O 作溶剂，由于四甲基硅烷不溶于其中，则可采用 4，4-二甲基-4-硅代戊磺酸钠（TSPA）作为基准物：$(CH_3)_3SiCH_2CH_2CH_2SO_3Na$。

b. 选用氘代溶剂，样品中的活泼氢会与重氢发生交换，因而这些质子的信号会消失。这一性质有时也被利用来用以简化光谱。

c. 电负性和磁各向异性会影响化学位移的大小，同时在不同的溶剂中测试，化学位移值也会有所变化。

1.7.3　纯度鉴定

1. 通过薄层色谱法（thin-layer chromatography，TLC）进行纯度的鉴定

1）展开溶剂的选择：不只是至少需要 3 种不同极性展开系统，而且通常是要选择三种分子间作用力不同的溶剂系统，如氯仿/甲醇，环己烷/乙酸乙酯，正丁醇/醋酸/水，分别展开来确定组分是否为单一斑点。这样做的好处是很明显的，通过组分间的各种差别将组分分开，有可能几个相似组分在一种溶剂系统中是单一斑点，由于该溶剂系统与这几个组分的分子间力作用无明显的差别，不足以在 TLC 区分。而换了分子间作用力不同的另一溶剂系统，就有可能分开。这是用 3 种不同极性展开系统展开所不能达到的。

2）对于一种溶剂系统，至少需要 3 种不同极性展开系统展开，一种极性的展开系统将目标组分的 R_f 推至 0.5，另两种极性的展开系统将目标组分的 R_f 推至 0.8，0.2。其作用是检查有没有极性比目标组分更大或更小的杂质。

3）显色方法：光展开是不够的，还要用各种显色方法。一般一定要使用通用型显色剂，如 10%硫酸、碘，再根据组分可能含有混杂组分的情况，选用专属显色剂。只有在多个显色剂下均为单一斑点，这时才能下结论样品为薄层纯。

2. 通过熔程进行纯度的鉴定

通过熔程判定纯度，原理很简单，纯化合物，熔程很短，1~2℃。混合物熔点下降，熔程变长。

3. 通过高效液相色谱（high performance liquid chromatography，HPLC）进行纯度的鉴定

对于 HPLC 来讲，由于常用的系统较少，加之其分离效果好，我们一般不要求选择三种分子间作用力不同的溶剂系统，只要求选择三种不同极性的溶剂系统，使目标峰在不同的保存时间出峰。

4. 通过核磁共振谱进行纯度的鉴定

从氢谱中假如发现有很多积分不到一的小峰，就有可能是样品中的杂质。利用门控去偶的技术通过对碳谱的定量也能实现纯度鉴定。

这里只是对常见的纯度鉴定方法做了一个小结，从快速、便宜、简便的要求出发。当然每种方法多有各自的局限性，如基于氢谱的纯度鉴定，假如发现有很多积分不到一的小峰，还有可能是样品中的活泼质子。最后说一下对化合物纯度的要求，世界上不存在 100%纯的化合物。需要多高的纯度与目的有关，例如，如想测核磁共振鉴定结构，一般要求 95%的纯度。

第2章　有机化学实验基本操作

有机化学实验的基本操作是有机合成实验的基础，没有严格的基本操作技能训练和良好的实验素养，就无法进行有机合成实验，也无法进行科学研究。因此，本章对有机实验的基本操作进行集中介绍。

2.1　简单玻璃工操作

有机化学实验中，有时需要自己动手加工一些玻璃用品，如滴管、测熔点用的毛细管、有害气体吸收和水蒸气蒸馏用的弯管、搅拌棒等。因此，玻璃工操作，是有机化学实验的重要操作之一。

2.1.1　煤气灯的使用

煤气灯是实验室最常用的加热器具，实验室中玻璃加工经常使用煤气灯。煤气灯由灯座和灯管组成(见图2-1)。旋下灯管，可以看到灯座的煤气入口。旋转煤气调节阀或灯管，能够分别调节煤气或空气的输入量，控制火焰的大小和强度。

当空气入口完全关闭时，点燃煤气灯，火焰呈黄色（碳粒发光所产生的颜色），此时煤气燃烧不完全，火焰温度不高。逐渐加大空气的输入量，煤气的燃烧逐渐趋于完全，完全燃烧时，能发出响声，火焰分三层，见图2-2(a)：内层为焰芯，煤气和空气混合物在此没有燃烧，温度低，约为300℃左右；中层为还原焰，煤气在此燃烧不完全，且分解为含碳产物，这部分火焰具有还原性，温度较高，火焰呈淡蓝色；外层为氧化焰，煤气在此完全燃烧，过剩的空气使这部分火焰具有氧化性，火焰呈淡紫色，氧化焰的温度在三层火焰中最高，最高温度处于还原焰顶端上部的氧化焰中，温度约为1000℃以上。

图2-1　煤气灯的构造

当煤气或空气的输入量调节得不合适时，会产生不正常的火焰。当煤气和空气的输入量都很大时，火焰临空燃烧，称为"临空火焰"，见图2-2(b)，当引燃用火熄灭时，它也容易自行熄灭。当煤气输入量很小而空气输入量很大时，煤气会在灯管内燃烧，并发生"嘶嘶"的响声，火焰的颜色发绿，灯管被烧得很烫，这种火焰称为"浸入火焰"，见图2-2(c)。有时在煤气灯使用过程中，煤气量突然因某种原因而减少，这时也会产生"浸入火焰"，这种现象称为"回火"。发生以上现象时，应立即关闭煤气，待灯管冷却后，再关小空气入口，重新点燃。

当需要温度不太高时，将煤气灯上的空气入口和煤气入口关小些，此时火苗无声，呈黄色；当需要温度较高时，可根据需要增加煤气量和空气量。

图 2-2　各种火焰

1—氧化焰；2—还原焰；3—焰芯；4—最大火焰点

2.1.2　玻璃工操作

在玻璃工操作中最基本的操作是拉玻璃管和弯玻璃管。

1. 玻璃管(棒)的清洁、干燥和切割

（1）玻璃管的清洁和干燥

需要加工的玻璃管均应清洁和干燥。玻璃管内的灰尘可用水冲洗，如果玻璃管较粗，可以用两端系有绳的布条通过玻璃管来回拉动，使管内的脏物除去。制备毛细管的玻璃管，在拉制前均应用洗涤剂(或硝酸、盐酸、铬酸洗液等)洗涤，再用自来水冲洗和蒸馏水清洗、干燥，然后进行加工。

（2）玻璃管(棒)的切割

将玻璃管(棒)平放在桌面上，在需要截断的地方，用小砂轮或三角锉刀的棱边朝一个方向锉一条深痕(见图2-3)，不可来回乱锉，否则不但锉痕多，而且易使小砂轮或锉刀变钝。锉痕应与管(棒)轴垂直，这样才能保证折断后的玻璃(棒)管截面是平整的。然后用双手握住玻璃管(棒)，以大拇指顶住锉痕背面的两边，轻轻向前推，同时朝两边拉，玻璃管(棒)即平整地断开(见图2-4)。为了安全，折断时应尽可能离开眼睛远些，或在锉痕的两边包上布再折。也可用玻璃棒拉细的一端在煤气灯氧化焰上加强热，软化后紧按在锉痕的端点处，玻璃管即沿锉痕方向裂开。若裂痕未扩展成一整圈，可以逐次用烧热的玻璃棒压触在裂痕稍前处，直至玻璃管完全断开。此法特别适用于接近玻璃管端处的截断。

裂开的玻璃管(棒)边沿很锋利，必须在火中烧熔使之光滑，此步称为"圆口"，即将玻璃管(棒)与煤气灯呈45°角在氧化焰边沿处，边烧边来回转动直至平滑即可(见图2-5)。不应烧得太久，以免管口缩小。

图 2-3　玻璃管(棒)的切割　　　图 2-4　玻璃管(棒)的截断　　　图 2-5　玻璃管(棒)圆口

2. 弯玻璃管

首先将玻璃管用小火左右移动预热，除去管中水气(防止爆裂)，然后双手把要弯曲的地方放入氧化焰中加热，见图 2-6(a)。为增大玻璃管的受热面积，可以将玻璃管斜放入氧化焰中，也可以在煤气灯上罩以鱼尾灯头扩大火焰，见图 2-6(b)。

(a)　　　　　　　　　　　(b)

图 2-6　加热玻璃管

加热的同时缓慢而均匀地转动玻璃管，双手转速要一致，以免玻璃管在火焰中扭曲。当玻璃管发黄变软后即从火中取出，两手水平持着，玻璃管中间一段已软化，在重力作用下向下弯曲，两手再轻轻向中心施力，即按"V"字形方式施力，两手在上方，玻璃管的弯曲部分在两手中间的下方(见图 2-7)，弯曲至所需角度。弯曲时不要用力过大，否则在弯的地方玻璃管要瘪陷或纠结。弯120°以上的角度，可以一次弯成。较小的锐角可分几次弯成，先弯成一个较大的角，再分别在第一次受热部位稍左和稍右处进行第二次和第三次加热与弯曲，直到弯曲成需要的角度为止。

图 2-7　弯玻璃管

加工后的玻璃管应随即进行退火处理，即趁热在弱火焰中加热片刻，然后将玻璃管慢慢移离火焰，再放在石棉网上冷却至室温。不经退火的玻璃管质脆易碎。

3. 拉制滴管

取合适的干净玻璃管，先用小火烘干，后慢慢加大火焰，并不断转动。一般习惯用左手握玻璃管转动，右手托住，转动时，玻璃管不要上下前后移动，在玻璃管略变软时，右手也

图 2-8　拉管手法

要以大致相同的速度将玻璃管作同方向的同轴转动，以免玻璃管扭曲。当玻璃管发黄变软后，从火焰中取出，沿水平方向边拉边来回转动玻璃管(见图 2-8)，拉成需要的细度。拉好后尚需继续转动，直至完全变硬后，由一只手垂直提置片刻，将烫手的玻璃管粗端置于石棉网上，冷却后用砂轮将细管

割断。细端口用小火圆口，粗端口烧软后在石棉网上垂直按一下，使其外缘突出，管口变圆，冷却后装上乳胶头即得两根滴管。

4. 拉制毛细管

玻璃管分软质玻璃管和硬质玻璃管，拉毛细管用软质玻璃管。取一直径 1cm、壁厚 1mm 的干净软质玻璃管，放在灯焰上加热。火焰由小到大，两手不断转动玻璃管，使玻璃管受热均匀，当玻璃管被烧到发黄变软时，离开火焰，两手以同样速度同方向来回旋转，水平地向

两边拉开(见图2-8),开始拉时稍慢,然后较快地拉长,使之成内径1mm左右的毛细管。拉好的毛细管按所需长度的两倍截断,两端用小火封闭,以免灰尘和湿气进入。使用时,从中间截断,即可得到熔点管或沸点管的内管。封管时,将毛细管呈45°角于小火的边沿处,一边转动一边加热,至封口合拢,做到既封严,又不可烧扭成块。若拉成直径为0.1mm左右的毛细管,可用于制作层析点样管。

实验1 简单玻璃工操作

一、实验目的
1) 学习、掌握煤气灯的正确使用方法。
2) 学会一些简单玻璃制品的制作方法。

二、实验步骤
1) 领取玻璃管(棒)。
2) 清洗玻璃管。
3) 制作玻璃制品。
每人制作:
玻璃弯管:135°(6cm×6cm)一个;90°(6cm×18cm)一个;
滴管:17cm长的滴管(管长15cm、滴头长2cm)一支;
毛细管:9~10cm长、内径1~1.2mm的毛细管10根;
搅拌棒:20cm长一支。

2.2 熔点测定及温度计校正

2.2.1 基本原理

当固体物质加热到一定的温度时,即从固态转变为液态,此时的温度可视为该物质的熔点(melting point)。但熔点的严格定义是固液两态在大气压力下达平衡时的温度。纯净的固体有机物一般都有固定的熔点,即在一定压力下,固液两态之间的变化是非常敏锐的,从初熔到全熔的温度范围(称熔距或熔程)一般不超过0.5~1℃。如果该物质含有杂质,则其熔点往往较纯净物低,熔程增长。因此,通过测定熔点,可以鉴别未知的固态化合物和判断化合物的纯度。

如果两种固态化合物具有相同或相近的熔点,可以采用混合熔点法鉴别它们是否为同一化合物。若是两种不同化合物,通常会熔点降低(也有例外)和熔程拉长;若是相同化合物,则熔点不变。在科学研究中经常用此法检验所得的化合物是否与预期的化合物相同。进行混合熔点的测定至少测定三种比例(1:9、1:1、9:1)。

2.2.2 测定方法

有机化合物的熔点测定可用显微熔点测定仪和毛细管法来测定。现分别介绍如下:
1. 微熔点测定法
用显微熔点测定仪(见图2-9)测定熔点是将微量(<0.1mg)试样放到试样板上,在显微

镜下观察熔化过程；试样结晶的棱角开始变圆时为初熔，结晶形状完全消失为全熔。

图 2-9　显微熔点测定仪

1—目镜；2—棱镜检偏部件；3—物镜；4—热台；5—温度计；6—载热台；
7—镜身；8—起偏振件；9—粗动手轮；10—止紧螺钉；11—底座；12—波段开关；
13—电位器旋钮；14—反光镜；15—拨动圈；16—止隔热玻璃；17—地线柱；18—电压表

2. 毛细管法

（1）熔点管的制备（见简单玻璃工制作 2.1.2）

（2）样品的装入

取少许（约 0.1g）待测熔点的干燥并研成粉末的样品于干净的表面皿上，堆成一堆，将熔点管开口一端垂直插入样品堆中，样品进入管中，然后将熔点管开口朝上，垂直在桌面上蹾几下，使样品进入管底，取一支长约 30~40cm 的玻璃管垂直放在干净的表面皿上，将熔点管开口朝上，从玻璃管上端自由落下，重复十几次，至样品紧密结实，试样高度约为 2~3mm。沾在管外的粉末须轻轻拭去，以免沾污加热液体。一种样品最好同时装三根熔点管，样品高度接近，进行重复操作。

（3）仪器

实验室中常用的熔点测定仪器有两种，Thiele 管和双浴式熔点测定器，这两种测定仪器的特点是能使受热均匀。下面分别介绍。

1）Thiele 管：

Thiele 管，也称 b 形管，见图 2-10（a）。管口装有开口软木塞，温度计插入其中，刻度面向木塞开口一侧，其水银球位于 b 形管上下两叉管口之间，装好样品的熔点管，用少许导热液粘附于温度计下端，使样品部分处于水银球侧面中部。b 形管中导热液高度达到上端叉口处。

2）双浴式熔点测定器：

双浴式熔点测定器，见图 2-10（b）。它是由 250mL 长颈圆底（或平底）烧瓶、有棱缘的试管（试管的外径略小于瓶颈的内径）和温度计组成。烧瓶内装入约其容积 1/2 的导热液。将试管经开口软木塞插入离烧瓶底 1cm 左右处，试管口也配一个开口软木塞，插入温度计，其水银球距试管底部约 0.5cm，熔点管的位置同 b 形管法。双浴式熔点测定器是利用热空气（空气浴）将温度计和样品加热，使受热更均匀，效果更好，但温度上升较慢。

用 b 形管测熔点，管内温度分布相对不均匀，往往测得的熔点不够准确，但使用方便，

切口木塞

橡皮圈

室温时导
热液液面

导热液

熔点管

(a)

(b)

图 2-10　测熔点装置

加热快、冷却快，因此，实验室测熔点常用此方法。

导热液通常有浓硫酸、甘油、液体石蜡和硅油等。选用哪一种，根据所需温度而定。若温度低于 140℃，最好选用液体石蜡或甘油，药用液体石蜡可加热到 220℃ 仍不变色；若温度高于 140℃，可选用浓硫酸，但热的浓硫酸有极强的腐蚀性，如果加热不当，浓硫酸溅出易伤人。因此，测定熔点时一定要戴护目镜。当温度超过 250℃ 时，浓硫酸产生白烟，防碍温度计的读数。在这种情况下，可在浓硫酸中加入固体硫酸钾，加热使成饱和溶液，然后进行测定。用浓硫酸为导热液时，有时由于有机物掉入酸中而使导热液变黑，妨碍对样品熔程过程的观察。在这种情况下可以加入一些硝酸钾晶体，以除去有机物。硅油也可以加热到 250℃，且比较稳定，透明度高，无腐蚀性，但价格较高。

（4）熔点测定

按图 2-10(a) 安装好仪器，加入合适的导热液，放好温度计和熔点管，用小火缓缓加热，开始加热时，温度上升可以较快（每分钟 5~6℃），到距离熔点 10~15℃ 时，调小火焰，使上升温度约每分钟 1℃。越接近熔点，升温速度应越慢（掌握升温速度是准确测定熔点的关键）。这一方面是保证有充分的时间让热量由管外传至管内，使固体熔化；另一方面因观察者不能同时观察温度计读数和样品的变化情况。只有缓慢加热，才能使此项误差减小。记下样品开始塌落并有液体产生（初熔）时和固体完全消失（全熔）的温度计读数，即为该化合物的熔程，例如 123~124℃。物质越纯，熔程越小。要注意初熔前是否有萎缩或软化、放气及其他分解现象。

测定已知物熔点时，要有两次重复数据。两次测定误差不能大于±1℃。测定未知物时，要测定三次，一次粗测，两次精测，两次精测的误差也不能大于±1℃。每次测定必须用新的熔点管另装样品，不能将已测过熔点的熔点管冷却，使其中的样品固化后再作第二次测定。因为有时某些物质会产生部分分解，有些会转变成具有不同熔点的其他结晶形式。测定易升华物质的熔点时，应将熔点管的开口端烧熔封闭，以免升华。当连续测定样品的熔点时，导热液的温度要低于待测物熔点 30℃ 以下才可进行下一个样品的测定。

（5）温度计校正

用以上方法测定熔点时，温度计上的熔点读数与真实熔点之间常有一定的偏差。这可能是由于温度计的误差引起的。所以，熔点测好后应对温度计进行校正。

校正温度计，常采用纯有机化合物的熔点作为校正标准。通过此法校正的温度计，上述误差可一并除去。校正时只要选择数种已知熔点的纯有机物作为标准，用待校正的温度计测定它们的熔点，以观察到的熔点作横坐标，测定熔点与标准熔点的差值作纵坐标，画成曲线。凡是用这支温度计测得的温度均可由曲线上找到校正值。

可用作标准的一些化合物熔点见表 2-1，校正时可以选用。

零度的测定最好用蒸馏水和纯冰的混合物，在一个 15cm×2.5cm 的试管中放置蒸馏水 20mL，将试管浸在冰盐浴中冷至蒸馏水部分结冰，用玻璃棒搅动使成冰-水混合物，将试管从冰盐浴中移出，然后将温度计插入冰-水中，轻轻搅动混合物，温度恒定后 (2~3min) 读数。

表 2-1　标准化合物的熔点

化合物	熔点/℃	化合物	熔点/℃
水-冰 (蒸馏水制)	0	尿素	133
α-萘胺	50	水杨酸	158
二苯胺	53	2,4-二硝基苯甲酸	183
苯甲酸苄酯	71	3,5-二硝基苯甲酸	205
萘	80	蒽	216.2~216.4
间二硝基苯	90	对硝基苯甲酸	242
乙酰苯胺	114	酚酞	262~263
苯甲酸	122	蒽醌	286 (升华)

实验 2　熔点测定及温度计校正

一、实验目的

1) 理解熔点测定的原理和意义。

2) 掌握熔点测定的操作技术。

二、实验原理

见 2.2.1。

三、主要仪器和样品

1. 仪器

b 形熔点测定管 (或双浴式熔点测定器)；温度计；表面皿；玻璃管 (30~40cm)；熔点管。

2. 样品

二苯胺 (AR)；萘 (AR)；乙酰苯胺 (AR)；冰-水。

四、实验步骤

按图 2-10 安装好仪器，装入导热液。封熔点管，将被测样品研细，装入熔点管，蹾实样品，将其用导热液粘附于温度计上，使样品位于水银球的中部，熔点管上端用胶套将其固定在温度计上 (胶套不要进入导热液内)，放入 b 形熔点测定管或双浴式熔点测定器中。按样品熔点从低到高的顺序测定熔点，分别记录熔程。每个样品至少测定两次(两次数值应一致)。最后测定冰-水的温度。以实测熔点为横坐标，以测定熔点与标准熔点的差值为纵坐标，画成曲线。

二苯胺的熔点：53℃；萘的熔点：80℃；乙酰苯胺的熔点：114℃。

五、注释

1) 导热液不宜加得太多，以免受热后膨胀溢出引起危险。另外，液面过高易引起熔点管漂移，偏离温度计，影响测定的准确性。

2) 装样要致密均匀，否则样品颗粒间传热不均，会使熔程变宽。

例题解析

【例1】选择题

1. 毛细管法测量化合物的熔点时，样品装填的高度约为(　　)。(厦门大学)

(A)8~9mm　　　(B)6~7mm　　　(C)4~5mm　　　(D)2~3mm

2. 用毛细管测定熔点时，若加热温度太快，将导致测定结果(　　)。(厦门大学)

(A)偏低　　　(B)不影响　　　(C)样品易分解　　　(D)偏高

3. 熔点测定中，样品管有样品的部分和温度计水银球应位于 b 形管两侧管的(　　)为宜。(厦门大学)

(A)中部　　　(B)下部　　　(C)上部　　　(D)都不对

4. 用毛细管法测量化合物的熔点时，熔点管的内径约为(　　)。(厦门大学)

(A)0.1mm　　　(B)1mm　　　(C)3mm　　　(D)4mm

5. 测定有机物熔点时，200℃以下的常采用的热载体是(　　)。(中南大学)

(A)H_2SO_4　　　(B)甘油　　　(C)HCl　　　(D)环己烷

6. 测定有机化合物熔点数据偏高，可能的原因是(　　)。

(A)化合物不纯　　　　　　　(B)熔点管壁太厚

(C)化合物没有充分干燥　　　(D)熔点管壁太薄

【解答】1. D　2. D　3. A　　4. B　5. B　6. B

【例2】是非题(厦门大学)

1. 熔点管不干净，测定熔点时不易观察，但不影响测定结果。(　　)

2. 在熔点测定中，测得一化合物的熔点为123℃。(　　)

【解答】1. (×) 2. (×)

【例3】填空题

提勒管法测定熔点时，温度计的水银球部分应放在什么位置：＿＿＿＿。熔点测定关键之一是加热速度，当热浴温度达到距熔点15℃时，应＿＿＿＿，使温度每分钟上升＿＿＿＿。当接近熔点时，加热要＿＿＿＿，使温度每分钟上升＿＿＿＿。(中南大学)

【解答】提勒管的两开口中间　改用小火加热　1~2℃　更慢　0.2~0.3℃

【例4】简答题(苏州大学)

1. 如何验证两种熔点相近的物质是否为同一种物质？

【解答】把它们混合，测该混合物的熔点，若熔点仍不变，才能认为它们为同一物质。

若混合物熔点降低，熔程增大，则说明它们属于不同的物质。

2. 熔点毛细管是否可以重复使用？

【解答】不可以。

3. 测熔点时，如有下列情况将产生什么结果？①熔点管太厚；②熔点管不干净；③样品未完全干燥或含有杂质；④样品研得不细；⑤样品装得不紧密；⑥加热太快；⑦样品装得太多；⑧读数太慢。

【解答】①熔点管太厚，热传导时间长，会产生熔点偏高。②熔点管不干净，将导致所测熔点偏低，熔程变宽，能产生 4～10℃的误差。③样品未完全干燥或含有杂质，会使熔点偏低，熔程变大。④样品研得不细，会产生空隙，不易传热，造成熔点偏高、熔程变宽。⑤样品装得不紧密，会产生空隙，不易传热，造成熔点偏高、熔程变宽。⑥加热太快，熔点偏高。⑦样品装得太多，会造成熔程变宽，熔点偏高。⑧读数太慢，熔点偏高。

【例 5】简答题(厦门大学)

1. 为什么要求熔点的数据要有两个以上的重复，要达到此要求，操作上须注意些什么？

2. 两个样品，分别测定它们的熔点和将它们按任何比例混合后测定的熔点都是一样的，这说明什么？

【解答】1. 为了减少误差。要达到此要求，不可将已测样品冷却固化后再作第二次测定。每次应更换新的样品管，重新测定。

2. 这说明两个样品是同一化合物。

【例 6】试安装用 b 型管测定熔点的实验装置，并回答下列问题：

(1) 测定有机化合物的熔点有何意义？

(2) 接近熔点时升温速度为何放慢？快了又有什么结果？

(3) 影响熔点测定的因素有哪些？请一一分析。

【解答】(1)纯净的有机化合物具有固定的熔点，所以测定熔点可以鉴别有机物，同时根据熔程长短可检验有机物的纯度。

(2) 有充分时间让热量从熔点管外传至毛细管内，减少观察上的误差。若升温快了则测出的温度高于被检测物的熔点，且熔程可能变长。

(3) 装样：样品要研细装结实，才可使受热均匀，若有空隙则不易传热，影响测试结果。

升温速度：若过慢，热量传到样品时间太长，不利于观察，若过快则所测温度高于熔点。

毛细管中样品的位置：应位于温度计水银球中部，如此，温度计示数才与样品温度相符。

温度计位置：使水银球恰好在 b 型管两侧管的中部，此处导热液对流循环好，样品受热均匀。

加热位置：火焰与熔点测定管的倾斜部接触，此处加热可使导热液发生最强的对流，使样品受热均匀。

【例 7】测定熔点时，遇到下列情况将产生什么结果？①熔点管壁太厚；②熔点管不洁净；③试料研的不细或装得不实；④加热太快；⑤第一次熔点测定后，热浴液不冷却立即做

第二次。（中南大学）

【解答】①熔点管壁太厚，影响传热，其结果是测得的初熔温度偏高；②熔点管不洁净，相当于在试料中掺入杂质，其结果将导致测得的熔点偏低；③试料研得不细或装得不实，这样试料颗粒之间空隙较大，其空隙之间为空气所占据，而空气导热系数较小，结果导致熔距加大，测得的熔点数值偏高；④加热太快，则热浴体温度大于热量转移到待测样品中的转移能力，而导致测得的熔点偏高，熔距加大；⑤若连续测几次时，当第一次完成后需将溶液冷却至原熔点温度的二分之一以下，才可测第二次，不冷却马上做第二次测量，测得的熔点偏高。

【例8】是否可以使用第一次测定熔点时已经熔化了的试料使其固化后做第二次测定？

【解答】不可以。因为有时某些物质会发生部分分解，有些物质则可能转变为具有不同熔点的其他结晶体。

【例9】测得 A、B 两种样品的熔点相同，将它们研细，并以等量混合：①测得混合物的熔点有下降现象且熔程增宽；②测得混合物的熔点与纯 A、纯 B 的熔点均相同。试分析以上情况各说明什么？

【解答】①说明 A、B 两个样品不是同一种物质，一种物质在此充当了另一种物质的杂质，故混合物的熔点降低，熔程增宽。②除少数情况（如形成固熔体）外，一般可认为这两个样品为同一化合物。

2.3 沸点的测定

用蒸馏来测定液体的沸点（boiling point）是常用的方法，通常需要较多的液体量。具体方式方法和普通蒸馏相同。如果液体的量较少，甚至几滴，需要用微量法测定。

2.3.1 基本原理

液体化合物的沸点，是它的重要物理常数之一。在使用和纯化过程中具有很重要的意义。

液体化合物受热时，随着温度的升高，它的饱和蒸气压也随着增加。当液体被加热达到一定的温度时，液体的饱和蒸气压与大气压相等时，液体沸腾。液体在一个大气压（101.325kPa）沸腾的温度即为该化合物的沸点。液体的沸点随着外界压力的变化而变化，外界压力增大，沸点升高；外界压力减小，沸点降低。在一定压力下，纯净化合物的沸点是固定的，并且沸程很短，一般为1℃左右。由于沸点随着外界压力改变而改变，所以讨论和引用沸点时，要注明沸点对应的压力，如未注明，一般是指一个大气压。

沸点测定分为常量法和微量法两种。常量法与蒸馏相同，详见 2.4 常压蒸馏。这里讨论微量法。

2.3.2 微量法测定沸点的装置

微量法测定沸点的装置如图 2-11 所示。取一支长 8cm 左右、内径为 4mm 左右、下端封闭的玻璃管作为填装试料外管。另取一支下端封闭的毛细管作为内管（将两根内径为 1mm

的毛细管分别封口，然后在封口处将其熔接到一起，保持两支毛细管的轴线重合。离接点 4 ~5mm 处切断，这端作内管的下端，另一端开口，总长度要大于外管长度 1cm）。在外管中加入几滴待测定液体，液柱高度 8mm 左右，再放入内管。将外管用橡皮圈固定在温度计上，外管装液体部分位于温度计水银球中部，把装有沸点测定管的温度计放入到装有浴液的小烧杯或 Thiele 管中。

图 2-11　微量法
测定沸点装置

2.3.3　测定方法

把浴液加热，由于受热气体膨胀，内管中的空气会慢慢逸出，当温度达到沸点时，气泡逸出的速度加快，此时停止加热，让浴液缓慢冷却，气泡逸出的速度渐渐减慢。在气泡不再冒出液体而要进入内管时，说明内管的饱和蒸气压与外界的大气压相等，此时的温度即为该液体的沸点。

为校正起见，等温度降下几度后再次慢慢加热，记下刚出现大量气泡逸出液体的温度，两次的读数应该在 1℃ 内。

实验 3　沸点的测定

一、实验目的

1）理解沸点的概念及测定沸点的意义。

2）掌握微量法测定沸点的原理和方法。

二、实验原理

见 2.3.1。

三、主要仪器和试剂

1. 仪器

Thiele 管；毛细管；软质玻璃管；温度计。

2. 试剂

无水乙醇。

四、实验步骤

1）按 2.3.2 制作沸点测定内管（长 9cm，内径 1mm）和外管（长 7~8cm，内径 4~5mm）。

2）取 3~4 滴待测样品滴入沸点管的外管中，按图 2-11 将内管插入外管中，沸点管固定在温度计旁，然后将其插入 Thiele 管（内盛液体石蜡）中，调节温度计的位置使水银球位于上下两叉管中间。

3）测定待测样品的沸点，重复测定 2~3 次，所得数值相差不应超过 1℃。

五、注释

1）外管中的液体要足够多，以防加热时液体全部气化，无法进行测定。

2）加热不要过快，在接近样品沸点时，升温要慢一些，否则沸点管内的液体会迅速挥发而来不及测定。

3）重复测定时，要等浴温下降 15~20℃ 后再重新进行。

例题解析

【例】选择题

1. 下面哪句话是错的？（　）（厦门大学）

（A）具有固定沸点的液体不一定都是纯化合物

（B）液体的饱和蒸气压只与温度有关

（C）液体的沸点与所受的外界压力大小有关

（D）共沸化合物不能用蒸馏分开，但可用分馏分开

2. 测定熔点使用的熔点管（装试样的毛细管）一般外径为 1～1.2mm，长为 70～80mm。装样高度约为（　）。（中南大学）

（A）1mm 以下　　　（B）1～2mm　　　（C）2～3mm　　　（D）5mm 以上

【解答】1. D　2. C

2.4　常压蒸馏

常压蒸馏（simple distillation）（也叫普通蒸馏或简单蒸馏，下称蒸馏）是分离和提纯液态有机物的常用方法。在通常情况下，纯的液态物质在大气压下有一定的沸点，不纯的的液态物质沸点是变化的、不恒定的，所以可以用蒸馏的办法测定物质的沸点和定性检验物质的纯度。不过，一些物质相互能形成二元或三元共沸物，它们有确定的沸点（共沸点）。不能认为蒸馏温度恒定的物质都是纯物质。

应用蒸馏的方法可以把挥发性物质和不挥发性物质分离开，也可以把沸点差足够大的（30℃以上）液体物质分离开。

2.4.1　基本原理

蒸馏是将液态物质加热到沸腾，变成蒸气状态，再把蒸气冷凝为液体的过程。液体物质的分子有从其表面逸出的趋势，逸出的气体分子形成蒸气；这个过程有相反的趋势，即分子从蒸气中回到液体中。当两者速度相等，蒸气达到了饱和，称为饱和蒸气。它对液面产生的压力叫饱和蒸气压（下称蒸气压），一定物质的蒸气压只和温度有关。当物质的蒸气压与液体表面的大气压相等时，液体处于沸腾状态，此时的温度为该液体的沸点。

纯液体的沸程一般为 0.5～1℃，不纯的液体物质沸程宽泛。

对两种或两种以上的不同液体组成的混合液体加热时，低沸点、易挥发物质容易蒸发，在气相中比在原来的液体中有较多易挥发组分，相反，在剩余的液体中含有较多的难挥发组分。所以说蒸馏能够使各组分得到部分或完全分离。沸点差越大分离效果越好。一般地讲，当两种液体的沸点差大于 30℃时，可以利用蒸馏办法来分离和提纯；沸点差小或者需要更高的纯度时，用分馏的办法来分离和提纯。

蒸馏开始加热时，在液体底部和玻璃受热的接触面上会有蒸气的气泡形成。溶解在液体内的空气或者以薄膜形式吸附在烧瓶内壁的空气有助于这种气泡的形成。这样的小气泡作为气化中心，可充当大的蒸气气泡的核心。温度达到沸点时，液体释放出大量蒸气到小气泡中。气泡中的总压力增加到超过大气压，并且能克服液体的压力时蒸气的气泡就上升逸出液

面。如果在液体中有许多小的空气泡或其他汽化中心时，液体就平稳地沸腾。如果没有汽化中心，可能出现液体温度上升到超过沸点也不沸腾，这种现象称为"过热"。此时液体的蒸气压已远远超过大气压，因此上升的气泡增大非常快，甚至将液体冲溢出瓶外，这种不正常沸腾称为"暴沸"。所以在加热前必须加入助沸物以引入汽化中心，如素瓷片、沸石、一端封口的毛细管等。需要特别注意，在任何情况下，不可将助沸物在接近沸腾时加入，以免发生"冲料"现象。如发现未放助沸物，应该先冷却后再加入。

2.4.2　实验装置

蒸馏装置主要由蒸馏烧瓶、冷凝管、接受器三部分组成，如图 2-12 所示。

蒸馏装置的安装方法是：首先，根据蒸馏液体的量选择合适的圆底烧瓶。液体的体积占烧瓶容积的 1/3~2/3 为宜。安装顺序是先在板式铁架台上放好煤气灯(也可以是其他热源)，再根据煤气灯灯口的高度及所需火焰高度来安装铁圈、石棉网(或水浴等)，然后用烧瓶夹夹住烧瓶颈上端，通过双顶丝(十字头)固定在铁架台上，最好使烧瓶底离石棉网 1~2mm，再安装蒸馏头和温度计，温度计的位置是：温度计水银球的上缘和蒸馏头支管的下沿在同一水平线上，见图 2-12。其次，安装冷凝管，用冷凝管夹和双顶丝将其固定在另一铁架台上，通过调节高度和角度使冷凝管的位置与装好的蒸馏瓶相适应，并与蒸馏头支管同轴，安插要严密。注意烧瓶夹和冷凝管夹都不要太紧或太松。最后，在冷凝管的尾端连接接液管，并用橡皮筋固定住。接液管下端插入合适的接受瓶。安装仪器

图 2-12　常压蒸馏装置

总的原则是：从下到上，从头至尾；要端正平直。所有仪器的轴线都要在一个平面内，铁架台处于整个装置的后面，便于操作。

如果蒸馏的液体不能和水接触，可在接液管上连干燥管；蒸馏的液体有毒的话就应该在通风橱里操作或有吸收装置相连接。液体的沸点超过 140℃ 时，不能用水冷凝管，应改用空气冷凝管。

2.4.3　操作方法

把蒸馏液体通过玻璃漏斗倒入蒸馏烧瓶中，不要让液体从蒸馏头支管流出。加入几粒沸石，安好温度计，再检查整个装置连接是否合乎要求，确认无误后，先从下进口给冷凝管通冷却水，再自上出口出水引入水槽中。加热，随着温度的上升，看到液体沸腾。蒸气逐渐上升，当温度计水银球接触到蒸气后，读数迅速上升。同时看到温度计水银球上有液滴滴落，此时，水银球上的液体与上升的蒸气达到平衡(蒸馏过程中，一定保证水银球上有液滴或液膜)。进行蒸馏时，通过控制火焰温度和大小来调整蒸馏速度，通常以每秒 1~2 滴为宜。在记录本上记录第一滴馏分出现的温度，合理记录系列数值，以确定操作正确与否。准备好两个以上的接受瓶，未达到预期物质的沸点前的馏分为"前馏分"。"前馏分"蒸馏完，温度趋于稳定后，蒸馏出的就是较纯的物质，应换一个洁净干燥的接受瓶接收。当温度出现波动，就可以停止蒸馏了。在任何情况下，不可将液体蒸干，以免发生意外。

在蒸馏低沸点有机物液体时，应该用水浴加热，不能用明火加热，也不宜用明火加热热水浴。

蒸馏完毕，先停止加热，再关冷凝水。拆卸装置与安装时的顺序相反：从尾至头，从上到下。

实验 4　常压蒸馏及沸点的测定

一、实验目的

1）了解常压蒸馏的原理和应用。

2）学习常压蒸馏的操作方法和常量法测定液体的沸点。

二、实验原理

见 2.4.1。

三、主要仪器和试剂

1. 仪器

50mL 圆底烧瓶；30mL 圆底烧瓶；温度计；蒸馏头；水冷凝管；接液管（尾接管）；锥形瓶；升降架；铁架台；烧瓶夹；冷凝管夹等。

2. 试剂

粗乙酸丁酯（纯乙酸丁酯加入固体有色物质）；乙酸丁酯；蒸馏水；沸石。

四、实验步骤

1. 粗乙酸丁酯的蒸馏

在 50mL 圆底烧瓶中，加入 20mL 粗乙酸丁酯，加入 2~3 粒沸石，安装好蒸馏装置。检查各个接口是否严密，确认无误后，通冷凝水，加热。注意观察蒸馏烧瓶中现象和温度计的读数的变化。开始沸腾后，调整火焰，使馏速在每秒 1~2 滴，记录第一滴的温度。当温度达到 126.5℃左右并稳定后，换另一个洁净干燥的接受瓶收集馏分。当温度计读数波动或烧瓶内剩余液体不足 1mL 时停止加热，关闭冷凝水。按与安装相反的顺序拆卸蒸馏装置，并清洗。量记液体的量，计算收率，产品回收。

2. 常量法测定乙酸丁酯或水的沸点

在 30mL 圆底烧瓶中加入 10mL 乙酸丁酯（或者蒸馏水）按步骤 1 操作，液体蒸馏温度稳定后，记录温度计读数，即为液体的沸点。

五、注释

1）蒸馏过程中要保持蒸馏系统和大气相通，否则体系在加热时内部压力增加，就可能造成液体冲开仪器，甚至有爆炸的危险。

2）冷凝水的流速以能保证蒸气全部冷凝为宜，不要太大，以免浪费水资源。

例题解析

【例1】选择题

1. 蒸馏与分馏的差别在于（　　　）。（厦门大学）

（A）原理不同，效率不同　　　　　（B）原理相同，效率不同

（C）原理不同，效率相同　　　　　（D）以上答案都不对

2. 蒸馏操作中，下列温度计位置正确的是（　　　）。（厦门大学）

(A)　　　　　(B)　　　　　(C)　　　　　(D)

3. 普通蒸馏可应用于分离沸点差(　　)的液体化合物。(厦门大学)

(A)≥10℃　　　(B)≥20℃　　　(C)≥30℃　　　(D)<30℃

4. 常压蒸馏装置中冷凝管的选择,蒸馏硝基苯(bp210℃)用(　　)。(厦门大学)

(A)空气冷凝管　(B)直形冷凝管　(C)球形冷凝管　(D)蛇形冷凝管

5. 蒸馏分离提纯液体有机化合物时,依据化合物的性质是(　　)。(中南大学)

(A)溶解度　　　(B)重度　　　(C)化学性质　　　(D)挥发度

6. 蒸馏硝基苯(bp210.8℃),应选用的冷凝管是(　　)。(中南大学)

(A)水冷球形冷凝管　(B)水冷直形冷凝管　(C)空气冷凝管　(D)三者都可以

7. 蒸馏低沸点易燃的有机液体时应采用的加热方式是(　　)。

(A)油浴　　　　(B)水浴　　　　(C)明火　　　　(D)空气浴

【解答】1. B　2. A　3. C　4. A　5. D　6. C　7. B

【例2】是非题(厦门大学)

1. 在蒸馏操作中,若已加热到接近液体沸点时才发现未加沸石,须立即停止加热,待液体稍冷后,再补加沸石。遇中途停止蒸馏,而又需再蒸馏时,就不必再加沸石了。(　　)

2. 三角烧瓶可作为常压蒸馏的接受器,亦可作为加热回流的反应瓶。(　　)

【解答】1. (×)2. (√)

【例3】填空题

简单分馏装置中分馏液体体积以不超过烧瓶容积的_____为宜。当开始有馏液流出时,应控制流出液速度。如果分馏速度太快,产品_____将下降。分馏和蒸馏在原理上及装置上有哪些异同:_____。两种沸点接近的液体组成的混合物能否用分馏提纯_____。(中南大学)

【解答】2/3　纯度或质量　分馏装置有分馏柱　不能

【例4】简答题(苏州大学)

1. 蒸馏时温度计的位置偏高和偏低,馏出液的速度太慢或太快,对沸点的读数有何影响?

【解答】沸点的读数会偏高或偏低。

2. 如果馏出液的物质易受潮分解、易挥发、易燃、易爆或有毒,应该采取什么办法?

【解答】如果馏出液的物质易挥发、易燃、易爆或有毒,必须选择无明火操作的热浴;尾气通入下水道,收集瓶放在水浴或冰水浴中。如果馏出液的物质易受潮分解,可在收集瓶中预先加入干燥剂。

3. 蒸馏时为什么要加沸石,如果加热后才发现未加入沸石,应该怎样处理?

【解答】蒸馏过程中上升的气泡增大得非常快,甚至将液体冲出瓶外,这种不正常的沸腾称为"暴沸"。为了防止在蒸馏过程中的"暴沸"现象,常加入沸石,或一端封口的毛细管,以引入汽化中心，产生平稳沸腾。当加热后发现未加入沸石时，千万不能匆忙加入沸石，会引起猛烈的暴沸，液体易冲出瓶口。应该移去热源，使液体冷却至沸点以下后才能加入。若沸腾中途停止蒸馏，后来需要继续蒸馏，必须在加热前补加新的沸石，因为起初加入的沸石在受热时逐出了部分空气，在冷却时吸进了液体，因而可能已经失效。

【例5】安装一套简单蒸馏的装置，并回答下列问题：

（1）什么叫蒸馏？

（2）说明蒸馏装置中各部分仪器的名称及安装时的注意事项。

（3）蒸馏沸点高于130℃液体化合物时应使用何种冷凝管？

（4）蒸馏时加热太快或太慢，对蒸馏的结果有何影响？

【解答】（1）蒸馏就是将液体加热到沸腾状态使该液体变成蒸气，然后将蒸气冷凝后得到液体的过程。

（2）仪器安装注意事项：装置按从下到上，从左到右的原则安装；各磨口之间涂凡士林，温度计水银球的上缘与蒸馏头支管的下缘相平；加入沸石防止暴沸；使冷凝管的进水口在下面，出水口在上面；蒸馏低沸点化合物时要在接液管的支管接一根橡皮管引入水槽。

（3）蒸馏沸点高于130℃的液体化合物时应使用空气冷凝管。

（4）蒸馏的加热过猛过快，易造成蒸馏瓶局部过热现象，使实验数据不准确，且馏分纯度也不高。加热太慢，蒸气达不到支管口处，使蒸馏进行的太慢，且温度计的水银球不能被蒸气包围，使读数不规则，偏低。

【例6】简答题（厦门大学）

1. 蒸馏有何应用，恒沸混合物能否用蒸馏法分离？

2. 在蒸馏装置中，把温度计水银球插至液面上或温度计水银球上端在蒸馏头侧管下限的水平线以上或以下，是否正确，为什么？

3. 蒸馏前加入沸石有何作用，如果蒸馏前忘记加沸石，能否立即将沸石加至将近沸腾的液体中，当重新进行蒸馏时，用过的沸石能否继续使用？

【解答】1. 蒸馏过程主要应用如下：

（1）分离沸点有显著区别（相差30℃以上）的液体混合物。

（2）常量法测定沸点及判断液体的纯度。

（3）除去液体中所夹杂的不挥发性的物质。

（4）回收溶剂或因浓缩溶液的需要而蒸出部分的溶剂。

恒沸混合物不能用蒸馏法分离。

2. 都不正确。温度计水银球上端应与蒸馏头侧管的下限在同一水平线上，以保证在蒸馏时水银球完全被蒸气所包围，处于气液共存状态，才能准确测得沸点。

3. 蒸馏前加入沸石的作用是引入汽化中心，防止液体过热暴沸，使沸腾保持平稳。如果蒸馏前忘记加沸石，决不能立即将沸石加至将近沸腾的液体中，因为这样往往会引起剧烈的暴沸泛液，也容易发生着火等事故。应该待液体冷却至其沸点以下，再加入沸石为妥。当重新进行蒸馏时，用过的沸石因排出部分气体，冷却后孔隙吸附了液体，因而可能失效，不能继续使用，应加入新的沸石。

【例7】沸石（即止暴剂或助沸剂）为什么能止暴？如果加热后才发现没加沸石怎么办？由于某种原因中途停止加热，再重新开始蒸馏时，是否需要补加沸石？为什么？

【解答】(1)沸石为多孔性物质,它在溶液中受热时会产生一股稳定而细小的空气泡流,这一泡流以及随之而产生的湍动,能使液体中的大气泡破裂,成为液体分子的汽化中心,从而使液体平稳地沸腾,防止了液体因过热而产生的暴沸。(2)如果加热后才发现没加沸石,应立即停止加热,待液体冷却后再补加,切忌在加热过程中补加,否则会引起剧烈的暴沸,甚至使部分液体冲出瓶外,有时会引起着火。(3)中途停止蒸馏,再重新开始蒸馏时,因液体已被吸入沸石的空隙中,再加热已不能产生细小的空气流而失效,必须重新补加沸石。

【例 8】冷凝管通水方向是由下而上,反过来行吗? 为什么?

【解答】冷凝管通水是由下而上,反过来不行。因为这样冷凝管不能充满水,由此可能带来两个后果:其一,气体的冷凝效果不好。其二,冷凝管的内管可能炸裂。

【例 9】蒸馏时加热的快慢,对实验结果有何影响? 为什么?

【解答】蒸馏时加热过猛,火焰太大,易造成蒸馏瓶局部过热现象,使实验数据不准确,而且馏分纯度也不高。加热太慢,蒸气达不到支口处,不仅蒸馏进行得太慢,而且因温度计水银球不能被蒸气包围或瞬间蒸气中断,使得温度计的读数不规则,读数偏低。

【例 10】在蒸馏装置中,温度计水银球的位置不符合要求会带来什么结果?

【解答】如果温度计水银球位于支管口之上,蒸气还未达到温度计水银球就已从支管流出,测定沸点时,将使数值偏低。若按规定的温度范围集取馏分,则按此温度计位置集取的馏分比规定的温度偏高,并且将有一定量的该收集的馏分误作为前馏分而损失,使收集量偏少。

如果温度计的水银球位于支管口之下或液面之上,测定沸点时,数值将偏高。但若按规定的温度范围集取馏分时,则按此温度计位置集取的馏分比要求的温度偏低,并且将有一定量的该收集的馏分误认为后馏分而损失。

2.5　分馏

分馏(fractional distillation)是液体有机物分离提纯的一种方法。液体混合物各组分间,如果沸点差足够大,可以用普通蒸馏的方法分离开;如果沸点差不大,普通蒸馏难以分离开。这种情况就可以用分馏的方法分离。分馏在化学工业和实验室中被广泛使用,在工业生产中用精馏塔实现分馏操作,现已能将沸点差在 $1\sim2℃$ 的混合物分开。在实验室中,使用分馏柱来实现分离。

2.5.1　基本原理

把两种不同沸点而又可以互溶的液体混合物加热至沸腾而汽化,蒸气中易挥发液体的组分含量较多。把蒸气冷凝成液体,其组成与气相组成相等,也就是说该液体含有易挥发的组分较原来的液体为多。与此对应,残留液中含有较多的难挥发的液体组分。这相当于一次普通蒸馏。如果把气相冷凝的液相再加热沸腾汽化,蒸气中的易挥发组分的含量又进一步增加。如此多次重复,最终会把这两个组分分开(共沸物除外)。分馏就是利用分馏柱来实现多次的简单蒸馏,从而达到分离沸点相差不大的液体组分的目的。

在分馏柱中,沸腾汽化的蒸气,由于受到分馏柱外空气的冷却,其中的高沸点的组分冷却为液体,当回流的冷凝液与上升的蒸气相遇接触,发生了热量交换,上升蒸气中高沸点组分被冷凝成液体,使下降的冷凝液中的高沸点组分增加;而下降冷凝液中的低沸点组分得到热量又汽化成蒸气,使上升蒸气中的低沸点组分增加。在分馏柱中反复进行多次的热量交换和高沸点与低沸点物质的热量交换,相当于多次的气液平衡,等同于多次的蒸馏。如果分馏柱效率足够高,操作正确时,在分馏柱顶部出来的几乎就是纯净的易挥发组分,而烧瓶中回流的液体则几乎是纯净的难挥发的高沸点液体组分,达到了分离的目的。

分馏柱有多种类型如图 2-13 所示,能适用于不同的分离要求。实验室中常用的分馏柱有填料柱,见图 2-13(a),Vigreux 分馏柱,见图 2-13(b),前者可用于沸点相近的组分的分离,后者用于沸点差 15~20℃组分的分离。

2.5.2 分馏装置

分馏装置由蒸馏部分、冷凝部分与接收部分组成,如图 2-14 所示。与普通蒸馏装置相比,只是在烧瓶与蒸馏头间多了一个分馏柱,其他和普通蒸馏相同。蒸馏装置安装方法、顺序、要求与普通蒸馏相同。为了防止热量的散失,通常要对分馏柱保温。

(a)   (b)

图 2-13　两种分馏柱　　　　图 2-14　分馏装置

2.5.3 分馏操作

把分馏液体加入到合适容量的蒸馏瓶中,加入几粒沸石,检查装置的严密性,然后通冷凝水,用合适的热源加热,烧瓶内液体沸腾后,调节加热温度,使蒸气慢慢上升。出现第一滴馏出液时,记下时间与温度。通过加热温度的调节,使馏速保持在 2~3s1 滴。根据要求,分段收集馏分,并记下体积。计算收率。

实验 5 分　馏

一、实验目的

1) 了解常压分馏的原理和应用。

2) 学习实验室中分馏的操作方法。

3) 比较分馏与蒸馏的分离效果。

二、实验原理

见 2.5.1。

三、主要仪器和试剂

1. 仪器

50mL 圆底烧瓶；分馏柱；温度计；蒸馏头；水冷凝管；接液管(尾接管)；锥形瓶；20mL 量筒；升降架；铁架台；烧瓶夹；冷凝管夹等。

2. 试剂

丙酮-水(体积比1:1)；沸石等。

四、实验步骤

取丙酮-水(体积比1:1)20mL，加于50mL 圆底烧瓶中，加入 2~3 粒沸石，按图 2-14 安装好分馏装置(将接收部分改为有冰水冷却的20mL 量筒)。检查装置的严密性无误后，加热，烧瓶中液体沸腾后，调节加热温度，使蒸气慢慢上升，保证分馏柱内温度梯度均匀。当馏分出现第一滴时，记下时间和温度，再次调节加热温度，使馏速保持在 2~3s1 滴。收集馏分记录馏分馏出体积对应的时间和温度，当烧瓶内液体的体积少于 1mL 时，停止加热，稍等一会后，关闭冷凝水，按与安装相反的顺序拆卸装置，并清洗仪器。在同样条件下对丙酮-水混合液进行常压蒸馏。以馏出液体积为横坐标，温度为纵坐标，分别绘制分馏曲线和蒸馏曲线，比较两者的分离效果。

五、注释

1) 为了防止分馏柱散热，要对分馏柱保温，使分馏效率提高。

2) 加热要尽量保持分馏柱内温度梯度均匀，分离效果好。

例题解析

【例1】在分馏操作过程中，注意调整火力大小，使蒸出速度以(　　　)馏出液为宜。(厦门大学)

(A)1~2 滴/s　　　　(B)1 滴/(2~3s)　　　(C)2~3 滴/s　　　(D)0.5~1 滴/s

【解答】B

【例2】安装一套简单分馏的装置，并回答下列问题：

(1) 分馏与蒸馏在原理及装置上有哪些异同？

(2) 分馏与蒸馏时，温度计应放在什么位置？过高、过低对分馏与蒸馏有什么影响？

(3) 沸石在蒸馏和分馏中起什么作用？在液体沸腾时为何不能补加沸石？

【解答】(1)原理：分馏与蒸馏都是利用化合物具有不同沸点而分离和提纯有机化合物，但蒸馏分离的液体混合物各组分的沸点相差应大于 30℃。分馏则适用于沸点相差不太大的液体有机化合物的分离和提纯。

装置：分馏即在蒸馏的基础上用分馏柱来进行。

(2) 使温度计水银球的上缘与蒸馏头支管的下缘相平，过高则温度计表示的沸点低于馏出物的沸点，过低则温度计表示的沸点高于馏出物的沸点。

(3) 加入沸石防止瀑沸，液体沸腾时补加沸石则沸腾太剧烈，使液体冲出反应瓶。

【例3】有机实验中蒸出反应装置有哪些形式？什么时候用蒸出反应装置？

【解答】蒸出反应装置主要有三种形式：蒸馏装置、分馏装置、回流分水装置。有两种情况使用蒸出反应装置：一种情况是反应是可逆平衡的，随着反应进行，常用蒸出装置将产物蒸出，使反应平衡向正方向移动。另一种情况是反应产物在反应条件下很容易进行二次反应，需及时将产物从反应体系中分离出来，以保持较高的产率。

【例4】何谓分馏？它的基本原理是什么？

【解答】利用分馏柱使几种沸点相近的混合物得到分离和纯化，这种方法称为分馏。利用分馏柱进行分馏，实际上就是在分馏柱内使混合物进行多次汽化和冷凝。当上升的蒸气与下降的冷凝液互相接触时，上升的蒸气部分冷凝放出热量使下降的冷凝液部分汽化，两者之间发生了热量交换。其结果，上升蒸气中易挥发组分增加，而下降的冷凝液中高沸点组分增加。如果继续多次，就等于进行了多次即达到了多次蒸馏的效果。这样，靠近分馏柱顶部易挥发物质的组分的比率高，而在烧瓶中高沸点的组分的比率高，当分馏柱的效率足够高时，开始从分馏柱顶部出来的几乎是纯净的易挥发组分，而最后的烧瓶里残留的几乎是纯净的高沸点组分。

【例5】进行分馏操作时应注意什么？

【解答】1. 在仪器装配时应使分馏柱尽可能与桌面垂直，以保证上面冷凝下来的液体与下面上升的气体进行充分的热交换和质交换，提高分离效果。2. 根据分馏液体的沸点范围，选用合适的热浴加热，不要在石棉网上用直接火加热。用小火加热热浴，以便使浴温缓慢而均匀地上升。3. 液体开始沸腾，蒸气进入分馏柱中时，要注意调节浴温，使蒸气缓慢而均匀地沿分馏柱壁上升。若室温低或液体沸点较高，应将分馏柱用石棉绳或玻璃布包裹起来，以减少柱内热量的损失。4. 当蒸气上升到分馏柱顶部，开始有液体馏出时，应密切注意调节浴温，控制馏出液的速度为每 2~3s1 滴。如果分馏速度太快，产品纯度下降；若速度太慢，会造成上升的蒸气时断时续，馏出温度波动。5. 根据实验规定的要求，分段集取馏分，实验结束时，称量各段馏分。

2.6 水蒸气蒸馏

水蒸气蒸馏（steam distillation）是将水蒸气通入不溶或难溶于水但有一定挥发性的有机物质中，使该有机物质在低于100℃的温度下，随着水蒸气一起被蒸馏出来的操作。该法是分离和纯化有机物质的常用方法之一。

2.6.1 基本原理

当水和不（或难）溶于水的化合物一起存在时，整个体系的蒸气压等于各组分单独存在时的蒸气压之和，即：

$$p_{混合物} = p_{水} + p_{有机物}$$

当混合物中各组分蒸气压总和等于外界大气压时，液体沸腾，这时的温度为该混合物的沸点，该沸点较混合物中任何一个组分的沸点都低。因此，在常压下应用水蒸气蒸馏，就能在低于100℃的情况下将高沸点组分与水一起蒸出。此法特别适合于下列情况：①从含有大量树脂状或不挥发性物质中分离出所需的组分。②从较多固体反应物中分离出被吸附的液体。③分离常压蒸馏会发生分解的高沸点有机物质。④从某些天然物质中提取有效成分。

　　水蒸气蒸馏时混合物的沸点保持不变，直至其中一种组分几乎全部被蒸出（因为总的蒸气压与混合物各组分间的相对量无关），温度才上升至留在瓶中液体的沸点。

　　水蒸气蒸馏出的混合物蒸气中各气体分压（p_A、p_B）之比等于它们的物质的量（n_A、n_B）之比。即：

$$\frac{n_A}{n_B} = \frac{p_A}{p_B}$$

　　而 $n_A = W_A/M_A$，$n_B = W_B/M_B$，其中 W_A、W_B 为各物质在一定容积中蒸气的质量，M_A、M_B 为物质 A 和 B 的相对分子质量。因此

$$\frac{W_A}{W_B} = \frac{M_A n_A}{M_B n_B} = \frac{M_A p_A}{M_B p_B}$$

　　可见，馏出液中各组分的相对质量（也是在蒸气中的相对质量）与它们的蒸气压和相对分子质量成正比。以苯胺为例，苯胺的沸点是 184.4℃，若将苯胺进行水蒸气蒸馏，混合物在 98.4℃ 沸腾。在此温度下，苯胺的蒸气压是 5599.5Pa，水的蒸气压是 95725.5Pa。苯胺的相对分子质量是 93，水的相对分子质量是 18。馏出液中苯胺与水的质量比为：

$$\frac{93 \times 5599.5}{18 \times 95725.5} = \frac{1}{3.3}$$

　　即每蒸出 3.3g 水能带出 1g 苯胺，占馏出液的 23.26%。由于苯胺微溶于水，这个计算值是一个近似值。

　　根据以上原理，使用水蒸气蒸馏提纯的有机物应具备以下条件：①不溶或难溶于水；②与水长时间共沸不发生化学反应；③在 100℃ 左右时，待提纯物质应具有一定的蒸气压，一般不小于 667Pa（5mmHg）。

2.6.2　水蒸气蒸馏装置

　　水蒸气蒸馏装置由水蒸气发生器、蒸馏部分、冷凝部分和接收部分组成，见图 2-15。

图 2-15　水蒸气蒸馏装置

A—水蒸气发生器；B—液面计；C—安全管；D—T 形管；E—螺旋夹；F—水蒸气导管；G—馏出液导管

2.6.3　水蒸气蒸馏操作

　　将被蒸馏的物质倒入蒸馏烧瓶中，其体积不应超过蒸馏烧瓶容积的 1/3。打开 T 形管上

的螺旋夹，用直接火加热水蒸气发生器。当水蒸气发生器中水沸腾，有水蒸气从 T 形管口冲出时，关闭螺旋夹，使水蒸气通入蒸馏烧瓶中。这时烧瓶中混合物翻腾不息，当在冷凝管中有馏出液时，调节火焰，控制馏出液的馏出速度约为每秒 2~3 滴。为了使蒸气不致在烧瓶中冷凝而积累过多，在通入水蒸气前可在烧瓶下放一石棉网，用小火加热。

如果随水蒸气挥发的物质具有较高的熔点，在冷凝后易于析出固体，应调小冷凝水的流速，使它冷凝后仍保持液态。假如已有固体析出，并且接近阻塞时，可暂时停止冷凝水的通入，甚至需要将冷凝水暂时放去，以使物质熔融后随水流入接收器中。当重新通入冷凝水时，要小且缓慢，以免冷凝管因骤冷而炸裂。若冷凝管已经阻塞，应立即停止蒸馏并设法疏通，然后继续蒸馏。

在蒸馏需要中断或蒸馏完毕，一定要先打螺旋夹通大气，然后停止加热，否则水蒸气发生器因冷却而产生负压，会使烧瓶中的液体倒吸到水蒸气发生器中。蒸馏过程中如果安全管中的水柱从柱顶喷出，说明系统发生堵塞，应立即打螺旋夹，移去热源，检查烧瓶内的蒸气导管下口是否已被堵塞，待排除了堵塞后再继续进行蒸馏。

实验 6 水蒸气蒸馏

一、实验目的
1）理解水蒸气蒸馏的原理和意义。
2）学习水蒸气蒸馏的正确操作。

二、实验原理
见 2.6.1。

三、主要仪器和试剂
1. 仪器
水蒸气发生器；T 形管；螺旋夹；250mL 磨口三口瓶；75°双磨口弯管；直形冷凝管；磨口尾接管；锥形瓶；90°弯管。

2. 试剂
苯胺—水混合液。

四、实验步骤
按图 2-16 安装水蒸气蒸馏装置，将 40mL 苯胺-水混合液加入 250mL 烧瓶中，打开 T 形管的止水夹，加热水蒸气发生器使水沸腾，当有水蒸气从 T 形管冲出时，通入冷凝水，关闭止水夹，使水蒸气通入烧瓶中，若烧瓶中液体翻腾太剧烈，要调小火焰，使水蒸气进入烧瓶的速度降低，防止烧瓶中液体飞溅入冷凝管中，当有馏出液时，要通过调整火焰控制馏出液的速度为每秒 2~3 滴。当馏出液澄清透明，不含油状物时，打开螺旋夹，移去火焰，稍冷后关闭冷凝水。馏出液通过分液、萃取回收苯胺。

苯胺在 92℃时的饱和蒸气压为：4.400kPa(33mmHg)；
苯胺在 102℃时的饱和蒸气压为：6.666kPa(50mmHg)。

五、注释
1）三口瓶也可以用圆底烧瓶上装配蒸馏头或克氏蒸馏头代替。

2）当馏出液不再混浊时，用表面皿取少量馏出液，在日光或灯光下观察是否有油珠状物质，如果没有，可停止蒸馏。

例题解析

【例1】选择题（苏州大学）

适用于水蒸气蒸馏分离或纯化的挥发性有机物，其适用条件中之一是100℃时，有机物的蒸气压应（　　）。

（A）>1.0kPa　　　　（B）≥1.3kPa　　　　（C）≥0.5kPa　　　　（D）≥4kPa

【解答】B

【例2】是非题（厦门大学）

1. 只要不溶或难溶于水，并且在共沸腾下与水不发生化学反应的有机化合物，都可采用水蒸气蒸馏。（　　）

2. 水蒸气蒸馏结束时，应先移去热源。（　　）

【解答】1.（×）2.（×）

【例3】填空题

水蒸气蒸馏是用来分离和提纯_____或_____有机化合物的一种方法，被提纯物质必须具备的三个条件是：①_____；②_____；③_____。（中南大学）

【解答】液态　固态　不溶或难溶于水　与沸水长时间共存而不发生化学反应　在100℃左右必须具有一定的蒸气压

【例4】什么情况下用水蒸气蒸馏？能被水蒸气蒸馏的物质应具备什么条件？（厦门大学）

【解答】①从大量树脂状杂质或不挥发性杂质中分离有机物；②除去不挥发性的有机杂质；③从固体多的反应化合物中分离被吸附的液体产物；④某些沸点高于100℃的有机物在其自身的沸点温度时容易被破坏。

条件：100℃左右时蒸气压小于1.3kPa物质，不能与水发生化学反应。

【例5】邻硝基苯胺和对硝基苯胺的制备实验中，为什么邻、对硝基苯胺可用水蒸气蒸馏来加以分离？（苏州大学）

【解答】邻、对硝基苯胺的沸点相差较大，邻硝基苯胺可以在低于100℃的温度下随水蒸气一起蒸出来，而对硝基苯胺则不能而留在烧瓶中。

【例6】安装一套水蒸气蒸馏的装置，并回答下列问题：

（1）水蒸气蒸馏的基本原理是什么？在什么情况下需要使用水蒸气蒸馏？

（2）停止水蒸气蒸馏时，在操作上应注意什么？为什么？

（3）安全管和T形管各起什么作用？

【解答】（1）水蒸气蒸馏是将水蒸气通入不溶或难溶于水、有一定挥发性的有机物中，使该有机物随水蒸气一起蒸馏出来。适用范围：①常压蒸馏易分解的高沸点有机物；②混合物中含大量固体，用蒸馏、过滤、萃取等方法都不适用；③混合物含有大量树脂状的物质或不挥发杂质，用蒸馏、萃取等方法难以分离。

（2）停止水蒸气蒸馏时，应先打开夹子，再移去火源，防止倒吸。

（3）安全管用来检测水位高低，可知有无倒吸现象。T形管用来除去水蒸气中冷凝下来的水，有时操作发生不正常情况时，可使水蒸气发生器与大气相通。

2.7 减压蒸馏

减压蒸馏（vacuum distillation）是分离提纯液态有机化合物的一种重要方法，该方法特别适合于在常压下沸点较高及常压蒸馏易发生分解、氧化、聚合等有机物的分离提纯。

2.7.1 基本原理

液体的沸点是指它的蒸气压等于外界大气压时的温度，因此液体的沸点是随外界压力的变化而变化的，如果借助于真空泵降低盛有液体的系统内压力，就可以降低液体的沸点。这种在较低压力下进行蒸馏的操作称为减压蒸馏。

减压蒸馏时物质的沸点与压力有关。有时在文献中查不到与减压蒸馏选择的压力相应的沸点，可以根据下面的经验曲线（图2-16）找出该物质在此压力下的沸点近似值。

如二乙基丙二酸二乙酯常压下沸点为 218～220℃，欲减压至 20mmHg（1mmHg = 133.322Pa，余同），这时它的沸点是：在图2-16中间线上找 218～220℃点，将此点与右边线 20mmHg 处的点连成一直线，延长此直线与左边的直线相交，交点所示的温度就是 20mmHg 时二乙基丙二酸二乙酯的沸点，约为 105～110℃。

图 2-16　液体有机物在常压、减压下的沸点近似图

注：1mmHg=133.322Pa；1atm=101.325kPa

多数高沸点有机化合物在压力约为 20mmHg 时，其沸点比常压时低 100～120℃左右，当减压蒸馏压力在 10～25mmHg 时，大约压力每降低 1mmHg，沸点约降低 1℃。当要进行减压蒸馏时，应预先粗略估计出相应的沸点，对具体操作和选择合适的温度计有一定的参考价值。

2.7.2　减压蒸馏装置

减压蒸馏装置由蒸馏、抽气以及在它们之间的保护和测压装置三部分组成。如图 2-17 (a) 和图 2-17(b) 所示。

(a) 用油泵的减压蒸馏装置

A—克氏蒸馏头；B—多头尾接管；C—毛细管；D—螺旋夹（夹在毛细管上端的橡皮管上）；E—安全瓶；F—二通旋塞

(b) 用循环水泵的减压蒸馏装置

图 2-17　减压蒸馏装置

1. 蒸馏部分

蒸馏部分由蒸馏瓶，克氏蒸馏头、温度计、毛细管、直形冷凝管、多头尾接管及接收瓶等组成。毛细管的作用是液体在抽真空时，有极少量气体进入液体呈微小气泡冒出，作为液体沸腾的汽化中心，使蒸馏平稳进行。毛细管的长度恰好使其下端距瓶底 1~2mm，进入蒸馏烧瓶中气体的多少由螺旋夹 D 来调节。接收器用圆底烧瓶，不能用锥形瓶。多头尾接管与冷凝管的连接磨口要涂有少量甘油或凡士林，以便转动多头尾接管，使不同的馏分流入指定的接收器中。

2. 抽气部分

实验室通常用水泵或油泵减压。

（1）水泵

水泵所能达到的最低的压力，理论上相当于当时水温下的水蒸气压。若水温为 18℃时，水蒸气压为 2kPa(15.5mmHg)；水温为 10℃时，水蒸气压为 1.2kPa(9mmHg)。这对一般的减压蒸馏是可以的。用水泵进行抽气时，将水泵接在安全瓶的导管上，见图2-17(b)（循环水泵本身带有压力表），以防止水流倒吸。

（2）油泵

若需要较低的压力，要用油泵进行抽气，见图2-17(a)。好的油泵应能抽到0.1333kPa（1mmHg）以下。油泵的好坏取决于其机械结构和油的质量。使用油泵时要注意油泵的防护保养，不使有机物质、水、酸等的蒸气浸入泵内。如果蒸馏挥发性较大的液体有机物时，易挥发性的有机物质的蒸气可被泵内的油吸收，而增加油的蒸气压，降低真空效能，即降低泵的效率；水蒸气凝结在泵内，会使油乳化，破坏油泵的正常工作，也会降低泵的效率；酸蒸气会腐蚀油泵的机件。

（3）保护和测压装置部分

当用油泵进行减压时，为了保护油泵，必须在接收器和油泵之间依次安装安全瓶、冷却阱、测压计和几种吸收塔，如图2-17(a)所示。其中安全瓶的作用是通过活塞放气以调节系统压力，防止油泵中油倒吸和防止蒸馏时因突然发生暴沸现象物料进入减压系统。冷却阱用来冷凝被抽出的沸点较低的组分，如水蒸气和一些挥发性物质。冷却阱置于盛有冷却剂的广口保温瓶中，冷却剂的选择视具体情况而定，可用冰-水、冰-盐、冰-乙醇等。吸收塔（又称干燥塔）通常设两个，前一个装无水氯化钙（或硅胶），后一个装粒状氢氧化钠，用以吸收水分、酸性气体。有时为了吸收烃类气体，可再加一个装石蜡片的吸收塔。

测压计的作用是指示减压蒸馏系统内的压力，通常用水银测压计，如图2-18所示。图2-18(a)为封闭式水银压力计，两臂液面高度之差即为减压蒸馏系统内的压力。图2-18(b)为开口式水银压力计，两臂汞柱高度之差即为大气压与体系压力之差，蒸馏系统内的实际压力为：实际压力=大气压力(mmHg)-汞柱差。

开口式压力计较笨重，读数方式较麻烦，但准确。封闭式压力计比较轻巧，读数方便，但常常因为有残留空气，以致不够准确，常需用开口式的来校正。使用时应避免水或其他污物进入压力计内，否则将严重影响其准确度。

(a)封闭式　　　　(b)开口式

图2-18　水银测压计

循环水泵上带有压力表，用循环水泵时，系统压力 = $p_{大气压} - p_{真空表读数}$ = $[760 - 表数/(133 \times 10^{-6})]$ mmHg。循环水泵上表的读数单位是 MPa。

2.7.3　减压蒸馏操作

安装好仪器后，在开始蒸馏之前，要检查装置的气密性和装置能减压到何种程度。具体方法是：先旋紧毛细管上的螺旋夹 D，打开安全瓶上的二通旋塞 F，然后开泵抽气，逐渐关闭二通旋塞。待压力稳定后，观察压力计(水泵看真空表)读数。系统压力能达到所需压力且保持不变，说明系统密闭。然后慢慢旋开安全瓶上旋塞，放入空气，直到内外压力相等为止。如果压力计(表)上的读数不能达到油泵(水泵)应该达到的减压程度，说明系统漏气，应仔细检查各部分连接处何处漏气。待排除漏气点后，再重新检查系统的气密性，直至压力稳定并达到所需压力。

检查完装置的气密性后，在圆底烧瓶中放入约占其容量 1/3~1/2 的待蒸馏物质。开泵抽气，关闭安全瓶上的二通旋塞，调节毛细管上的螺旋夹，使烧瓶中液体内有连续平稳的小气泡。当系统压力平稳且达到所需压力时，查出在该压力下液体的沸点。开启冷凝水，选择合适的热浴加热蒸馏。加热时蒸馏烧瓶至少应有 2/3 浸入浴液中。由于减压蒸馏时一般液体在较低的温度下就可以被蒸出，因此，加热不要太快。控制浴温比待蒸馏液体的沸点约高 20~30℃。液体沸腾后，再调节浴温，使馏出液馏出速度为每秒 1~2 滴。在整个蒸馏过程中，要密切注意瓶颈上温度计和压力的读数。当有馏分蒸出时，记录其沸点、相应的压力读数。纯物质的沸点范围一般不超过 1~2℃，假如起始蒸出的馏液比要收集物质的沸点低，则在蒸至接近预期的温度时要转动尾接管的位置，使馏出液流入不同的接收瓶中。

蒸馏完毕(或蒸馏过程中需要中断)时，应先移去火源，撤去热浴，打开毛细管上螺旋夹，稍冷后，慢慢打开安全瓶上的二通旋塞，使体系内外压力平衡，待压力计(表)恢复到零的位置，再关泵。否则由于系统中压力低，会发生油泵中的油倒吸入干燥塔中或水泵中、水进入安全瓶中的现象。

实验 7　减压蒸馏

一、实验目的

1)掌握减压蒸馏的原理。

2)掌握减压蒸馏的操作。

二、实验原理

见 2.7.1。

三、主要仪器和试剂

1. 仪器

50mL 磨口圆底烧瓶；克氏蒸馏头；直形冷凝管；多头尾接管；毛细管；温度计；安全瓶；油泵及油泵保护测压装置或水泵。

2. 试剂

20mL 乙酸正丁酯。

四、实验步骤

安装减压蒸馏装置，检查气密性及系统压力。系统不漏气后，慢慢打开安全瓶上二通旋塞，使内外压力平衡。取 20mL 乙酸正丁酯加入到 50mL 磨口圆底烧瓶中，缓慢关闭安全瓶上二通旋塞，调节毛细管进空气量，记下压力平稳时压力计读数或水泵上真空表的读数，算出在减压下所要接收液体的沸点。通冷凝水、加热、接收相应馏分。同时记录蒸馏过程中馏分蒸出时的沸点、相应的压力读数。蒸馏完毕时，停止加热、撤去热源、旋开毛细管上螺旋夹、稍冷、慢慢打开安全瓶的旋塞，解除真空、关泵、回收产品、拆仪器。

乙酸正丁酯沸点为 126.5℃。

五、注释

1）减压蒸馏装置中的蒸馏瓶和接收瓶均不能使用不耐压的平底仪器（如锥形瓶、平底烧瓶等）或有破损的仪器，以防由于装置内处于真空状态，外部压力过大而引起爆炸。

2）如温度计未经校正，读数会有误差，应根据具体情况接收一个相近的稳定馏分。

例题解析

【例1】选择题

1. 减压蒸馏开始时，正确操作顺序是（　　）。（广西师范大学）

（A）边抽气边加热　　（B）先抽气后加热　　（C）先加热后抽气　　（D）以上皆可

2. 在减压蒸馏时为了防止暴沸，应向反应体系（　　）。

（A）加入玻璃毛细管引入汽化中心　　　　（B）通过毛细管向体系引入微小气流

（C）加入沸石引入汽化中心　　　　　　　（D）控制较小的压力

【解答】1. B　2. B

【例2】是非题

1. 在减压蒸馏时，往往使用一毛细管插入蒸馏烧瓶底部，它能冒出气泡，成为液体的沸腾中心，防止液体暴沸。（　　）（厦门大学）

2. 减压蒸馏时，接受瓶可用磨口锥形瓶。（　　）。（厦门大学）

【解答】1.（√）2.（×）

【例3】减压蒸馏特别适用于哪些化合物？仪器装置包括哪几个主要部分？其中三个吸收塔中各放什么？分别起什么作用？（厦门大学）

【解答】常压蒸馏时未达沸点即已受热分解、氧化或聚合的物质。蒸馏、减压、安全保护和测压。粒状氢氧化钠（吸收酸性气体）、块状石蜡（吸收烃类气体）、无水氯化钙（吸收水分）等。

【例4】已知某化合物的沸点在 150℃ 左右，但在沸腾或长久放置后会发生聚合生成二聚体，使用前需要纯化。请在给定的条件中选择合适的条件设计一个实验对该化合物进行纯化。

条件：最高可加热到 150~160℃ 油浴，真空度 30mmHg 的水泵，真空度 0.1mmHg 的高真空泵，冷凝水 25℃，1~100mmHg 的真空表，10^{-3}~100mmHg 的真空表。其他玻璃仪器任选。

要求：画出实验装置草图，表明所选用的仪器，并说明选择的原因。（华东师范大学）

【解答】25℃ 的水达到的真空度约为 24mmHg，所给水泵不能满足要求。因此采用 1~100mmHg 的真空表，用油浴加热的减压蒸馏装置来纯化。装置图（略）。

2.8　萃取

萃取(extraction)是有机化学实验中分离和提纯有机化合物的常用操作之一。应用萃取可以从固体或液体混合物中提取所需要的物质，也可以用来洗去混合物中少量的杂质。通常前者称为"提取"或"萃取"，后者称为"洗涤"。萃取可以分为液–液萃取和液–固萃取。

2.8.1　基本原理

1. 液–液萃取

利用物质在两种互不相溶(或微溶)的溶剂中溶解度或分配比不同，使某一物质从一种溶剂中转移到另一种溶剂中的过程称为萃取，经过若干次这样的过程，就可以把绝大部分的该物质提取出来。

在两种互不相溶的两相溶剂中，加入某种物质时，当在一定温度下，该物质与此两种溶剂不发生作用时，该物质在这两种溶剂的两相中浓度比是一个定值，即 $K = C_A / C_B$，这种关系叫做"分配定律"。C_A、C_B 分别表示一种化合物在两种互不相溶的溶剂中的浓度。K 是一个常数，称为"分配系数"。

当用一定量的溶剂萃取有机化合物时，萃取一次是不够的，必须进行多次萃取。利用分配定律，可以算出经萃取后有机物在原溶液中的剩余量为：

$$W_n = W_o \left(\frac{KV}{KV+S} \right)^n$$

式中　W_n——萃取 n 次后原溶液中剩余有机物质，g；

　　　W_o——原溶液中溶解的有机物质，g；

　　　S——每次用的与原溶液互不相溶的溶剂的体积，mL；

　　　V——原溶液的体积，mL；

　　　n——萃取次数。

上式中 $KV/(KV+S)$ 恒小于1，所以 n 越大 W_n 越小。也就是说将全部萃取剂分为多次萃取比一次全部用完萃取效果要好。当溶剂总量保持不变时，萃取次数(n)增加，每次萃取剂的量(S)就要减小。当 $n>5$ 时，n 和 S 这两种因素的影响几乎抵消了，再增加萃取次数，W_n/W_{n+1} 的变化很小，所以一般同体积溶剂分为 3~5 次萃取即可。每次所用萃取剂约为被萃取溶液体积的 1/3。

上面结论也适用于从溶液中除去(或洗去)溶解的杂质。

萃取效率还与萃取剂的性质有关。选择萃取剂的原则是：萃取剂纯度高、沸点低、毒性小，具有良好的化学稳定性；对待萃取物溶解度大，与原溶剂不相溶，且与原溶剂密度相差较大。有机化合物在有机溶剂中一般比在水中溶解度大，用有机溶剂提取溶解于水的化合物是萃取的典型实例。一般，难溶于水的物质用石油醚萃取；较易溶于水的物质用苯或乙醚萃取；易溶于水的物质用乙酸乙酯或类似的溶剂萃取。常用的萃取剂有乙醚、苯、四氯化碳、石油醚、氯仿、二氯甲烷、乙酸乙酯等。若从有机物中洗出酸、碱或其他水溶性杂质，可分别用稀碱、稀酸或直接用水洗涤。

2. 液-固萃取

用于从固相中提取物质，是利用溶剂对样品中待提取物和杂质溶解度的不同达到分离提纯目的的。

2.8.2 操作

1. 液-液萃取

液-液萃取是指从溶液中提取所需物质的方法。从溶液中萃取物质最常使用的仪器是分液漏斗。操作时一般选择一个比被萃取液大 1~2 倍体积的分液漏斗，在下端活塞上涂少许凡士林，向同一方向旋转活塞使其均匀透明，关闭活塞。向分液漏斗中加入一定量的水，将上口塞子盖好，上下摇动，检查是否漏水，不漏水后方可使用。试漏后，把分液漏斗放在铁圈中(铁圈固定在铁架上，铁圈最好用石棉绳缠扎起来)，将待萃取的溶液和萃取剂，依次从上口倒入分液漏斗中，塞好塞子(此塞子不能涂油)，封闭通气孔，以免振荡时漏液。取下分液漏斗振荡，使两相之间的接触面增大，提高萃取效率。振荡时按图 2-19 把分液漏斗倾斜，使漏斗的上口略朝下，右手握住漏斗上口颈部，并用食指根部压紧上口塞子，左手握住下面的旋塞，握持旋塞的方式既要能防止振荡时旋塞转动或脱落，又要便于灵活的旋开旋塞放气，使内外压力平衡，若漏斗内有易挥发溶剂，如乙醚、苯等，或用碳酸钠溶液中和酸液，振荡后，更应注意及时旋开旋塞，放出气体。如不及时放气，易造成分液漏斗的

图 2-19 分液漏斗的振荡

塞子被顶开，使液体喷出。放气时，不要对着人，一般振荡两三次放一次气。经几次振荡放气后，将分液漏斗放在铁圈上，将塞子上的小槽对准漏斗上的通气孔，静置，待两层液体完全分开后，下层液体自活塞放出，放出液体时把分液漏斗的下端靠在接受器的壁上。分液时要尽可能分离干净，有时在两相间可能出现一些絮状物也应同时放出。然后将上层液体从分液漏斗上口倒出，切不可从下面活塞放出，以免被残留在漏斗颈上的第一种液体沾污。将萃取相接收到干燥的锥形瓶中，被萃取相(通常是水相)再加入新的萃取剂继续萃取。重复以上操作，萃取完后，合并萃取相，加入合适的干燥剂进行干燥，然后蒸去溶剂。萃取所得的有机物根据其性质可利用蒸馏、重结晶等方法纯化。

萃取时，有时会遇到水层与有机层难分层的现象，特别是当被萃取液呈碱性时，常常出现乳化现象，难分层。遇此情况可以采取以下相应措施使其彻底分层。①若因两种溶剂(水与有机溶剂)能部分互溶而发生乳化，可延长静置时间。②若因萃取剂与水层的密度较接近而难分层，可以加入少量电解质(如氯化钠)，增加水层的密度，即可迅速分层。此外，用无机盐(通常用氯化钠)使水溶液饱和后，能显著降低有机物在水中的溶解度，明显提高萃取效果。这就是所谓的"盐析作用"。③若因被萃取液呈碱性而产生乳化，常可加入少量稀硫酸，并轻轻振荡常能使乳浊液分层。

2. 液-固萃取

从固体混合物中提取物质时，常用浸取法和连续提取法。

（1）浸取法

将溶剂加到被萃取的固体物质中加热，使易溶于萃取剂的物质提取出来，然后进行分离纯化。当使用有机溶剂作萃取剂时，应使用回流装置。

（2）连续提取法

当待提取的物质在溶剂中溶解度很小时采用连续提取法。实验室中常用索氏（Soxhlet）提取器来进行，Soxhlet 提取器由烧瓶、提取筒、回流冷凝管三部分组成，如图 2-20（a）所示。

图 2-20　Soxhlet 提取器

Soxhlet 提取器是利用溶剂的回流及虹吸原理，使固体物质连续不断地被纯的热溶剂所萃取，减少了溶剂用量，缩短了提取时间，效率较高。萃取之前，应先将固体物质研细，以增加溶剂浸溶的面积。然后将固体物质装入滤纸筒内，轻轻压实，再盖上一层直径略小于滤纸筒的滤纸片，以防止固体粉末漏出堵塞虹吸管。滤纸筒的直径应略小于提取筒的内径，以便于取放。筒中所装固体物质的高度应低于虹吸管的最高点，使萃取剂能充分浸润被萃取物质。从提取筒上口加入溶剂，当发生虹吸时，液体流入蒸馏瓶，再补加过量溶剂（根据提取时间和溶剂的挥发程度而定），一般 30mL 左右。向圆底烧瓶中加入沸石，装上冷凝管，通入冷凝水，开始加热，液体沸腾后开始回流，溶剂蒸气从烧瓶进到冷凝管中，冷凝后回流到提取筒中，液体在提取筒中蓄积，使固体浸入溶剂中。当提取筒中液面超过虹吸管顶部时，蓄积的液体带着从固体中提取出来的易溶于溶剂的物质流入蒸馏瓶。溶剂受热又会被蒸发，溶剂蒸气经冷凝又回到提取筒的固体物质里，如此循环，萃取物不断地积累的烧瓶中，直至固体中可溶物质几乎全部被提取出来为止。一般需要数小时才能完成，提取液经浓缩或减压浓缩蒸出溶剂后，即获得提取物。

如果样品量少，可用简易半微量提取器，如图 2-20（b）所示，把被提取物放到折叠滤纸中，操作方便，效果好。

在提取过程中应注意调节温度，以免提取出的溶质较多时，温度过高会使溶质在瓶壁上结垢或炭化。当物质受热易分解或萃取剂的沸点较高时，不宜使用此方法。

实验 8　从茶叶中萃取咖啡因

一、实验目的

1) 了解从茶叶中提取咖啡因的原理和方法。

2) 学习用 Soxhlet 提取器提取的操作技术。

二、实验原理

咖啡因是一种嘌呤衍生物, 存在于咖啡、茶叶、可可豆等植物中, 化学名称是 1, 3, 7-三甲基-2, 6 二氧嘌呤, 其结构式如下:

咖啡因为无色柱状晶体, 熔点 238℃, 是弱碱性化合物, 易溶于热水、氯仿、乙醇等。含结晶水的咖啡因为无色针状结晶, 味苦, 在 100℃时即失去结晶水, 并开始升华, 120℃时升华相当显著, 至 178℃时升华很快。

咖啡因具有兴奋中枢神经和利尿等作用, 除广泛用于饮料之外, 也应用于医药, 例如它是复方阿司匹林的组成成分之一。过度使用咖啡因会增加抗药性并产生轻度上瘾。工业上, 咖啡因主要通过人工合成制得。

茶叶中咖啡因的含量约为 1%~5%。本实验从茶叶中提取咖啡因是用乙醇作溶剂, 用 Soxhlet 提取器进行提取。茶叶中除含有咖啡因外, 还含有丹宁酸(11%~12%)、色素(0.6%)及蛋白质等。丹宁酸不是一种单一的化合物, 而是由若干种多元酚的衍生物所组成的具有酸性的混合物。丹宁酸不溶于苯, 但有几种组分可溶于水或醇。所以用乙醇提取茶叶, 所得到的提取液中含有丹宁酸。向提取液中加碱, 生成丹宁酸盐, 即可使咖啡因游离出来, 然后用升华法纯化。

三、主要仪器和试剂

1. 仪器

提取筒; 圆底烧瓶(250mL); 球形冷凝管; 水浴锅; 蒸发皿; 表面皿; 量筒; 玻璃漏斗; 锥形瓶; 蒸馏头; 温度计; 烧杯; 直形冷凝管。

2. 试剂

茶叶末; 95%乙醇; 氧化钙。

四、实验步骤

称取 10g 茶叶末, 装入 Soxhlet 提取器(见图 2-20a)的滤纸筒中, 轻轻压实, 筒上口盖一片滤纸, 置于 Soxhlet 提取器中。在 250mL 圆底烧瓶中加入 120mL95%乙醇和几粒沸石, 水浴加热, 连续提取 2~3h 后, 待冷凝液刚刚虹吸下去时, 立即停止加热。稍冷后改成蒸馏装置, 水浴加热回收提取液中的大部分乙醇。将残液倒入蒸发皿中, 拌入 3g 研细的氧化钙, 在蒸气浴上蒸干。最后将蒸发皿移至煤气灯上隔石棉网焙炒片刻, 使水分全部除去。冷却, 擦去沾在边上的粉末, 以免升华时污染产物。

将一张刺有许多小孔的圆形滤纸盖在装有粗咖啡因的蒸发皿上，取一大小合适的玻璃漏斗罩于其上，用沙浴小心加热升华。当纸上出现白色毛状结晶时，暂停加热，冷至 100℃ 左右，揭开漏斗和滤纸，用小刀仔细将附着于滤纸和漏斗上的咖啡因刮下。残渣经搅拌后，用较大的火焰再加热升华一次。合并两次升华产物，测定熔点。

五、注释

1）若提取液颜色很淡时，即可停止抽提。

2）氧化钙起吸水和中和作用，它与丹宁等酸性杂质反应生成钙盐，游离的咖啡因就可以通过升华提纯。

3）若水分未除尽，升华开始时会出现烟雾，污染器皿。

4）在萃取回流充分的情况下，升华操作的好坏是本实验成败的关键。在升华过程中，始终须用小火间接加热。温度太高会使滤纸碳化变黑，并把一些有色物质烘出来，使产品不纯。

例题解析

【例 1】选择题

1. 由茶叶提取咖啡因时精制咖啡因最简便的方法是(　　)。(中南大学)

(A)溶剂提取　　　(B)蒸馏　　　　　(C)升华　　　　(D)重结晶

2. 用分液漏斗萃取振荡时，漏斗的活塞部分应采取的位置是(　　)。(中南大学)

(A)向上倾斜　　　(B)向下倾斜　　　(C)保持水平位置　(D)保持垂直位置

【解答】1. C　2. A

【例 2】是非题(厦门大学)

从茶叶中提取咖啡因的实验中，往提取的浓缩液加入生石灰，其目的只起吸水作用。(　　)

【解答】(×)

【例 3】填空题(厦门大学)

1. 在下列你所做过的实验中选择其必须应用的基本操作、仪器、装置和干燥剂。

(a)蒸馏；(b)分馏；(c)水蒸气蒸馏；(d)重结晶；(e)升华；(f)回流；(g)搅拌装置；(h)分水器；(i)减压蒸馏；(j)无水操作；(k)气体吸收装置；(l)无水 $CaCl_2$；(m)无水 $MgSO_4$；(n)无水 K_2CO_3；(o)无水 $NaSO_4$；(p)Na；(q)萃取。(厦门大学)

茶叶中提取咖啡因_____

【解答】aefgn

2. 在进行萃取洗涤操作时，常会发生乳化现象。破坏乳化的常用方法有：①_____；②_____；③_____；④_____。(厦门大学)

【解答】①较长时间静置；②因碱性产生乳化，可加入少量酸；③盐析；④加热等降低表面张力。

3. 分液漏斗主要应用在哪四个方面①_____②_____③_____④_____。(中南大学)

【解答】①分离两种分层而不起作用的液体；②从溶液中萃取某种成分；③用水或碱或酸洗涤某种产品；④用来滴加某种试剂。

【例4】简答题(苏州大学)

1. 索式提取器的萃取原理是什么？它与一般的浸泡萃取比较，有哪些优点？

【答案】索氏提取器是利用溶剂的回流及虹吸原理，使固体物质每次都被纯的热溶剂所萃取，减少了溶剂用量，缩短了提取时间，因而效率较高。

2. 索式提取器有哪几部分组成？

【答案】索氏提取器由烧瓶、提取筒、回流冷凝管3部分组成。

3. 从茶叶中提取咖啡因实验进行升华操作时，应注意什么？

【答案】在蒸发水分充分的情况下，升华操作是实验成败的关键。升华过程中，始终都需用小火隔着石棉网间接加热。如温度太高，会使产物发黄。

【例5】简答题(苏州大学，厦门大学)

1. 咖啡因为什么可以用升华法分离提纯，除了升华法，还可以用什么方法？

2. 论述咖啡因的药理作用。

【解答】1. 因咖啡因的熔点较高，且在熔点温度以下有较高的蒸气压(大于2.7kPa)，因此能自固态不经液态而直接转变成蒸气，并从蒸气不经液态直接转变成固态，故可用升华法分离提纯咖啡因。还可用色谱法。

2. 咖啡因可兴奋神经中枢，消除疲劳，有强心作用。

【例6】请安装一套从茶叶中提取咖啡因的实验装置，并回答下列问题：

(1)本试验步骤主要包括哪几步？各步操作的目的何在？

(2)将蒸馏剩余液趁热倒入蒸发皿中，为何要加入生石灰？

(3)什么是升华？凡是固体有机物是否都可以用升华方法提纯？升华方法有何优缺点？

(4)为何升华操作时，加热温度一定要控制在被升华物质的熔点以下？

【解答】(1)本试验步骤主要包括：第一步，将茶叶末放入索氏提取器的滤纸筒中，在圆底烧瓶中加入95%乙醇，水浴加热回流提取，直到提取液颜色较浅为止。待冷凝液刚刚虹吸下去时即可停止加热，改成蒸馏装置，把提取液中的大部分乙醇蒸馏出来。第二步，趁热把瓶中剩余液倒入装有生石灰的蒸发皿中，搅成浆状，在蒸气浴上蒸干，除去水分，使成粉状，然后移至石棉网上用酒精灯小心加热，炒片刻，除去水分。第三步，在蒸发皿上盖一张刺有许多小孔且孔刺向上的滤纸，再在滤纸上罩一个大小合适的漏斗，漏斗顶部塞一小团疏松的棉花，用酒精灯隔着石棉网小心加热，适当控制温度，尽可能使升华速度放慢，当发现有棕色烟雾时，即升华完毕，停止加热。

各步操作目的：第一步提取咖啡因粗液。第二步除去水分和丹宁酸等酸性物质。第三步升华提纯。

(2)生石灰起干燥和中和作用，以除去水分和丹宁酸等酸性物质。

(3)某些物质在固态时具有相当高的蒸气压，在加热时，不经过液态，而直接气化，蒸气受到冷却又直接冷凝成固体，这个过程叫做升华。不是所有的固体有机物都适合用升华提纯。只有在不太高的温度下有足够大的蒸气压的固体物质可用升华提纯。升华方法得到的产品一般具有较高的纯度，但温度不易控制，产率较低。

(4)防止升华物质变焦。

2.9　干燥

干燥(dehydration)是有机化学实验室中最常用到的重要操作之一，其目的在于除去固体、液体或气体中的少量水分或少量有机溶剂。固体中的水分会造成熔点降低，因而得不到正确的测定结果；液体中的水分会与液体形成共沸物，在蒸馏前若不干燥，会导致"前馏分"过多，产物损失，甚至沸点也不准；试剂中的水分有时会严重干扰反应，如在制备格氏试剂或酰氯的反应中，若不能保证反应体系的充分干燥就得不到预期产物；反应产物如不能充分干燥，在波谱分析等测试中就得不到正确的结果。

2.9.1　基本原理

干燥的方法因被干燥物料的物理性质、化学性质以及干燥的程度不同而不同。干燥方法分为物理方法和化学方法两种。

物理方法中有烘干、晾干、吸附、分馏、共沸蒸馏和冷冻等。近年还常用离子交换树脂和分子筛进行干燥。

化学方法常采用干燥剂除水。根据除水作用原理分为两种。一种是干燥剂能与水可逆地结合，生成水合物。例如：

$$CaCl_2 + nH_2O = CaCl_2 \cdot nH_2O$$

另一种是与水发生不可逆的化学反应，生成新的化合物。例如：

$$2Na + 2H_2O \longrightarrow 2NaOH + H_2$$

使用干燥剂时要注意以下几点：

1）干燥剂与水的反应为可逆反应时，反应达到平衡需要一定时间。因此，加入干燥剂后，一般最少要两个小时或更长一点的时间后才能收到较好的干燥效果。因反应可逆，不能将水完全除尽，故干燥剂的加入要适量，一般为溶液体积的5%左右。当温度升高时，这种可逆反应的平衡向脱水方向移动，所以在蒸馏前，必须将干燥剂滤除，否则被除去的水将返回液体中。另外，若把盐留在蒸馏瓶底，受热时会发生崩溅。

2）干燥剂与水发生不可逆反应时，使用这类干燥剂在蒸馏前不必滤除。

3）干燥剂只适用于干燥少量水分。若水的含量大，干燥效果不好。为此，萃取时应尽量将水层分净，这样干燥效果好，且产物损失少。

2.9.2　固体的干燥

固体有机化合物的干燥，主要是除去残留在固体里的少量的溶剂，如水、乙醇、乙醚、丙酮等。由于固体有机化合物的挥发性比溶剂小所以可采用蒸发和吸附的方法来达到干燥的目的。

蒸发的方法有自然干燥和加热干燥。

自然干燥是最简便的方法。干燥时将固体放在表面皿或敞口容器中，薄薄摊开，让其在空气中慢慢晾干。为防止灰尘落入，上面可盖一张滤纸。应注意被干燥的固体有机化合物应该是稳定、不分解和不吸水的。

加热干燥是为了加快干燥速度，对于熔点较高、遇热不分解的固体，可用红外灯或放入烘箱烘干。注意加热温度应低于固体有机物的熔点，并经常加以翻动，以防结块。含有较多有机物溶剂的固体不宜直接放入烘箱烘干，以免发生危险。

吸附的方法是放在干燥器里进行干燥，在干燥器内装有各种类型的干燥剂。对易分解、易升华、易吸水的固体有机化合物应放在干燥器内干燥。干燥器干燥有以下几种：

1）普通干燥器干燥：该法一般适用于保存易吸潮的样品。它干燥样品所耗的时间长，干燥效率不高。

2）真空干燥器干燥：该法可提高干燥效率。使用时应注意，真空度不宜过高，一般用水泵抽气即可，以防干燥器炸裂。新的干燥器应先试抽，检验是否耐压。应装有安全装置，以防倒吸。要开启干燥器，应先放气且不宜太快，以防空气进入太快将样品冲散。

3）真空恒温干燥器干燥：该法干燥效率高，尤其是去除结晶水或结晶醇，此法更好。使用时将装有样品的小舟放入夹层内，连接盛有干燥剂（一般常用是五氧化二磷）的曲颈瓶，然后用水泵抽到一定的真空度时，先将旋塞关闭，再停止抽气。若不关闭旋塞而连续抽真空，则干燥器内的气体不能再流入水泵，反而有可能使水气扩散到干燥器内。当干燥要求较高时可每隔一段时间抽一次，使夹层内样品在减压和恒定的温度下进行干燥。

干燥器中的干燥剂的选择根据除去溶剂的性质而定，常用干燥剂见表 2-2。同时应不与被干燥的固体有机化合物发生作用。

表 2-2　干燥器内常用的干燥剂

干燥剂	吸去的溶剂或其他杂质	干燥剂	吸去的溶剂或其他杂质
CaO	水、醋酸、氯化氢	P_2O_5	水、醇
$CaCl_2$	水、醇	石蜡片	醇、醚、石油醚、甲苯、氯仿、四氯化碳
NaOH	水、醋酸、氯化氢、醇、酚	硅胶	水
H_2SO_4	水、醋酸、醇		

2.9.3　液体的干燥

1. 干燥剂的选择

干燥剂应与被干燥的液体有机化合物不发生化学反应，包括溶解、络合、缔合和催化等作用，例如酸性化合物不能用碱性干燥剂等。表 2-3 列出各类有机物常用的干燥剂。

表 2-3　各类有机物常用干燥剂

化合物类型	干燥剂	化合物类型	干燥剂
烃	$CaCl_2$、Na、P_2O_5	酮	K_2CO_3、$CaCl_2$、$MgSO_4$、Na_2SO_4
卤代烃	$CaCl_2$、$MgSO_4$、Na_2SO_4、P_2O_5	酸、酚	$MgSO_4$、Na_2SO_4
醇	K_2CO_3、$MgSO_4$、CaO、Na_2SO_4	酯	$MgSO_4$、Na_2SO_4、K_2CO_3
醚	$CaCl_2$、Na、P_2O_5	胺	KOH、NaOH、K_2CO_3、CaO
醛	$MgSO_4$、Na_2SO_4	硝基化合物	$CaCl_2$、$MgSO_4$、Na_2SO_4

2. 干燥剂的吸水容量和干燥效能

干燥效能是指达到平衡时液体被干燥的程度。对于形成水合物的无机盐干燥剂，常用吸水后结晶水的的蒸气压来表示干燥剂效能。如硫酸钠形成 10 个结晶水，蒸气压为 260Pa；氯化钙最多能形成 6 个水的水合物，其吸水容量为 0.97，在 25℃时水蒸气压力 39Pa。因此硫酸钠的吸水容量较大，但干燥效能弱；而氯化钙吸水容量较小，但干燥效能强。在干燥含水量较大而又不易干燥的化合物时，常先用吸水容量较大的干燥剂除去大部分水分，再用干燥效能强的干燥剂进行干燥。

各类有机物常用干燥剂的性能与应用范围见表 2-4。

表 2-4　常用干燥剂的性能与应用范围

干燥剂	吸水作用	吸水容量/g	干燥效能	干燥速度	应用范围
氯化钙	形成 $CaCl_2 \cdot nH_2O$ $n=1, 2, 4, 6$	0.97 按 $n=6$ 计算	中等	较快，吸水后表面覆盖黏稠薄层，故应放置较长时间	不能用于干燥醇、酚、胺。工业氯化钙不能干燥酸类
硫酸镁	形成 $MgSO_4 \cdot nH_2O$ $n=1, 2, 4, 5, 6, 7$	1.05 按 $n=7$ 计算	较弱	较快	中性，可代替氯化钙，可干燥酯、醛、酮、腈、酰胺等
硫酸钠	$Na_2SO_4 \cdot 10H_2O$	1.25	弱	缓慢	中性，一般用于液体有机物初步干燥
硫酸钙	$2CaSO_4 \cdot H_2O$	0.06	强	快	中性，常与硫酸镁配合，作最后干燥
碳酸钾	$K_2CO_3 \cdot 1/2H_2O$	0.2	较弱	慢	弱碱性，用于干燥醇、酮、酯、胺、及杂环等碱性化合物
氢氧化钾	溶于水		中等	快	强碱性，用于干燥胺、杂环等碱性化合物
钠			强	快	只能用于干燥醚、烃类中微量水分
氧化钙			强	较快	适用于干燥低级醇类
五氧化二磷			强	快，但吸水后表面覆盖黏浆液，操作不便	适用于干燥醚、烃、卤代烃、腈等中微量水分

3. 干燥剂的用量

根据水在液体中溶解度和干燥剂的吸水量，可算出干燥剂的最低用量。但是，干燥剂的实际用量是大大超过计算量的。实际操作中，主要是通过现场观察判断。

（1）观察被干燥液体

例如在环己烯中加入无水氯化钙进行干燥，未加干燥剂之前，由于环己烯中含有水，环己烯不溶于水，溶液处于浑浊状态。当加入干燥剂吸水后，环己烯呈现清澈透明状，这时即表明干燥合格。否则应补加适量干燥剂继续干燥。

（2）观察干燥剂

例如用无水氯化钙干燥乙醚时，乙醚中的水除净与否，溶液总是呈现清澈透明状，如何判断干燥剂用量是否合适，则应看干燥剂的状态。加入干燥剂后，因其吸水变黏，粘在器壁上，摇动不易旋转，表明干燥剂用量不够，应适量补加无水氯化钙，直到新加的干燥剂不结块，不粘壁，干燥剂棱角分明，摇动时旋转并悬浮（尤其 $MgSO_4$ 等小晶粒干燥剂），表示所加干燥剂用量合适。

由于干燥剂还能吸收一部分有机液体，影响产品收率，故干燥剂用量应适中。应加入少量干燥剂后静置一段时间，观察用量不足时再补加。一般每 100mL 样品约需加入 0.5~1g 干燥剂。

4. 干燥时的温度

对于生成水合物的干燥剂，加热虽可加快干燥速度，但远远不如水合物放出水的速度快，因此，干燥通常在室温下进行。

5. 干燥操作要点

1）首先把被干燥液中水分尽可能除净，不应有任何可见的水层或悬浮水珠。

2）把待干燥的液体放入锥形瓶中，取颗粒大小合适（如无水氯化钙，应为黄豆粒大小并不夹带粉末）的干燥剂，放入液体中，用塞子盖住瓶口，轻轻振摇，经常观察，判断干燥剂是否足量，静置（半小时，最好过夜）。

3）把干燥好的液体滤入蒸馏瓶中，然后进行蒸馏。

2.9.4 气体的干燥

在有机分析和有机合成中，常用的气体有氮气、氧气、氢气、氯气、氨气、二氧化碳等。当对这些气体纯度要求严格时，需要除去气体中微量的水分。

将气体干燥是使之在通入体系前，先经过干燥塔（内装固体干燥剂）和各种不同形式的洗瓶（内装液体干燥剂）。根据被干燥气体的性质、用量、潮湿程度以及反应条件，选择不同的干燥仪器。

一般气体干燥所用干燥剂见表 2-5。

表 2-5 干燥气体常用干燥剂

干燥剂	可干燥的气体
CaO、碱石灰、NaOH、KOH	NH_3 类
无水 $CaCl_2$	H_2、HCl、CO、CO_2、N_2、O_2、低级烷烃、醚、烯烃、卤代烃
P_2O_5	H_2、O_2、CO、CO_2、SO_2、N_2、烷烃、乙烯
浓 H_2SO_4	H_2、N_2、O_2、HCl、CO_2、烷烃
$CaBr_2$、$ZnBr_2$	HBr

气体干燥操作应注意以下几点：

1）用无水氯化钙、生石灰、碱石灰干燥气体时，均应选用颗粒状的干燥剂，不可用粉末状的，后者在吸潮后会结块造成堵塞。

2）用浓硫酸干燥时，用量要适当，太少则影响干燥效果，过多则压力大，气体不易通过。

3）如干燥要求高，可同时连接两个或多个干燥装置，根据被干燥气体的性质，选用相同或不同的干燥剂。

4）用气体洗瓶时，进出管不能接错，通入气体的速度不宜太快，以防止干燥效果不好。

5）使用气体钢瓶时，在开启后应先调节好气流速度，然后再通入反应瓶中，且不可用钢瓶直接通入气体，以免气流太急，发生危险。

6）在干燥器与反应瓶之间应连接一个安全瓶，以防倒吸。

7）在停止通气时，应减慢气流速度，打开安全瓶旋塞，再关闭钢瓶。

8）如干燥剂还可用，在停止通气后应随即将通路塞住，以防吸潮。

例题解析

【例1】选择题

1. 对于未知液体的干燥，干燥剂应选用(　　)。(厦门大学)

(A)无水氯化钙　　(B)无水硫酸镁　　(C)氢氧化钾　　(D)五氧化磷

2. 应选用什么干燥剂来干燥含少量水的乙醇？(　　)。(广西师范大学，2010)

(A)氢化钙　　　　(B)无水氯化钙　　(C)金属钠　　　　(D)氧化钙

3. 请在下列给定的干燥剂中选择一种最有效的来给下列溶剂除水(　　)。(华东师范大学，2006)

溶剂：(A)甲苯　(B)二氯甲烷　(C)甲醇

干燥剂：(a)金属钠　(b)硫酸钠　(c)五氧化二磷　(d)金属镁　(e)硫酸镁

4. 由于干燥不当蒸馏得到的产品浑浊，如何处理可以得到合格的产品(　　)。(中南大学)

(A)倒入原来的蒸馏装置中重蒸一次

(B)再加入干燥剂待产物变清后，过滤

(C)倒入干燥的蒸馏装置中重蒸一次

(D)再加干燥剂干燥，待产物变清后过滤到干燥的蒸馏装置中重蒸

5. 干燥醛类化合物，最好的干燥剂是(　　)。(中南大学)

(A)$MgSO_4$　　　　(B)CaO　　　　　(C)KOH　　　　　(D)Na

6. 用普通乙醚制备绝对乙醚，可采用的方法是(　　)。(中南大学)

(A)加4Å分子筛过滤　　　　　　(B)加苯共沸蒸馏

(C)乙醇及硫酸处理　　　　　　(D)碳酸钠水溶液处理

【解答】1. B　2. D　3. 甲苯(金属钠)；二氯甲烷(五氧化二磷)；甲醇(硫酸镁)　4. D　5. A　6. A

【例2】填空题

有机化合物的干燥，通常是将干燥剂直接与之接触，因而所用的干燥剂必须＿＿＿＿＿或＿＿＿＿＿，＿＿＿＿＿。(厦门大学)

2. 液体有机物干燥前，应将被干燥液体中的＿＿＿＿＿尽可能＿＿＿＿＿，不应见到有＿＿

_____。（中南大学）

【解答】1. 不与该物质发生化学反应或催化作用，不溶于该液体中。

2. 水分，除净，任何可见的水层或悬浮水珠。

2.10　重结晶

在有机化学产品制备中，因为常常伴随副反应，产物中会含有一些副产物；此外未完全反应的原料及催化剂等也可能存在于产品中。还有，天然产物中提取的有机物也常含有杂质，除去这些杂质的最有效方法之一就是进行重结晶(recrystallization)。

2.10.1　基本原理

固体物质在溶剂中的溶解规律是"相似相溶"，即非极性或极性较小的溶质易溶于非极性或极性较小的溶剂中，极性强的溶质易溶于极性强的溶剂中。

固体有机物在溶剂中的溶解度往往与温度相关，温度高时，溶解度大，温度降低则溶解度减小。把有机物晶体在较高的温度(接近溶剂沸点)溶解于选定的溶剂中，制成饱和溶液趁热过滤就可以把不溶的杂质除去，然后冷却，溶解度降低，溶液则变成过饱和而析出晶体，可溶的杂质仍留在溶液中。过滤后得到晶体，该晶体较原晶体纯度为高。如果必要可以再结晶一次，会得到更高纯度的晶体。

2.10.2　重结晶装置与操作

重结晶常用溶剂见表2-6，操作步骤一般按下面顺序进行：

（1）选择合适的溶剂

选择溶剂时，要分析被溶解物的结构，根据"相似相溶"的原则选择，一般要符合以下的条件：

1）不与被提纯物质发生反应。

2）高温时，被提纯物质溶解度大，低温时溶解度小。

3）杂质的溶解度要么很小，要么很大。

4）易与提纯物质分离，挥发性较好。

5）无毒或者毒性较小。

6）较为经济。

表2-6　常用重结晶溶剂

溶剂	沸点/℃	溶剂	沸点/℃
水	100	甲基叔丁基醚	54
甲醇	65	苯	80.1
乙醇	78.2	氯仿	61.7
乙酸	118	四氯化碳	76.5
乙酸乙酯	77	丙酮	56
乙醚	34.5	石油醚	30~60

如果不能从实验资料中找到合适的溶剂，或者难于确定所需要的溶剂，可用下列方法进行认定。

取 0.1g 晶体粉末分别加入小试管中，再分别用滴管逐滴加入各种不同的溶剂，边加边振摇试管，加入的溶剂至 0.5~1mL，如全部溶解，则该试剂不合适，因为试剂溶解度太大，若加热才溶解，冷却后有大量晶体析出，可以认为是合适的溶剂。如果加到 3mL 溶剂，加热仍不能全溶，可以认定该溶剂不合适。如果晶体在热溶剂中能溶解，而冷却后无晶体析出，这时用玻璃棒于液面下摩擦试管内壁促使晶体析出。

有时在实验中会出现这样的情况，晶体在某种溶剂中很容易溶解，而在另种溶剂中很难溶解，而这两种溶剂相互混溶，则可以将它们配成混合溶剂进行试验。常用的有：乙醇-水、甲醇-甲基叔丁基醚、丙酮-水、乙酸-水等。

（2）在较高温度溶解被提纯物质，必要时用活性炭脱色

通常将被提纯物质放于合适的锥形瓶中，加入需要量稍少的溶剂，加热到微微沸腾一段时间，若未完全溶解，可再逐渐加入少量溶剂，再加热至沸腾，直至物质全部溶解。如果逐渐加入溶剂过程中观察到不溶物没有减少，可以断定其为不溶性杂质。为了热过滤时方便操作，不能在过滤中析出晶体，一般可加入比计算量多 15% 的溶剂。

如果溶剂有毒或有易燃性的，可在锥形瓶上加回流冷凝管，添加溶剂可由冷凝管上端加入。根据溶剂的沸点选择合适的热源。溶解后溶液有颜色可进行脱色处理，沸腾溶解后稍冷一会，加入活性炭，搅拌，再煮沸几分钟，有色杂质吸附在活性炭表面，再热过滤。

（3）趁热过滤

为了分离出不溶杂质，以及脱色的活性炭，需要过滤。而在过滤中溶液温度会降低，造成溶质的析出。为了避免析出，要用装有折叠滤纸的保温漏斗进行热过滤，应先准备好保温漏斗，使之处于待用状态。过程中速度尽量快，滤液中不能有漏过的活性炭颗粒存在。如果溶剂的挥发性小，也可以用预热了的布氏漏斗抽滤。如果溶解后的溶液澄清且无色，说明没有不溶性杂质，趁热过滤步骤可省去。

（4）结晶

把趁热过滤的滤液在室温下静置，慢慢冷却，析出晶体。缓慢降温能形成颗粒较大的结晶；如果强制降温则容易形成颗粒较小的结晶，表面积大，容易吸附杂质。所以大颗粒结晶纯度比小颗粒好。如果没有晶体析出，可用玻璃棒摩擦容器内壁，得到晶种，促使晶体的生成和生长。

（5）减压过滤

晶体析出完全后，用布氏漏斗减压过滤。在抽滤装置和真空泵间加安全瓶防止倒吸。最后再用冷的溶剂洗涤结晶。

（6）干燥及计算收率

把晶体从布氏漏斗中转移到表面皿上，可以空气晾干，也可以在低于熔点的温度下烘干。然后称重，计算收率。

实验 9　乙酰苯胺的重结晶

一、实验目的

1）学习重结晶的原理和应用。

2）掌握重结晶的操作方法和过程。

二、实验原理

见 2.10.1。

三、主要仪器和试剂

1. 仪器

循环水式真空泵；台式天平；150mL 烧杯；布氏漏斗；抽滤瓶；温度计；滤纸；安全瓶。

2. 试剂

粗乙酰苯胺；活性炭。

四、实验步骤

取 2g 粗乙酰苯胺，置于 150mL 烧杯中，加入 60mL 水，在石棉网上慢慢加热，边加热边搅拌，晶体慢慢溶解。如果加热到沸腾，还有未溶解的固体，可继续补加热水，直至溶解，再多加 10mL 热水，记下总水量。如果补加热水，固体未减少，说明有不溶杂质。稍冷后，加入少许活性炭，搅拌，加热煮沸 3～5min，用预热了的布氏漏斗趁热过滤，然后，将滤液转移到一只干净烧杯中，自然冷却，温度降到接近室温，减压抽滤，无液滴滴落时，用少量冷水洗涤。结束抽滤后，打开安全瓶的活塞，关闭水泵。将晶体转移到表面皿上，自然干燥，称重，计算收率。

$$收率=结晶后产品的质量/粗产品的质量^* \times 100\%$$

五、注释

1）乙酰苯胺在水中的溶解度是：100℃为 5.5g，80℃为 3.45g，20℃为 0.46g。

2）不能把活性炭加到沸腾的液体中，否则会引起暴沸现象，一定要等稍冷后再加入，加入的量约为样品量的 5%。

3）如果用活性炭脱色再热过滤，要用双层滤纸，防止活性炭透过进入料液中。

例题解析

【例 1】选择题

1. 在重结晶操作中所选择的溶剂能使 0.1g 粗品)（　　）。（厦门大学）

（A）溶于 5mL 沸腾的溶剂中，室温下或冷却能析出较多的结晶的溶剂可适用

（B）溶于 2mL 沸腾的溶剂中，室温下或冷却能析出较多的结晶的溶剂可适用

（C）溶于 8mL 沸腾的溶剂中，室温下或冷却能析出较多的结晶的溶剂可适用

（D）溶于 0.5mL 沸腾的溶剂中，室温下或冷却能析出较多的结晶的溶剂可适用

2. 用布氏漏斗时，滤纸应（　　）漏斗内径。（厦门大学）

（A）稍大于　　　（B）稍小于　　　（C）与大小无关　　　（D）恰等于

3. 重结晶时，常加入活性炭脱色。活性炭应（　　）。（厦门大学）

（A）在溶液沸腾时加入　　　　　　（B）与待重结晶物一起加入

（C）在固体物溶解后，移去火源，稍冷后加入（D）什么时候都可以

4. 为提纯含有有色杂质的萘，一般一次应加活性炭是粗萘质量的（　　）。（厦门大学）

（A）1%～5%　　　（B）6%～10%　　　（C）11%～15%　　　（D）≥20%

5. 重结晶操作过程中，若待提纯物质含有有色杂质，可用活性炭脱色，活性炭用量依

颜色深浅而定，一般为待提纯物质质量的(　　　)。(中南大学)

　　(A) 0.1%以下　　　(B) 1.0%~5.0%　　　(C) 5.0%~10.0%　　　(D) 10.0%以上

　　6. 抽气过滤收集晶体时，操作顺序是(　　　)。(中南大学)

　　(A) 先打开安全瓶的活塞再关水泵　　　　(B) 先关水泵再打开安全瓶的活塞

　　(C) 先关水泵再拔抽滤瓶的橡胶管　　　　(D) 先拔抽滤瓶的橡胶管再关水泵

　　7. 在用混合溶剂重结晶时，抽滤后洗涤结晶时选用的溶剂最好是(　　　)。(中南大学)

　　(A) 混合物中易溶成分　　　　　　　　　(B) 混合物中难溶成分

　　(C) 原配比混合溶剂　　　　　　　　　　(D) 三者都不行

　　8. 某一有机化合物在水中溶解度较小，而在环己烷、氯仿、乙酸乙酯和丙酮中均有较大的溶解度，应选用以下哪一组混合溶剂进行重结晶。(　　　)

　　(A) 环己烷+水　　　　　　　　　　　　(B) 氯仿+水

　　(C) 丙酮+水　　　　　　　　　　　　　(D) 乙酸乙酯+水

　　【解答】1. B　2. B　3. C　4. A　5. B　6. A　7. C　8. C

　　【例2】是非题(厦门大学)

　　1. 洗涤晶体时，一般是边洗边抽滤。(　　　)。

　　2. 反应后的固体粗产物，都可以直接用重结晶方法提纯。(　　　)

　　【解答】1. (×)2. (×)

　　【例3】　填空题：减压过滤的优点有：①_____；②_____；③_____。(中南大学)

　　【解答】①过滤和洗涤的速度快②液体和固体分离得较完全③滤出的固体容易干燥

　　【例4】写出重结晶的一般过程，并回答作为重结晶的合适溶剂应具备什么条件？(厦门大学)

　　【解答】过程：选择溶剂、制热饱和溶液，活性炭脱色，热过滤，结晶，抽滤，洗涤、干燥。

　　条件：不能与被提纯物起化学反应；对被提纯物应在沸腾或接近沸腾时溶解度很大，而室温下溶解度很小；对杂质的溶解度应非常大或非常小；沸点较低易挥发；能给出好的晶形；毒性小。

　　【例5】简答题(苏州大学)

　　1. 如何选择重结晶溶剂？加热溶解样品时，为什么先加入比计算量略少的溶剂，而逐渐添加至完全溶解后却还要多加少量的溶剂。

　　【解答】溶剂的筛选：

　　(1) 与被提纯的有机物不起化学反应。

　　(2) 对被提纯的有机物应易溶于热溶剂中，而在冷溶剂中几乎不溶。

　　(3) 对杂质的溶解度应很大(杂质留在母液中不随被提纯物的晶体析出，以便分离)或很小(趁热过滤除去杂质)。

　　(4) 能得到较好的结晶。

　　(5) 溶剂的沸点适中。

　　(6) 价廉易得，毒性低，回收率高，操作安全。

　　其中前三点是主要的。

考虑到待重结晶物质中含有少量杂质，所以先加入比计算量略少的溶剂；逐渐添加至完全溶解后却还要多加少量的溶剂，主要是考虑到在热过滤时溶剂的挥发、温度的降低会引起晶体过早地在滤纸上析出而造成产品损失。

2. 为什么活性炭要在固体物质全部溶解后加入？为什么不能在溶液沸腾时加活性炭？

【解答】如果活性炭在固体物质没有全部溶解前加入，会看不清被提纯物质是否完全溶解，无法判断所加溶剂量是否合适，从而影响产品的收率和纯度。在溶液沸腾时加活性炭会引起液体的暴沸。

3. 抽滤过程中如何防止滤纸被穿破？

【解答】在真空状态将液体转入布氏漏斗时要保证漏斗中有一定的液体量，若漏斗中液体已被抽干后再加料，料液容易冲破滤纸而穿孔。此时，可先暂缓抽气，待加料后再继续抽气过滤。

4. 如果溶剂量过多造成晶体析出太少或根本不析出，应该如何处理？

【解答】可采取蒸馏浓缩的方法，去除一部分溶剂，使溶液达到一定的浓度，或采用降低温度使晶体析出量增多。

5. 停止抽滤时，如不先打开安全瓶上的活塞就关闭水泵，可能会产生什么后果？为什么？

【解答】水泵中的水有可能倒吸。抽滤瓶处于真空状态，产生压差。

6. 用有机溶剂和水为溶剂进行重结晶时，在仪器装置和操作上有什么不同？

【解答】与水重结晶相比，有机溶剂重结晶在仪器装置和操作上不同的有：采用回流操作。若溶剂为可燃性、易挥发或有毒溶剂，应在烧瓶内加入沸石，烧瓶上安装回流冷凝管，同时根据溶剂的沸点和易燃性，选择适当的热浴。在提纯脱色时，冷却要更充分，方可加入少许活性炭，否则容易暴沸；添加溶剂时，必须先移去火源后，从冷凝管上端加入。易燃溶剂趁热过滤时应该灭去明火；冷却结晶时要加塞。

7. 重结晶操作过程中固体用溶剂加热溶解后，若溶液呈无色透明、无不溶性杂质，此后就如何操作？

【解答】可直接冷却结晶。

8. 目标物 A 中混有杂质 B。设 A 和 B 在某溶剂中溶解度是 1g/100mL（20℃）和 10g/100mL（100℃）。若一个混合物样品中含有 9g A 和 2 g B，设计实验方案提纯化合物 A。

【解答】将这个样品用 100mL 溶剂在 100℃下溶解，A 和 B 可以完全溶解于溶剂中。将其冷却到 20℃，则有 8gA 和 1gB 从溶液中析出。过滤，母液中还溶有 1gA 和 1gB。将析出的 9g 结晶再依次溶解、冷却、过滤，又得到 7g 结晶，这已是纯的 A 物质了，母液又带走了 1gA 和 1gB。这样在损失了 2gA 的前提下，通过两次结晶得到了纯净的 A。

9. 邻硝基苯胺和对硝基苯胺的制备实验中，能用重结晶的方法直接分离邻硝基苯胺和对硝基苯胺吗？为什么？

【解答】不能。原因：1. 重结晶一般适用于杂质含量在 5% 以下的固体有机物的提纯，邻硝基苯胺和对硝基苯胺混合物中的其中一种含量都比 5% 大得多。2. 难以找到合适的溶剂进行重结晶分离邻硝基苯胺和对硝基苯胺混合物。

【例6】简答题（厦门大学）

1. 重结晶一般包括哪几个步骤，各步骤的主要目的是什么？

2. 加热溶解粗产物时，为何先加入比计算量(根据溶解度数据)略少的溶剂，然后渐渐添加至恰好溶解，最后再加少量溶剂?

【解答】1. 重结晶一般包括下列几个步骤:

(1) 选择适宜的溶剂;

(2) 将粗产物用所选溶剂加热溶解制成饱和或近饱和溶液;

(3) 加活性炭脱色;

(4) 趁热过滤除去不溶性杂质及活性炭;

(5) 冷却, 析出晶体;

(6) 抽滤, 洗涤晶体;

(7) 干燥晶体。

2. 能否获得较高的回收率, 溶剂的用量是关键。避免溶剂过量, 可最大限度地回收晶体, 减少晶体不必要的损失。因此, 加热溶解待重结晶产物时, 应先加入比计算量略少的溶剂, 然后渐渐添加溶剂至晶体恰好溶解时, 而最后再多加少量溶剂的目的是为了避免热过滤时溶剂挥发, 温度下降, 产生过饱和, 在滤纸上析出晶体, 造成损失。溶剂大大过量, 则晶体不能完全析出或不能析出, 致使产品回收率降低。

【例 7】在重结晶过程中, 必须注意哪几点才能使产品的产率高、质量好?(中南大学)

【解答】① 正确选择溶剂; ②溶剂的加入量要适当; ③ 活性炭脱色时, 一是加入量要适当, 二是切忌在沸腾时加入活性炭; ④ 吸滤瓶和布氏漏斗必需充分预热; ⑤滤液应自然冷却, 待有晶体析出后再适当加快冷速度, 以确保晶形完整; ⑥最后抽滤时要尽可能将溶剂除去, 并用母液洗涤有残留产品的烧杯。

2.11　升华

升华(sublimation)是固体化合物提纯的一种手段。通俗地说, 升华是指固态物质不经过液态直接转变为固态的物态变化过程。严格地讲, 升华是指固态物质在其蒸气压强等于外界压强的条件下不经液态直接转变为气态; 或气态物质在其蒸气压强等于外界压强的条件下不经液态直接转变为固态的物态转变过程。当外界压强为 101325Pa 时称为常压升华, 低于该压强值时称为减压升华。

升华不是纯化固体物质的通用方法, 它只适用于以下情况:

1) 被提纯的固体化合物具有较高的蒸气压, 在低于熔点时, 就可以产生足够的蒸气, 使固体不经过熔融状态直接变为气体, 从而达到分离的目的。

2) 固体化合物中杂质的蒸气压较低, 有利于分离。

升华的操作比重结晶要简便, 特别适用于纯化易潮解及与溶剂易起解离作用的物质。纯化后产品的纯度较高, 但是产品损失较大, 时间较长, 不适合大量产品的提纯。

2.11.1　基本原理

升华是利用固体混合物的蒸气压或挥发度不同, 将不纯净的固体化合物在熔点温度以下加热, 利用产物蒸气压高、杂质蒸气压低的特点, 使产物不经液态过程而直接气化, 遇冷后固化, 而杂质则不发生这个过程, 达到分离固体混合物的目的。

一般来说，具有对称结构的非极性化合物，其电子云密度分布比较均匀，偶极矩较小，晶体内部静电引力小。这种固体都具有蒸气压高的性质。

物质的固态、液态、气态三相平衡图如图2-21所示，图中的三条曲线将图分为三个区域，每个区域代表物质的一相，由曲线上的点可读出两相平衡时的蒸气压。T为三条曲线的交点，也就是物质的三相平衡点，在此状态下物质的气、液、固三相共存，不同的化合物三相点是不相同的。可以看出，在三相点以下，物质处于气、固两相的状态，因此，升华都在三相点温度以下进行。三相点温度和熔点温度有些差别，但差别很小。固体的熔点可以近似地看作是物质的三相点。

图2-21 纯物质固态、液态、气态三相平衡图

表2-7是几种固态物质在其熔点时的蒸气压。

表2-7 固体化合物在其熔点时的蒸气压

化合物	固体在熔点时的蒸气压 / Pa	熔点/℃
樟脑	49329.3	179
碘	11999	114
萘	933.3	80
苯甲酸	800	122
p-硝基苯甲醛	1.2	106

若固体的蒸气压在熔点之前已经达到大气压，则该物质很适合在常压下用升华法进行纯化处理。例如，樟脑在160℃时的蒸气压为29170.9Pa。即未达到熔点179℃就有很高的蒸气压。只要慢慢加热，温度不超过熔点，未熔化就已成为蒸气，遇冷就凝结成固体。蒸气压维持在49329.3 Pa以下，至樟脑蒸发完为止，即完成其升华。

2.11.2 升华操作方法

1. 常压升华

常压升华装置主要由蒸发皿和普通漏斗组成，见图2-22(a)。

图2-22 常压升华装置

把待精制的物质放入蒸发皿中，用一张扎有若干小孔的圆滤纸盖住，漏斗倒扣在蒸发皿

上，漏斗颈部塞一团疏松棉花，见图 2-22(a)。在沙浴或石棉网上加热蒸发皿，逐渐升高温度，使待精制的物质气化升华，蒸气通过滤纸孔，遇漏斗内壁冷凝成晶体，附着在漏斗内壁及滤纸上。将产品刮下，称重，计算产率。

当有较大量的物质需要升华时，可在烧杯中进行。烧杯上放置一个通冷凝水的圆底烧瓶，使蒸气在烧瓶底部凝结成晶体并附着在烧瓶底部，见图 2-22(b)。最后收集纯净产品，称重，计算产率。当需要通入空气或惰性气体进行升华时，可用装置图见 2-22(c)。

2. 减压升华

减压升华装置主要用于少量物质的升华。装置主要由吸滤管(或瓶)、指形水冷凝管和泵组成，如图 2-23 所示。将样品放入吸滤管(或瓶)内，在吸滤管(或瓶)中放入指形水冷凝管，接通冷凝水，然后将吸滤管(或瓶)置于电热套或水浴中加热，利用泵抽气减压，使固体升华。升华物质蒸气因受冷凝水冷却，凝结在指形冷凝管底部，达到纯化目的。

进水 →
出水 ←
抽真空 →
冷凝指

图 2-23　减压升华装置

3. 升华的注意事项

1) 升华温度一定要控制在固体化合物熔点以下。

2) 被升华的固体化合物一定要干燥，如有溶剂将会影响升华后固体的凝结。

3) 滤纸上的孔应大小适中，以便蒸气上升时顺利通过滤纸，在滤纸的上面和漏斗中结晶，否则会影响晶体的析出。

4) 减压升华时，停止抽滤一定要先打开安全瓶上的放空阀，再关泵。否则水会倒吸进入吸滤瓶中，造成实验失败。

实验 10　樟脑的常压升华

一、实验目的

1) 了解升华的原理和意义。

2) 掌握用升华方法提纯有机物的操作方法。

二、实验原理

见 2.11.1。

三、主要仪器和样品

1. 仪器

蒸发皿；普通漏斗；滤纸；酒精灯等。

2. 药品

粗樟脑。

四、实验步骤

称取 1~2g 粗樟脑固体，研细，放入蒸发皿内，按图 2-21a 装置装好，用小火隔石棉网缓缓加热，保持温度在 179℃ 以下，达到一定温度，开始升华。待升华结束，收集升华后的樟脑，称量，计算产率。收集的纯品倒入指定的回收瓶。

五、注释

1）滤纸放置位置要适宜，太高则升华物蒸气不易升入滤纸以上结晶；太低则易受杂质污染。

2）本实验的关键操作是在整个升华过程中都需用小火间接加热。若温度太高，被升华物很快烤焦；温度太低，升华物会在蒸发皿内壁结晶，与残渣混在一起。

例题解析

【例1】 选择题

只有在其熔点温度以下具有(　　)蒸气压的物质才可用常压升华来提纯。(厦门大学)

（A）高于10mmHg　　（B）低于10mmHg　　（C）低于20mmHg　　（D）高于20mmHg

【解答】 D

【例2】 是非题

1. 只要不溶或难溶于水，并且在共沸腾下与水不发生化学反应的有机化合物，都可采用水蒸气蒸馏。(　　)(厦门大学)

2. 一般升华操作皆应在熔点温度以上进行。(　　)(厦门大学)

【解答】 1.（×）　　2.（×）

【例3】 简答题

请安装一套樟脑常压升华的实验装置，并回答下列问题：

（1）什么是升华？凡是固体有机物是否都可以用升华方法提纯？升华方法有何优缺点？

（2）为何升华操作时，加热温度一定要控制在被升华物质的熔点以下？

【解答】（1）某些物质在固态时具有相当高的蒸气压，在加热时，不经过液态，而直接气化，这个过程叫做升华。不是所有的固体有机物都适合用升华提纯。只有在不太高的温度下有足够大的蒸气压的固体物质可用升华提纯。升华方法得到的产品一般具有较高的纯度，但温度不易控制，产率较低。

（2）防止升华物质变焦。

2.12　薄层色谱

色谱分离技术，是一种分离复杂混合物中各个组分的有效方法。薄层色谱，又称薄层层析(thin layer chromatography)，是以涂布于支持板上的支持物作为固定相，以合适的溶剂为流动相，对混合样品进行分离、鉴定和定量的一种层析分离技术。这是一种快速分离诸如脂肪酸、类固醇、氨基酸、核苷酸、生物碱及其他多种物质的有效的层析方法，从20世纪50年代发展起来至今，仍被广泛采用。

2.12.1　基本原理

薄层色谱法是利用不同物质在由固定相和流动相构成的体系中具有不同的分配系数或吸附能力，当两相作相对运动时，这些物质随流动相一起运动，并在两相间进行反复多次的分配或吸附，从而使各物质达到分离。

薄层色谱法是用于快速分离和定性分析少量物质的一种很重要的实验技术，可用于化合物鉴定、样品精制，也用于跟踪反应进程等。薄层色谱法属于固-液吸附色谱，样品在玻璃板上的吸附剂(固定相)和展开剂(移动相)之间进行分离。当展开剂在吸附剂上展开时，由于样品中各组分对吸附剂吸附能力不同，发生了无数次吸附和解吸过程，吸附能力弱的组分(即极性较弱的)随流动相迅速向前移动，吸附能力强的组分(即极性较强的)移动慢。利用各组分在展开剂中溶解能力和被吸附剂吸附能力的不同，最终将各组分彼此分开。若各组分本身有颜色，则薄层板干燥后会出现一系列高低不同的斑点，若本身无色，则可用各种显色方法使之显色，以确定斑点位置。在薄层板上混合物的每个组分上升的高度与展开剂上升的前沿之比称为该化合物的比移值(R_f)，见图 2-24。

图 2-24　色谱图中斑点位置的确定

$$R_f = a / b$$

式中　a——溶质的最高浓度中心至样点中心的距离；

　　　b——溶剂前沿至样点中心的距离。

比移值是表示色谱图中斑点位置的一个数值。对于一个化合物当实验条件相同时，其 R_f 值是一样的。良好的分离，R_f 值应在 0.15~0.754 之间，否则应该调换展开剂重新展开。

常用的固定相有硅胶、氧化铝、硅藻土、纤维素等。硅胶适用于酸性和中性化合物的分离和分析。

薄层色谱用的硅胶分为：硅胶 H 不含黏合剂，使用时需加少量聚乙烯醇、淀粉等作黏合剂；硅胶 G 含有煅石膏黏合剂；硅胶 HF254 含有荧光剂，可在波长 254nm 的紫外灯下观察，有机物在亮的荧光板上呈暗色斑点；硅胶 GF254 含有煅石膏和荧光剂。薄层色谱用的氧化铝也可分为氧化铝 G、氧化铝 GF254 和氧化铝 HF254。

黏合剂除了煅石膏($CaSO_4 \cdot 5H_2O$)外，还可用淀粉，羧甲基纤维素钠。加黏合剂的薄板为硬板，不加黏合剂的称为软板。

化合物的吸附能力与它们的极性有关，极性大则与吸附剂的作用强。随展开剂移动慢，R_f 值小；反之极性小则 R_f 值大，因此利用硅胶或氧化铝薄层色谱可把不同极性的化合物分开，甚至极性相近的顺、反异构体也可分开。各类有机化合物与上述两类吸附剂的亲和力大小次序大致如下：

羧酸 > 醇 > 伯胺 > 酯、醛、酮 > 芳香族硝基化合物 > 卤代烃 > 醚 > 烯 > 烷。

2.12.2　操作步骤

1. 薄层板的制板与活化

薄层色谱法是把固定相均匀地涂在玻璃板或塑料板上，形成一定厚度的薄层并使其具有一定的活性。玻璃板表面必须平整光滑，洗净不挂水珠。根据被分离组分的性质及要求，可选用不同尺寸的板，实验室常用 20cm×5cm，20cm×10cm，20cm×20cm，20cm×50cm 的板，制备纯品可选用较大的板。根据试样的性质和分析要求，选定吸附剂。

薄层板制得好坏直接会影响到分离效果，吸附剂应尽可能涂得牢固、均匀、厚度约为0.25~1mm。薄层板分为干板和湿板。干板一般用氧化铝做吸附剂，涂层时不加水。湿板常用硅胶。例如，称取硅胶 G 20~50g，放入研钵中，加水 40~50mL，调成糊状浆料；此糊状浆料大约可涂 20cm×5cm 的板 20 块。应注意硅胶糊易凝结，必须现用现配，不宜久放。

湿板按铺层的方法又可分为平铺法、倾注法和浸渍法等。

图 2-25 薄层涂布器

（1）平铺法

用薄层涂布器铺层，得到的涂层厚度均匀。将洗净的玻璃板在涂布器上摆好，夹紧，在涂布槽中倒入糊状物，将涂布器自左向右推，糊状物均匀涂布于玻璃板上。见图 2-25。

（2）倾注法

将调好的糊状浆料倒在玻璃板上，用手振摇，使其表面均匀平整，然后放在水平板上晾干，此法不易控制厚度。

（3）浸渍法

将两块干净的载玻片对齐紧贴在一起，浸入浆料中，使其涂上一层均匀的吸附剂，取出分开，室温晾干。

晾干后的薄层板置于烘箱内进行活化，硅胶板一般在 105～110℃保持 30min。氧化铝活化在 150～160℃保持 4h。活化后的薄层板应放在干燥器内保存备用，以防吸湿失活，影响分离效果。

2. 点样

在经过活化的薄层板一端 15～20mm 处用铅笔轻画一横线作为起始线，在另一端 10mm 处画一横线作为终点线。将样品溶于低沸点溶剂如甲醇、乙醇、丙酮、氯仿、苯、乙醚等，配成 1% 左右的溶液，用内径 1mm 管口平齐的毛细管点样，垂直轻轻点在起点线上。若溶液太稀，一次点样不够，可待前一次试样点干后，在原点样中心处再点，点样后的直径不要超过 2mm，点样斑点过大，往往会造成拖尾、扩散等现象，影响分离效果。一块板可点多个样，但样点之间距离以 1～1.5cm 为宜。

3. 展开剂的选择和展开

展开剂的选择主要是根据样品的极性、溶解度和吸附剂的活性等因素。溶剂的极性越大，对化合物解吸的能力越强，R_f 值越大。如果出现样品各组分 R_f 值均较小，可加入适量极性大的溶剂。常用展开剂极性大小次序如下：

己烷、石油醚<环己烷<四氯化碳<三氯乙烯<二硫化碳<甲苯<苯<二氯化碳<氯仿<乙醚<乙酸乙酯<丙酮<丙醇<乙醇<甲醇<水<吡啶<乙酸。

薄层色谱的展开需要在密闭容器内进行。将展开剂倒入层析缸中，液层高约 0.5cm，待容器内溶剂蒸气达到饱和后，再将点好样的薄层板放入缸中进行展开，见图 2-26。注意点样的位置必须要在展开剂液面之上。展开剂上升到终点线时，取出薄层板，晾干后进行显色。

图 2-26 直立式展开
1—层析缸；2—薄层板；
3—盛展开剂小皿；
4—展开剂蒸气

4. 显色

若分离的化合物本身有色，在薄层板上可看到分开的各组分斑点。若本身无颜色，含荧光剂的薄层板可在紫外灯下观察有无荧光斑点；有时可用腐蚀性的显色剂如浓硫酸、浓盐酸、浓磷酸显色；或使用碘蒸气熏的方法来显色，将薄层板放入装有少量碘的密闭容器中，许多化合物都能和碘形成棕色斑点。显色后立即用铅笔将斑点位置画出。否则薄层板取出后，在空气中碘逐渐挥发，棕色斑点会消失。此外，还可以根据化合物的特性，在薄层板上溶剂蒸发前采用试剂进行喷雾显色，不同类型化合物可选用不同显色剂。

根据划出的斑点位置计算 R_f 值。

各物质的 R_f 值与所用的吸附剂、展开剂、涂层的厚度以及点样的相对量等因素有关，所以要获得薄层色谱 R_f 值的重现，必须条件一致。常在同一薄层板上并列点上待测样品和已知标准样品同时进行层析，通过二者 R_f 值的比较，可以对样品作出定性鉴定；还可以比较未知物和标准物的色斑大小或颜色深浅作半定量至定量的测定。

实验 11　对硝基苯胺和邻硝基苯胺的薄层色谱分析

一、实验目的

1）了解薄层色谱的原理和应用。
2）掌握薄层色谱的操作方法。

二、实验原理

见 2.12.1。

三、主要仪器和样品

1. 仪器
载玻片；层析缸；干燥器；烘箱。

2. 样品
对硝基苯胺（AR）；邻硝基苯胺（AR）；硅胶 G；甲苯；乙酸乙酯。

四、实验步骤

1. 薄层板的制板与活化
吸附剂：硅胶 G。

2. 点样

3. 展开
展开剂：甲苯：乙酸乙酯 = 4：1（体积比）；
展开时间：20min；
展开距离：10.5cm。

4. 显色
正常显浅黄色，用碘蒸气熏后显黄棕色。
R_f 值：对位，0.66；邻位，0.44。

五、注释

1）点样时，毛细管刚接触薄板即可，点样过量影响分离效果。
2）展开剂不超过点样线。

实验 12　甲基橙和荧光黄的分离鉴定

一、实验目的

掌握用薄层色谱法分离和鉴定有机化合物。

二、实验原理

见 2.12.1。

三、主要仪器和样品

1. 仪器

载玻片；层析缸；干燥器；烘箱。

2. 样品

硅胶 G；标准液（5%甲基橙乙醇溶液、5%荧光黄乙醇溶液）；样品液（5%甲基橙乙醇溶液和 5%荧光黄乙醇溶液的混合液）；36%醋酸。

四、实验步骤

1. 薄层板的制板与活化

吸附剂：硅胶 G。

2. 点样

3. 展开

展开剂：36%醋酸：水 = 1：1（体积比）；

展开距离：薄层板的 3/4 距离。

4. 显色及测量 R_f 值

因样品本身有色，可不经显色而直接测量和计算 R_f 值。

5. 比较分析

混合样点经分离所得的斑点与标样展开的斑点比较。说明理由。

五、注释

1）点样用的毛细管不得混用。

2）鉴定一个具体的化合物时，经常采用已知标准样品对照的方法。

例题解析

【例 1】填空题

薄层色谱应用在哪三个方面_____。（中南大学）

【解答】分离有机化合物，鉴定有机混合物的组成，跟踪反应进程。

【例 2】简答题　薄层色谱有何用途？点样、展开、显色这三个步骤各要注意什么？（苏州大学）

【解答】分离提纯有机物，寻找薄层色谱的最佳分离条件；鉴定有机物；跟踪反应进程，监测反应进行的情况。

点样：浓度要适中，一般大约配成 1%的浓度。点样浓度太稀，则有的成分可能观察不到，从而导致对实验结果的误判。点样浓度太浓，则造成斑点过大，相互交叉或拖尾，不能得到好的分离效果。若有几个样品需要一起点样比较时，要在同一起点线上，点样的间距为 1~1.5cm。另外，点样的直径根据层析板的大小，要适中。

展开：展开剂的极性大小对混合物的分离有较大影响。有些混合物使用单一的展开剂就可以分开，但更多是采用混合展开剂才能加以分离，混合展开剂的极性介于单一溶剂的极性之间。溶剂的极性越大，则对化合物的洗脱力越大，即 R_f 值也越大；如发现各样品的 R_f 值较大，可换用一种极性较小的溶剂，或在原来的溶剂中加入适量极性较小的溶剂去展开，反之亦然。

展开剂的水平线应在样品点之下，切不可将样品点浸没在展开剂中，以防污染了展开器和展开剂，影响实验观察。

显色：如化合物本身有颜色，展开后可直接观察它的斑点；若化合物不带色，可用碘熏或喷显色剂后观察，若化合物有荧光，可采用 GF_{254} 薄板，在紫外灯下观察斑点的位置。

【例3】用薄层色谱法鉴别 A、B 两瓶无标签的化合物是否为同一化合物，并回答下列问题：

（1）什么是化合物的 R_f 值？计算化合物 A 和 B 的 R_f 值。

（2）层析缸中展开剂的高度超过薄层板点样线时，对薄层色谱有何影响？

（3）简述薄层色谱的基本原理和主要应用。

【解答】当 A、B 化合物的 R_f 值相等时，可能为同一化合物，当 A、B 化合物的 R_f 值不相等时肯定不是同一化合物。

（1）R_f（比移植）表示物质移动的相对距离，即样品点到原点的距离和溶剂前沿到原点的距离之比，常用分数表示。

（2）层析缸中展开剂的高度超过薄层板点样线时，样品溶解到溶剂中，不能进行层析。

（3）薄层色谱的基本原理：以薄层板作为载体，让样品溶液在薄层板上展开而达到分离的目的。它是快速分离和定性分析少量物质的一种广泛使用的实验技术，可用于精制化合物的鉴定，跟踪反应进程和柱色谱的先导等方面。

【例4】用薄层色谱法鉴别 A、B 两瓶无标签的化合物是否为同一化合物，并回答下列问题：

（1）什么是化合物的 R_f 值？如何由 R_f 值来鉴别化合物是否是同一化合物？

（2）画图示意计算化合物 A 或 B 的 R_f 值。（中南大学）

【解答】（1）R_f（比移植）表示物质移动的相对距离，即样品点到原点的距离和溶剂前沿到原点的距离之比，常用分数表示。当 A、B 化合物的 R_f 值相等时，可能为同一化合物，当 A、B 化合物的 R_f 值不相等时肯定不是同一化合物。

（2）略。

实验 13　薄层色谱法分离菠菜色素

一、实验目的

1）掌握菠菜色素的提取方法。

2）掌握用薄层色谱法分离色素技术。

二、实验原理

见 2.12.1。

三、主要仪器和样品

1. 仪器

玻璃片（15cm×5cm），研钵；分液漏斗（100mL）；锥形瓶（50mL）；胶头滴管；量筒；点样毛细管；层析缸；干燥器；烘箱。

2. 样品

新鲜菠菜；硅胶 G；0.5%羧甲基纤维素钠水溶液；氯化钠饱和溶液；石油醚；丙酮；乙酸乙酯；碳酸钠；无水硫酸钠。

四、实验步骤

1. 菠菜色素的提取

称取 2g 干净的新鲜菠菜叶片，剪碎后置于研钵内，加入 0.5g 碳酸钠，迅速研磨成匀浆，再加入 5mL 丙酮充分研磨。在一玻璃漏斗底部垫一小块脱脂棉，将匀浆通过脱脂棉过滤至已装有 5mL 石油醚的分液漏斗中，再用 2mL 丙酮冲洗叶片残渣及研钵，合并滤液。沿分液漏斗壁小心加入 10mL 饱和食盐水，充分振荡，静置分层，弃去下面的丙酮-水层。上层液用 5mL 蒸馏水洗涤 2 次。将叶绿素的石油醚提取液放入具塞锥形瓶中，加入无水硫酸钠干燥，用黑纸包好备用。

2. 薄层板的制板与活化

称取 3g 硅胶于小烧杯中，加入 8mL 羧甲基纤维素钠水溶液，搅拌均匀成糊状，将硅胶均匀倒在干净的玻璃片上，用玻璃棒将硅胶均匀铺在载玻片上，轻轻振摇使载玻片上的硅胶表面光滑均匀。室温下放置至水分蒸发完全，放入烘箱在 110℃下活化 30min。

3. 点样

4. 展开

展开剂：石油醚：乙酸乙酯：丙酮 = 10：10：1(体积比)；

展开距离：薄层板的 3/4 距离。

5. 显色及测量 R_f 值

样品本身显黄色至绿色斑点。

例题解析

【例 1】提取色素时为什么要加入丙酮？

【解答】菠菜中的色素极性较低，不易溶于水，而易溶于丙酮等有机溶剂，加入丙酮有利于色素的提取。

【例 2】洗涤时为什么用饱和食盐水？

【解答】饱和食盐水的密度大于水，可以避免乳化现象。有机物在饱和食盐水中的溶解度小于在水中的溶解度，使用饱和食盐水可以增加提取效率。另外，因为分配系数的原因，有机层里面残留的水会比用蒸馏水少很多，利于干燥等后处理。

2.13　柱色谱

柱色谱(column chromatography)是分离、提纯复杂有机化合物的重要方法。柱色谱一般分为吸附色谱和分配色谱。实验室中最常用的是吸附色谱，可用于分离量较大的有机物。

2.13.1　基本原理

柱色谱法是通过色谱柱来实现分离的。色谱柱内装有固体吸附剂(固定相)，如氧化铝、硅胶等。液体样品从柱顶加入，当溶液流经吸附柱时，各组分被吸附在柱的端，然后从柱顶加入有机溶剂(洗脱剂)。由于吸附剂对各组分的吸附能力不同，各组分以不同的速度下移，随着洗脱的进行，吸附能力最弱的组分，首先随着洗脱剂流出，极性强的后流出。各组分随

图 2-27　柱色谱

着洗脱剂按一定顺序从色谱柱下端流出，用容器分别收集（见图 2-27）。如各组分为有色物质，则可以观察到不同颜色的谱带；若为无色物质，不能直接观察到谱带，可用紫外光照射是否出现荧光来检查，也可分段集取洗脱液，通过薄层色谱逐个鉴定。

2.13.2　吸附剂和洗脱剂

柱色谱用吸附剂与薄层色谱类同。常用的有氧化铝、硅胶、氧化镁、碳酸钙和活性炭等。其中氧化铝和硅胶最为常用。氧化铝分为中性、酸性和碱性三种。酸性氧化铝适用于分离酸性有机物质；碱性氧化铝适用于分离碱性有机物质和烃类化合物；中性氧化铝应用广泛，适用于中性物质的分离。市售的硅胶略带酸性。所选择的吸附剂绝不能与被分离的物质和展开剂发生化学作用。

吸附剂吸附能力强弱由吸附剂的极性、活性和粒度等因素决定。吸附剂的极性越强，吸附能力就越强。常用的吸附剂中，氧化铝极性最强，硅胶极性中强，氧化镁极性中等，活性炭是非极性吸附剂。要求吸附剂颗粒大小均匀。颗粒太小，表面积大，吸附能力高，但洗脱剂流速太慢；若颗粒太大，流速快，分离效果差。通常使用的吸附剂颗粒大小为 100~150 目，稍大于薄层色谱，因此其分离效果不如薄层色谱，但由于吸附剂用量大，且柱的大小可调，因此分离的量较大，可达数十至数百毫克。

吸附剂的活性取决于吸附剂的含水量，含水量越高，活性越低，吸附剂的吸附能力越弱；反之则吸附能力强。

在柱色谱分离中，洗脱剂的选择是通过薄层色谱实验来确定的。具体方法：用少量溶解好的样品，点样展开，观察各组分在薄层板上的位置，计算 R_f 值。若能将样品中各组分完全分开，即可作为柱色谱的洗脱剂。有时，一种展开剂达不到所要求的分离效果，可选用混合展开剂。

洗脱剂的极性不能大于样品中各组分的极性。否则洗脱剂被固定相吸附，而样品一直在流动相中，此时，各组分在柱中移动速度快，难以建立平衡，影响分离效果。

所选择的洗脱剂必须能将样品中各组分溶解，但不与组分竞争与固定相的吸附。若被分离的样品不溶于洗脱剂，各组分可能会吸附在固定相上，不随流动相移动或移动很慢，影响分离速度。

不同的洗脱剂使既定样品沿着固定相移动的能力，称为洗脱能力。柱色谱常用的洗脱剂以及洗脱能力，按次序排列如下：

己烷 < 环己烷< 甲苯 < 二氯甲烷< 氯仿< 环己烷-乙酸乙酯（80：20）<二氯甲烷-乙醚（80：20）< 二氯甲烷-乙醚（60：40）< 环己烷-乙酸乙酯（20：80）< 乙醚 < 乙醚-甲醇（99：1）< 乙酸乙酯< 四氢呋喃< 正丙醇< 乙醇 < 甲醇

极性溶剂洗脱极性化合物是有效的，非极性溶剂洗脱非极性化合物是有效的，分离复杂组分的混合物，常选用混合溶剂。

2.13.3　柱色谱操作

色谱柱的大小取决于被分离物的量和吸附剂的性质。一般柱的直径为其长度的 1/10~1/4，常用色谱柱的直径在 0.5~10 cm 之间。

1. 装柱

装柱前应先将色谱柱洗干净，干燥。在柱底铺少量脱脂棉或玻璃棉，再铺 0.5~1.0cm 厚的干净干燥的石英砂层，关闭旋塞。装柱分为湿法装柱和干法装柱。

（1）湿法装柱

将吸附剂用洗脱剂调成糊状，在柱内事先加入约 3/4 柱高的洗脱剂，再将调好的吸附剂倒入柱中，同时打开旋塞控制每秒 1 滴的速度，并用木棒或橡胶棒轻敲柱身下部，色谱柱下用干净干燥的接收器接收洗脱剂。当装入的吸附剂达到一定高度时，洗脱剂流速减慢，所有吸附剂装完后，用流下的洗脱剂转移残留的吸附剂，并将柱内壁残留的吸附剂淋洗下来。在此过程中，应不断敲打色谱柱，以使色谱柱装填均匀且无气泡，装入吸附剂的量约为 3/4 的柱高。最后，在吸附剂上端覆盖一层约 0.5~1.0cm 厚的干净干燥的石英砂层，目的是使样品均匀地流入吸附剂表面，防止吸附剂表面被破坏。在整个装柱过程中，柱内洗脱剂的高度始终不能低于吸附剂最上端，否则柱内会出现裂痕和气泡，影响洗脱和分离效果。

（2）干法装柱

在色谱柱上端放一个干燥的漏斗，将吸附剂倒入漏斗中，使其成为一细流连续不断地装入柱中，并轻轻敲打色谱柱柱身，使其填充均匀，再加入洗脱剂湿润。也可以先加入 3/4 的洗脱剂，然后再倒入干的吸附剂。因为硅胶和氧化铝的溶剂化作用易使柱内形成缝隙，所以不宜使用干法装柱。

2. 样品加入和谱带展开

液体样品可以直接加入到色谱柱中，如浓度低可浓缩后再进行分离。固体样品应先用最少量的溶剂溶解后加入到柱中。在加入样品时，应先将柱内洗脱剂排至稍低于石英砂表面后停止排液，用滴管沿柱内壁把样品一次加完。加样品时，注意滴管尽量向下靠近石英砂表面。样品加完后，打开下面旋塞，使液体样品进入石英砂层，再加入少量的洗脱剂将壁上的样品洗下来，等待其进入石英砂后，再加入洗脱剂进行淋洗，直至所有色带展开。

色谱带的展开过程就是样品的分离过程。此过程中注意以下几点：

1）洗脱剂应连续平稳地加入，不能中断。样品量少时，用滴管加入。样品量大时，用滴液漏斗控制滴加，效果更好。

2）在洗脱过程中，应先使用极性最小的洗脱剂淋洗，然后逐渐加大洗脱剂的极性，使洗脱剂的极性在柱中形成梯度，以形成不同的色带环。也可以分步进行淋洗，即将极性小的组分分离出来后，再改变极性分出极性较大的组分。

3）在洗脱过程中，样品在柱内的下移速度不能太快，但也不能太慢。因为时间太长会造成某些组分被破坏，使色谱扩散，影响分离效果。通常流速为每分钟 5~10 滴，若洗脱剂下移速度太慢，可适当加压或用水泵减压。

4）当色谱带出现拖尾时，可适当提高洗脱剂极性。

3. 样品中各组分的收集

当样品中各组分带有颜色时，可根据不同的色带用锥形瓶分别进行收集，然后分别将洗脱剂蒸除得到纯组分。但是大多数有机物是无色的，可采用等分收集的方法，即将收集瓶编好号，根据使用吸附剂的量和样品分离情况来进行收集，一般用 50g 吸附剂，每份洗脱剂的收集体积为 50mL。如果洗脱剂的极性增加，或样品中组分的极性相近时，每份收集量应适当减小。将每份收集液浓缩后，以残留在烧瓶中物质的质量为纵坐标，收集瓶的编号为横坐标绘制曲线图，来确定样品中的组分数。还可以在吸附剂中加入磷光体指示剂，用紫外线照射来确定。一般用薄层色谱进行监控是最为有效的方法。

实验 14　柱色谱分离植物色素

一、实验目的
1）了解柱色谱的原理和应用。
2）掌握柱色谱的操作方法。

二、实验原理
见 2.13.1。

三、主要仪器和样品
1. 仪器

色谱柱（直径 2cm，长 30cm）；锥形瓶；研钵；滴液漏斗。

2. 药品

色谱用中性氧化铝；丙酮；石油醚；菠菜叶。

四、实验步骤
1. 样品的处理

称取 5g 洗净的菠菜叶切碎置于研钵中，加 20mL 丙酮将菠菜叶捣烂。过滤除去残渣，将滤液移至分液漏斗中，加 10mL 石油醚（为防止形成乳浊液，可同时加入 5~10mL 饱和氯化钠溶液），振摇，静置分层，放出下层水，再用 50mL 水洗涤绿色有机层，最后将有机层用无水硫酸钠干燥，待用。

2. 装柱

中性氧化铝湿法装柱，石油醚作洗脱剂。

3. 加样

当柱内石油醚液面刚好降至柱顶细沙时，取处理好的提取液 2mL 沿柱内壁慢慢加入后，用少量石油醚冲洗。

4. 洗脱

柱顶可用滴液漏斗加入 10~15mL 的 1∶9（体积比）丙酮-石油醚洗脱剂，黄色谱带出现后，待其降至柱中部，改用 1∶1（体积比）丙酮-石油醚洗脱剂进行洗脱（必要时可增加丙酮的含量），注意收集各色带的流出液。

柱中可观察到的色谱带为：

黄绿色：叶绿素 b；

蓝绿色：叶绿素 a；

淡黄，黄：叶黄素；

橙黄色：类胡萝卜素。

五、注释

1）色谱柱应装填得均匀紧密，不能有气泡，也不能出现松紧不匀和断层现象，否则将影响渗滤速度和色带的齐整。

2）为保持柱内吸附剂的均一性，必须使吸附剂一直浸泡在溶剂中，否则当柱中溶剂流干时，会使吸附剂干裂，出现断层。

例题解析

【例1】 选择题

用硅胶柱层析分离混合物时，下列洗脱剂中洗脱能力最弱的是（ ）。

（A）乙醚 （B）二氯甲烷 （C）石油醚 （D）丙酮

【解答】C

【例2】是非题（厦门大学）

1. 吸附色谱的分离效果与吸附剂和洗脱剂都有关。（ ）

2. 在柱色谱操作中，先将待分离的样品溶于尽量多的非极性溶剂中，从柱顶流入柱中，然后依次减少溶剂的极性，将不同极性的化合物依次洗脱，分别收集，为了提高溶剂的洗脱能力，亦可用混合溶剂洗脱。（ ）

3. 柱色谱常用的有吸附色谱和分配色谱两类。分配色谱常用氧化铝或硅胶为吸附剂。吸附色谱却以硅胶、硅藻土和纤维素为支持剂，以吸收大量的液体作为固定相。（ ）

【解答】1.（ √ ）2.（ × ）3.（ √ ）

【例3】简答题

柱色谱中的吸附剂、溶剂各应怎样选择？（苏州大学）

【解答】选择规则：吸附剂必须与被吸附物质和展开剂无化学作用；吸附剂的颗粒大小要适中；可以根据被提纯物质的酸、碱性选择合适的吸附剂。

常用的吸附剂：氧化铝，硅胶，氧化镁，碳酸钙，活性炭等，而在实验中，最常用的吸附剂有硅胶和氧化铝。氧化铝又分为中性、酸性和碱性氧化铝。酸性氧化铝用于分离酸性物质，中性氧化铝用于分离中性物质，碱性氧化铝用于分离碱性物质，中性氧化铝用途最广。

溶剂：根据被分离物各组分的极性和溶解度选择相应极性的溶剂，当单一溶剂无法很好洗脱时，可考虑选择混合溶剂。溶剂的洗脱能力按递增次序排列如下：己烷(石油醚)、四氯化碳、甲苯、苯、二氯甲烷、氯仿、乙醚、乙酸乙酯、丙酮、丙醇、乙醇、甲醇、水。

先进行薄板层析，寻找柱色谱的最佳分离溶剂(展开剂)，然后根据层析柱的长短和直径大小，调整混合展开剂的配比，对于比较难分离的样品可采用梯度法来调整混合展开剂的配比。

【例4】综合题(厦门大学)

1. 对吸附剂要求是什么？

2. 为什么极性的组分要用极性大的溶剂洗脱？

3. 柱色谱在洗脱和分离过程中应注意些什么？

4. 柱子中若留有空气或填装不均匀，会怎样影响分离效果，如何避免？

【解答】1.（1）吸附剂不溶于所使用的溶剂，与要分离的物质不起化学反应，也不起催化作用等。

（2）吸附剂表面积大颗粒大小均匀最好是无色的以便于显色及辨认。

（3）具有一定的机械强度和颗粒度。

2. 因为根据物质结构相似相溶原理，极性大的物质溶于极性大的溶剂，极性大的溶剂易取代被吸附的物质。因此极性大的组分要用极性大的溶剂才能洗脱下来。若用极性小的溶剂则难以洗脱。

3. 要持续不断地加入洗脱剂并保持一定的液面高度。在整个操作中应注意不使吸附剂表面的溶液漏干。一旦柱面溶液流干后再加溶剂易使柱中发生气泡和裂缝影响分离。

4. 柱子中若留有空气或填装不均匀，会影响渗滤速度和产生参差不齐的色谱带，分离效果很差。为了避免柱子中产生空气或填装不均匀应采取以下措施：①在装柱之前，应将棉花用溶剂润湿，否则柱子会有空气泡；②向柱子中倒入溶剂约为柱高 3/4，打开活塞，控制流出速度为每秒 1 滴。然后慢慢加入吸附剂，用木棒或带橡皮管的玻棒轻轻敲打柱身下部，使填装紧密。

2.14　纸色谱

纸色谱法（paper chromatography）是属于分配色谱的一种，通常用特制的滤纸如新华一号滤纸作为固定相（水的支持剂），含有一定比例的水的有机溶剂（展开相）作流动相，应用于多官能团或高极性化合物如糖或氨基酸的分离、鉴定。

R_f 比移值是一个特定常数。

$$R_f = \frac{溶质的最高浓度中心至原点中心的距离}{溶剂前沿至原点中心的距离}$$

R_f 值随被分离化合物的结构、固定相与流动相的性质、温度等因素不同而异。当温度、滤纸等实验条件固定时，它是一个常数。这也就是用纸色谱进行定性分析的依据。

一个计划周到的分离、鉴定微量氨基酸的纸色谱的操作训练，对学生了解纸色谱的原理方法和应用是很必要的。用标准氨基酸作出纸色谱和 R_f 值，与在相同条件下作出的混合物的纸色谱和 R_f 相对照，以达到分离、鉴定氨基酸的目的。当然，在实际应用中，纸上层析的操作要复杂得多。尤其是 R_f 值相接近的氨基酸需要用两向纸上层析才能达到分离鉴定的目的。配制的"未知"混合物试样是有意选择 R_f 值相差较大的样品。所以用单向纸上层析就能达到分离鉴定的目的。

氨基酸经纸上层析后，常用茚三酮显色剂显色。必须注意指印含有一定量的氨基酸，在本实验方法中足以检出（本法可以检出以微克计的痕迹量）。因此，不能用手直接触摸分析用的滤纸，要用镊子钳夹滤纸边。

实验 15　氨基酸的纸色谱

一、实验目的

初步学习用纸上层析法进行分离鉴定氨基酸（amino acid）。

二、实验原理

见 2.14。

三、主要仪器和试剂

1. 仪器

层析缸；滤纸；喷雾器；红外干燥箱。

2. 试剂

乙醇-水-醋酸展开剂；0.1%茚三酮的乙醇溶液；注释中提到的某一组三种氨基酸及其等量混合液。

四、实验步骤

1. 标准氨基酸色列和混合物色列的制作

取一条 8cm×15cm 滤纸，在滤纸短边 1cm 处用铅笔(不能用钢笔或圆珠笔)轻轻画上一条线，在线上轻轻打上四个点(等距并编号)。

用毛细管蘸试样在铅笔线的点上打三个标准氨基酸试样和一个氨基酸混合物斑点(使用配套的毛细管，以免弄脏样品)。斑点的直径约为 1.5mm，不宜过大。将试样号码记录于实验记录本上；并把滤纸放在空气中晾干。

取一标本缸，加入少量乙醇-水-醋酸展开剂，盖上玻璃片使标本缸内形成此溶液的饱和蒸气。

将滤纸小心放入上述标本缸中，不要碰及缸壁。当展开剂的前沿位置达到滤纸上端约 1cm 处，小心取出滤纸，用铅笔作下展开剂前沿位置的记号。记下展开剂吸附上升所需的时间、温度和高度。将此滤纸于干燥箱中烘干。

点样、层析操作的示范演示如图 2-28 所示。

滤纸制作示意图　　点样后的滤纸处理

展开示意图
(展开剂液面不能超过样点)　　纸色谱效果示意图

图 2-28　点样、层析操作的示范演示图

2. 显色

用喷雾方式将茚三酮溶液均匀地喷在滤纸上，并放入干燥箱中烘干。此时，由于氨基酸与茚三酮溶液作用而使斑点呈紫色。用铅笔画出斑点的轮廓以供保存。量出每个斑点中心到原点的距离，计算每个氨基酸的 R_f 值。

五、注释

实验室准备的四组混合物试样是由 R_f 值相差较大的氨基酸混合配制，以期单向纸上层析便能达到分离的目的。

这四组混合样品是：

	氨基酸	R_f		氨基酸	R_f
I	半胱氨酸	0.25	II	组氨酸	0.23
	谷氨酸	0.36		苏氨酸	0.40
	蛋氨酸	0.62		辅氨酸	0.53
III	甘氨酸	0.28	IV	天门冬氨酸	0.22
	丙氨酸	0.49		色氨酸	0.40
	异亮氨酸	0.79		蛋氨酸	0.62

上述 R_f 值是用展开剂乙醇-水-醋酸（50∶10∶1 体积比），温度 23℃，展开剂吸附上升时间 1h10min。平均展开剂吸附高度 7.5cm，所测得的数据。

所用何种混合试样就用其对应的标准试样，以便对照。

例题解析

【例 1】展开剂的液面高出滤纸上的样点，将会产生什么后果？

【解答】展开剂溶解样品，不会出现斑点，斑点分散在背景中，或产生拖尾。

【例 2】纸色谱法使用的滤纸应具备哪些条件？

【解答】① 滤纸中应不含有水或有机溶剂能溶解的杂质。② 滤纸被溶剂浸润时，不应有机械折痕和损伤，即应具有一定的强度。③滤纸对溶剂的渗透速度应适当，渗透速度太快时易引起斑点拖尾，影响分离效果；速度太慢时，耗费时间太长。④ 纸质应均一，否则会影响实验结果的重复性，特别是定量实验中这点更是重要。

【例 3】纸色谱为什么要在密闭的容器中进行？

【解答】① 防止溶剂挥发；②使溶剂的蒸气压在密闭容器中迅速达到平衡。③防止溶液跑样不均匀。

2.15　折射率

折射率（refractive index）（又称折光率）是有机化合物的重要物理常数之一，作为液体化合物纯度的标志，它比沸点更可靠。通过测定溶液的折射率，判断有机化合物的纯度和鉴定未知物，还可定量分析溶液的浓度。

通常用阿贝折射仪测定液体有机物的折射率，可测定浅色、透明、折射率在 1.300 0~1.7000 范围内的化合物。

光在不同介质中传播的速度不同。光从一个介质进入到另一个介质时，由于传播速度改变，也使传播方向发生改变，这种现象称作光的折射（见图 2-29）。

折射定律：

$$n = \frac{v_1}{v_2} = \frac{\sin\alpha}{\sin\beta}$$

式中　n——折射率，$n>1$；

　　　　α——入射角；

　　　　β——折射角，$\alpha>\beta$。

图 2-29 光的折射示意图

折射率的影响因素：主要由测定时温度和入射光波长影响。折射率随温度升高而降低。

实验 16 折射率的测定

一、实验目的

1）了解测定折射率的意义和方法。

2）了解阿贝折光仪的构造和折射率测定的基本原理，掌握用阿贝折光仪测定液态有机化合物折射率的使用方法。

3）初步学会用图解法处理实验数据，绘制折射率-组成曲线。

二、实验原理

折射率是有机化合物最重要的物理常数之一，作为液体物质纯度的标准，它比沸点更为可靠。利用折射率，可以鉴定未知化合物，也用于确定液体混合物的组成。物质的折射率不但与它的结构和光线有关，而且也受温度、压力等因素的影响。所以折射率的表示，须注明所用的光线和测定时的温度，常用 n_D^t 表示。

一般地说，光在两个不同介质中的传播速度是不相同的，所以光线从一个介质进入另一个介质，当它的传播方向与两个介质的界面不垂直时，则在界面处的传播方向发生改变，这种现象称为光的折射现象。

两种完全互溶的液体形成混合溶液时，其组成和折射率之间为近似线性关系。测定若干个已知组成的混合液的折射率即可绘制该混合溶液的折射率-组成浓度曲线。再测定未知组成的该混合物试样的折射率，便可以从折射率-组成曲线中查出其组成。

三、主要仪器和样品

1. 仪器

阿贝折射仪；超级恒温槽；滴瓶；乳胶管；擦镜纸。

2. 药品

丙酮（A. R.）；乙醇（A. R.）；蒸馏水。

四、实验步骤

1. 配制不同组成的溶液

配制乙醇含量（体积分数）分别为 0、20%、40%、60%、80%、100% 的乙醇-丙酮溶液各 20mL，混匀后分装在 6 只滴瓶中，贴上标签，按 1~6 顺序编号。

2. 安装仪器

开启超级恒温槽，调节水浴光温度为（20±0.1）℃，然后用乳胶管将超级恒温槽与阿贝折光仪的进出水口连接。阿贝折光仪如图 2–30 所示。

3. 清洗与校正仪器

打开辅助棱镜，滴 2~3 滴丙酮，合上棱镜，片刻后打开棱镜，用擦镜纸轻轻将丙酮吸干，再改用蒸馏水重复上述操作 2 次。然后滴 2~3 滴蒸馏水于镜面上，合上棱镜，转动左侧刻度盘，使读数镜内标尺读数置于蒸馏水在此温度下的折射率（$n_D^{20} = 1.3330$）。调节反射镜，使测量望远镜中的视场最亮，调节测量镜，使视场最清晰。调节测量镜，使视场最清晰。转动消色散手柄，消除色散。再调节校正螺丝，使明暗交界线和视场中的×线中心对齐。

图 2–30　阿贝折光仪

1—读数目镜；2—测量目镜；3, 3′—循环恒温水龙头；
4—消色散旋柄；5—测量棱镜；6—辅助棱镜；
7—平面反射镜；8—温度计；9—加液槽；
10—目镜调节旋钮；11—刻度盘罩

4. 测定溶液的折射率

打开棱镜，用 1 号溶液清洗镜面 2 次。干燥后滴加 2~3 滴该溶液，闭合棱镜。转动刻度盘，直至在测量望远镜中观测到的视场出现半明半暗视野。转动消色散手柄，使视场内呈现一个清晰的明暗分线，消除色散。再次小心转动刻度盘使明暗分界线正好处在"×"线交点上，从读数镜中读出折射率值，读数示意图如图 2–31 所示。重复测定 2 次，读数差值不能超过±0.0002。

重复以上操作，同样方法依次测定 2~6 号溶液和未知组成的混合液的折射率。

5. 结束工作

测定结束后，用丙酮将镜面清洗干净，并用擦镜纸吸干。拆下连接恒温槽的胶管和温度计，排尽金属套中的水，将阿贝折射仪擦拭干净，装入盒中。

6. 数据记录和处理

1）将实验测定的折射率数据填入表 2–8：

表 2–8　折射率测定数据表

测定温度＿＿＿＿＿＿＿℃

项目	0	20%	40%	60%	80%	100%	未知样
第一次							
第二次							
平均值							

2）以组成为横坐标，折射率为纵坐标，在坐标纸上绘制乙醇–丙酮溶液的折射率–组成曲线。

3）从折射率–组成曲线中查出未知样的组成并填入上表中。

未调节右边旋钮前
在右边目镜看到的图象
此时颜色是散的

调节右边旋钮直到出现
有明显的分界线为止

调节左边旋钮使分界线
经过交叉点为止并在左
边目镜中读数

实验测得折射率为:1.356+0.001×1/5=1.3562

图 2-31　读数示意图

五、注释

1）阿贝折射仪不能用来测定酸性、碱性和具有腐蚀性的液体。并应防止阳光曝晒，放置于干燥、通风的室内，防止受潮。

2）要特别注意保护棱镜镜面，滴加液体时防止滴管口划伤镜面。每次擦拭镜面时，只许用擦镜头纸轻擦，测试完毕，也要用丙酮洗净镜面，待干燥后才能合拢棱镜。

3）试样液体应充满间隙；测定易挥发液体时应尽量缩短测定时间，或者及时补加试样。

4）阿贝折射仪量程是 1.3000～1.7000，精密度为 ±0.0001。读数时要仔细认真，保证测量数据的准确性。读数时，若在目镜中看不到半明半暗分界线而是畸形，可能是由于棱镜间未充满液体；若出现弧形光环，可能是由于光线未经过棱镜而直接照射到聚光镜上。

5）测量完毕，拆下连接恒温槽的胶皮管，棱镜夹套内的水要排尽。

6）阿贝折射仪可以和恒温水浴相连，调节所需温度，通常为 20℃。若无恒温槽，所得数据要加以修正，通常温度升高 1℃，液态化合物折射率降低 $3.5×10^{-4}～5.5×10^{-4}$。

7）仪器长期使用，须对刻度盘的标尺零点进行校正。方法是按上述方法则定纯水的折射率，其标准值与测定位之差即为校正值。

例题解析

【例1】是非题

一般温度升高 1℃，液体化合物的折射率升高 $3.5×10^{-4}～5.5×10^{-4}$。（　　）（厦门大学）

【解答】（×）

【例2】简答题

某同学报告他所测得的某纯有机化合物的折射率 $n = 1.3320$，减压沸点 bp 为 $120.2 \sim 121.2 ℃$，指导教师不接受这些数据，为什么？（厦门大学）

【解答】不接受，因为折射率应标出光线波长和测定温度，减压沸点应标出压力。

【例3】请测丙酮的折射率，并回答下列问题：

(1) 每次测定样品的折射率后为什么要擦洗上下棱镜面？

(2) 测定折射率对研究有机化合物有何意义？

(3) 什么是化合物的折射率，影响折射率的因素有哪些？

(4) $17.5℃$时测得 2-甲基-1-丙醇 $n_D^{1.75} = 1.3968$，试计算 $20℃$时其折射率。

【解答】(1) 以免有杂质，造成污染腐蚀。

(2) 折射率是化合物的特性常数，固体、液体和气体都有折射率，尤其是液体，记载更为普遍，折射率不仅可作为化合物纯度的标志，也可用来鉴定未知物。

(3) 化合物的折射率为：光线从空气中进入到这个化合物时的入射角 α 的正弦与折射角 β 的正弦之比，$\eta = \dfrac{v_1}{v_2} = \dfrac{sin\alpha}{sin\beta}$。影响折射率的因素主要有温度，入射光线的波长和测试温度等。

(4) $n_D^{20} = n_D^{17.5} + 4.5 \times 10^{-4} \times (17.5 - 20.0) = 1.3968 + 4.5 \times 10^{-4} \times (-2.5) = 1.3957$

参 考 文 献

[1] 赵建庄，符史良. 有机化学实验(第二版)[M]. 北京：高等教育出版社，2007.

[2] 周莹. 有机化学实验(第一版)[M]. 长沙：中南大学出版社，2006.

[3] 李妙葵，贾瑜，高翔，等. 大学有机化学实验(第一版)[M]. 上海：复旦大学出版社，2006.

[4] 刘约权，李贵深. 实验化学(第二版)[M]. 北京：高等教育出版社，2005.

[5] 李英俊，孙淑琴. 半微量有机化学实验(第一版)[M]. 北京：化学工业出版社，2005.

[6] 李桂汕，段文贵，张淑琼. 有机化学实验(第一版)[M]. 上海：华东理工大学出版社，2005.

[7] 高占先. 有机化学实验(第四版)[M]. 北京：高等教育出版社，2004.

[8] 李吉海. 基础化学实验(Ⅱ)(第一版)[M]. 北京：化学工业出版社，2004.

[9] 李霁良. 微型半微型有机化学实验(第一版)[M]. 北京：高等教育出版社，2003.

[10] 李兆陇，阴金香，林天舒. 有机化学实验(第一版)[M]. 北京：清华大学出版社，2001.

[11] 王福来. 有机化学实验(第一版)[M]. 武汉：武汉大学出版社，2001.

第 3 章　有机化合物的制备

实验 17　1-溴丁烷的制备

一、实验目的

1）掌握由醇制备 1-溴丁烷(1-bromobutane)的原理和方法。

2）掌握回流及气体吸收装置和分液漏斗使用方法。

3）了解测定折射率对研究有机化合物的实用意义。

4）掌握使用阿贝折光仪的测定方法。

二、实验原理

主反应：

$$NaBr + H_2SO_4 \longrightarrow HBr + NaHSO_4$$

$$n - C_4H_9OH + HBr \Longrightarrow n - C_4H_9Br + H_2O$$

副反应：

$$CH_3CH_2CH_2CH_2OH + HBr \longrightarrow CH_3CH_2CH = CH_2 + H_2O$$

$$2n - C_4H_9OH \longrightarrow (n - C_4H_9)_2O + H_2O$$

$$2NaBr + H_2SO_4 \longrightarrow Br_2 + SO_2\uparrow + 2H_2O$$

三、主要仪器和试剂

1. 仪器

回流装置；加热套；蒸馏装置。

2. 试剂

正丁醇；溴化钠(无水)；浓硫酸；10%碳酸钠溶液；无水氯化钙。

四、实验步骤

在一个 50 mL 的圆底烧瓶中分别加入 8.3 g 研细的溴化钠、6.2 mL 正丁醇和 1~2 粒沸石。烧瓶上装一回流冷凝管。事先配好 1:1 的硫酸，将稀释的硫酸分 4 次从冷凝管上端加入圆底烧瓶，每加一次都要充分振荡烧瓶，使反应物混合均匀。

在冷凝管上口，用弯玻璃管连接一气体吸收装置(见图 3-1)。将圆底烧瓶放在加热套上，缓慢加热至沸腾，保持回流 30min。

反应完成后，将反应物冷却 5 min。卸下回流冷凝管，再加入 1~2 粒沸石，安装蒸馏装置进行蒸馏(见图 3-2)。仔细观察馏出液，直到无油滴蒸出为止。

将馏出液倒入分液漏斗中，将油层从下面放入一个干燥的小锥形瓶中，然后用 3 mL 浓硫酸分两次加入瓶内，每加一次都要摇匀混合物。如果锥形瓶发热，可用冷水浴冷却。将混合物慢慢倒入分液漏斗中，静置分层，放出下层的浓硫酸。油层依次用 10mL 水、5mL 10%碳酸钠溶液和 10mL 水洗涤，每次都要进行分离。最后将下层的粗 1-溴丁烷放入干燥的小锥形瓶中，加少量块状的无水氯化钙干燥，直到液体澄清为止。

将干燥好的粗产品倒入 25mL 圆底烧瓶中(注意勿使氯化钙掉入圆底烧瓶中)。投入 1~2 粒沸石，安装蒸馏装置(见图 3-3)，蒸馏，收集 99~102℃ 的馏分。用折光仪测定 1-溴丁烷的折射率。

产量：约 6g。

纯 1-溴丁烷为无色透明液体，沸点 101.6℃，$d_4^{20}1.275$，$n_D^{20}1.4401$。

图 3-1　回流冷凝装置　　　图 3-2　蒸馏装置　　　　　图 3-3　蒸馏装置

五、注释

1) 1:1 硫酸(即 62% 硫酸)的配制方法：在一个小锥形瓶中加入 10mL 水，并将小锥形瓶置于冷水浴冷却，一边摇荡一边慢慢加入 10mL 浓硫酸。

2) 掌握气体吸收装置的正确安装和使用。

3) 反应过程中不时摇动烧瓶，或加入磁力搅拌转子搅拌反应，促使反应完全。

4) 正溴丁烷是否蒸完，可以从下列几方面判断：①蒸出液是否由混浊变为澄清；②蒸馏瓶中的上层油状物是否消失；③取一试管收集几滴馏出液，加水摇动观察无油珠出现。如无，表示馏出液中已无有机物，蒸馏完成。

5) 洗后产物呈红色，可用少量的饱和亚硫酸氢钠水溶液洗涤以除去由于浓硫酸的氧化作用而生成的游离溴。

6) 折光仪操作注意事项：①操作时要特别小心，严禁触及棱镜，特别是油手，汗手及滴管的末端等；②若边界有颜色或出现漫反射，可转动消色散棱镜即消色补偿器，直至边界呈无色和明暗界线清晰；③测定有毒样品的折射率时，应在通风橱内操作；④若使用数显折光仪，可直接从荧光屏上读取数据。

例题解析

【例 1】选择题

1. 在制备正溴丁烷时，正确的加料顺序是(　　　)。(厦门大学)

(A) $NaBr + H_2SO_4 + CH_3CH_2CH_2CH_2OH + H_2O$

(B) $NaBr + H_2O + H_2SO_4 + CH_3CH_2CH_2CH_2OH$

(C) $H_2O + H_2SO_4 + CH_3CH_2CH_2CH_2OH + NaBr$

(D) $H_2SO_4 + H_2O + NaBr + CH_3CH_2CH_2CH_2OH$

2. 在纯化石油醚时，依次用浓硫酸、酸性高锰酸钾水溶液洗涤，其目的是(　　　)。

(A) 将石油醚中的不饱和烃类除去；

（B）将石油醚中的低沸点的醚类除去；

（C）将石油醚中的醇类除去；

（D）将石油醚中的水分除去。

3. 有下列仪器：① 漏斗；② 容量瓶；③ 滴定管；④ 分液漏斗；⑤ 天平；⑥ 量筒；⑦ 胶头滴管；⑧ 蒸馏烧瓶。常用于物质分离的仪器有（　　）。

（A）①③⑦　　　　　（B）②⑥⑦　　　　　（C）①④⑧　　　　　（D）④⑥⑧

【解答】1. C　2. A　3. C

【例2】综合题（厦门大学）

实验室中通常是用正丁醇、溴化钠、浓硫酸和水来制备1-溴丁烷。对于这个实验，请回答下列问题。

（1）该实验采用何反应装置？并画出反应装置图。

（2）反应结束后，为什么要进行蒸馏？蒸馏时，可以从哪几方面判断正溴丁烷已经蒸完？馏出液的油层中可能有哪些化合物？

（3）请应用所学到的知识，设计合理方案进行分离纯化（用流程图表示）。

（4）粗产品用什么作为干燥剂？最后蒸馏得到的产物有时不是无色透明的，而是混浊的，这是为什么？如果遇到这样的事，你应如何处理？

【解答】

（1）气体吸收回流装置，反应装置图略。

（2）收集粗产物；上层油层消失，收集的粗产物中变澄清等；馏出液的油层中可能有醇、醚、HBr、水、正溴丁烷等化合物

（3）

（4）粗产品用无水氯化钙作为干燥剂；最后蒸馏得到的产物有时不是无色透明的，而是混浊的，这是因为仪器未干燥彻底；重新干燥后蒸馏。

【例3】安装制备1-溴丁烷的反应装置，并回答下列问题：

（1）本实验在回流冷凝管上为何要采用吸收装置，吸收什么气体？

（2）在回流反应中，反应液逐渐分成两层，你估计产品应处在哪一层？为什么？

（3）粗产品用浓硫酸洗涤可除去哪些杂质，为什么能除去他们？

（4）写出用正丁醇制备 1-溴丁烷的主反应和副反应的反应方程式，在本试验中采用哪些措施来尽量减少副反应的发生的。

【解答】（1）产生的 HBr 为腐蚀性有毒气体，所以要用碱液吸收。

（2）产品应处于下层，因为 1-溴丁烷密度大。但有时也会例外。

（3）粗产品中含有少量未反应的正丁醇和副产物 1-丁烯、2-丁烯、丁醚等，这些杂质可用浓 H_2SO_4 除去，因为正丁醇和丁醚能与浓 H_2SO_4 生成盐，而 1-丁烯、2-丁烯与浓 H_2SO_4 发生加成反应而被除去。

（4）主反应：$NaBr + H_2SO_4 \longrightarrow HBr + NaHSO_4$

$$n\text{-}C_4H_9OH + HBr \rightleftharpoons[\triangle]{} n\text{-}C_4H_9Br + H_2O$$

副反应：

$$CH_3CH_2CH_2CH_2OH \xrightarrow[\triangle]{H_2SO_4} CH_3CH_4CH=CH_2 + CH_2CH=CH_3$$

$$2CH_3CH_2CH_2CH_2OH \xrightarrow[\triangle]{H_2SO_4} CH_3CH_2CH_2CH_2OCH_2CH_2CH_3$$

反应过程中应控制浓 H_2SO_4 的量不要太多，将 NaBr 研细以使其充分反应，且反应过程中应经常摇动烧瓶，以此来尽量减少副反应。

【例 4】简答题（厦门大学）

1. 加料时，先使溴化钠与浓硫酸混合，然后加正丁醇及水，可以吗？为什么？

2. 反应后的产物可能含那些杂质，各步洗涤的目的何在，用浓硫酸洗涤时为何要用干燥的分液漏斗？

3. 用分液漏斗洗涤产物时，正溴丁烷时而在上层时而在下层。你用什么简便的方法加以判断？

4. 为什么用分液漏斗洗涤产物时，经摇动后要放气，应从哪里放气，应朝什么方向放气？

5. 写出无水氯化钙吸水后所起化学变化的反应式，为什么蒸馏前一定要将它过滤掉？

【解答】1. 不行。先使溴化钠与浓硫酸混合，因为溴化钠与浓硫酸反应产生氢溴酸，氢溴酸进一步被浓硫酸氧化产生溴，其反应式：

$$NaBr + H_2SO_4 \longrightarrow HBr + NaHSO_4$$

$$2HBr + H_2SO_4 \longrightarrow Br_2 + SO_2 + 2H_2O$$

2. 产物中主要含有正丁醇、正丁醚和 HBr 等杂质。用水洗涤除去 HBr 和部分正丁醇。用浓硫酸洗涤除去正丁醇、正丁醚。先用水洗去大部分的硫酸，再用饱和碳酸钠溶液除去残留硫酸。再用水洗除无机盐，无水氯化钙干燥除去水。用浓硫酸洗涤时要用干燥的分液漏斗的目的是防止水遇浓硫酸强烈地放热，致使有机物和硫酸难以分层。

3. ①根据各物质的密度进行判断，密度大的在下层，密度小的在上层。②可将一滴水滴入分液漏斗，若上层为水层，则水滴在上层消失；若有机层在上层，则水滴穿过上层，在下层消失。

4. 分液漏斗洗涤产物或萃取时，经摇动后会产生一定的蒸气压或反应的气体。如乙醚萃取溶液中物质，在振摇后乙醚可产生 300~500mmHg 的蒸气压，加上原来空气和水的蒸气压，漏斗中的压力就大大超过大气压。如果不经常放气，塞子就可能被顶开而出现漏液。漏斗倾斜向上，朝向无人处，无明火处，打开活塞，及时放气。

5. 方程式：

$$CaCl_2 + 6H_2O \longrightarrow CaCl_2 \cdot 6H_2O$$

由于无水 $CaCl_2$ 与水的反应是可逆反应。已吸水的 $CaCl_2$ 受热时又会脱水，并且其蒸气压随温度的升高而增加，所以蒸馏前一定要把已吸水的 $CaCl_2$ 过滤掉。

【例 5】在正溴丁烷制备实验中，硫酸浓度太高或太低会带来什么结果？（中南大学）

【解答】硫酸浓度太高：

（1）会使 NaBr 氧化成 Br_2，而 Br_2 不是亲核试剂。

$$2NaBr + 3 H_2SO_4(浓) \longrightarrow Br_2 + SO_2 + 2H_2O + 2NaHSO_4$$

（2）加热回流时可能有大量 HBr 气体从冷凝管顶端逸出形成酸雾。

硫酸浓度太低：生成的 HBr 量不足，使反应难以进行。

【例 6】在正溴丁烷的制备实验中，各步洗涤的目的是什么？

【解答】用硫酸洗涤：除去未反应的正丁醇及副产物 1-丁烯和正丁醚。第一次水洗：除去部分硫酸及水溶性杂质。碱洗(Na_2CO_3)：中和残余的硫酸。第二次水洗：除去残留的碱、硫酸盐及水溶性杂质。

【例 7】以正丁醇、溴化钠和硫酸为原料制备正溴丁烷时，实验中硫酸的作用是什么？硫酸的用量和浓度过大或过小有什么不好？（西北大学，2011）

【解答】作用：反应物、催化剂。浓硫酸有两个作用，其一是浓硫酸在此反应中除与 NaBr 作用生成氢溴酸外，浓硫酸也作为吸水剂可移去副产物水，同时又作为氢离子的来源以增加质子化醇的浓度，使不易离去的羟基转变为良好的离去基团 H_2O。其二是用于洗涤阶段洗去副产物(正丁醚，1-丁烯)，及残余的正丁醇。浓硫酸的用量和浓度过大，反应加快，可通过吸水使平衡正向移动，但反应生成大量的 HBr 跑出，且易将溴离子氧化为溴单质，同时会增加副反应的进行，例如丁醇的氧化、碳化、消去反应增多（产生 1-丁烯，重排 2-丁烯，两者再与 HBr 加成得 2-溴丁烷）。过小则不利于主反应发生（即氢溴酸的生成受阻），反应不完全。

实验 18　乙酸正丁酯的制备

酸与醇直接制备酯，在实验室中有三种方法：

1）共沸蒸馏分水法，生成的酯和水以共沸物的形式蒸出来，冷凝后通过分水器分出水，油层回到反应器中。

2）提取酯化法，加入溶剂，使反应物、生成的酯溶于溶剂中，和水层分开。

3）直接回流法，一种反应物过量，直接回流。

制备乙酸正丁酯(butyl acetate)用共沸蒸馏分水法较好。

为了将反应物中生成的水除去，利用酯、酸和水形成二元或三元恒沸物，采取共沸蒸馏分水法，使生成的酯和水以共沸物形式逸出，冷凝后通过分水器分出水层，油层则回到反应器中。

一、实验目的

1）了解乙酸正丁酯的合成意义。

2）掌握乙酸正丁酯的制备方法以及分水器的使用。

3）掌握气相色谱测定产品纯度的方法。

二、实验原理

用酸与醇反应制备乙酸正丁酯

$$CH_3COOH + n\text{-}C_4H_9OH \rightleftharpoons CH_3COOC_4H_9\text{-}n + H_2O$$

三、主要仪器和试剂

1. 仪器

反应烧瓶；冷凝管；蒸馏头；尾接管；锥形瓶；气相色谱仪。

2. 试剂

正丁醇 11.5mL（9.3g，0.125mol）；冰醋酸 7.2mL（7.5g，0.125mol）；浓硫酸；10%碳酸钠溶液；无水硫酸镁。

四、实验步骤

1. 实验过程

在干燥的 50mL 圆底烧瓶中，装入 11.5mL 正丁醇和 7.2mL 冰醋酸，再加入 3~4 滴浓硫酸。混合均匀，投入 1~2 粒沸石。按照装置图（见图 3-4）安装分水器及回流冷凝管，并在分水器中预先加水至略低于支管口。打开循环水，待水流量稳定后，用加热套加热回流，反应一段时间后把水逐渐分去，保持分水器中水层液面始终低于支管，避免水回到反应瓶。约 40min 后不再有水生成，表示反应完毕。停止加热。量取分出水的总体积，减去预加入水的体积，即为反应生成的水量。冷却后，卸下回流冷凝管，把分水器中分出的酯层和圆底烧瓶中的反应液一起倒入分液漏斗中，进行产品的精制。

2. 产品的精制

将上述反应液在分液漏斗中用 10mL 水洗涤，分去水层。将酯层用 10mL 10%碳酸钠溶液洗涤至中性，分去水层。酯层再用 10mL 水洗涤一次，分去水层。将酯层从分液漏斗的上部倒入干燥的小锥形瓶中，加少量无水硫酸镁干燥。

图 3-4　回流分水装置

将干燥后的乙酸正丁酯倒入干燥的 30mL 圆底烧瓶中（注意不要把硫酸镁倒进去），加入沸石，安装好蒸馏装置（见图 3-3），加热蒸馏。收集 124~126℃的馏分。前后馏分倒入指定的回收瓶中。得到的产品进行气相色谱分析，检测产品纯度。

气相色谱测定条件：邻苯二甲酸二壬酯为固定液，柱温和检测温度 100℃，汽化温度 150℃，热导检测器。氢气为载气，流速 45mL/min。

产量：10~11g。

纯乙酸正丁酯是无色液体，沸点 126.5℃，$d_4^{20}0.882$，$n_D^{20}1.39$。

五、注释

1）浓硫酸在反应中起催化作用，故只需少量。

2）本实验利用共沸混合物除去酯化反应中生成的水。正丁醇、乙酸正丁酯和水形成以下几种共沸混合物：

沸点/℃	组成/%		
	丁醇	水	乙酸正丁酯
117.6	67.2		32.8
93	55.5	45.5	
90.7		27	73
90.5	18.7	28.6	52.7

3）根据分出的总水量，可以粗略地估计酯化反应完成的程度。

例题解析

【例1】 选择题

以丁酸和乙醇发生酯化反应制备丁酸乙酯的实验中，加入苯的作用是（   ）。

（A）降低反应温度　　（B）作反应物的溶剂　　（C）带出生成的酯　　（D）带出生成的水

【解答】D

【例2】填空题

在下列你所做过的实验中选择其必须应用的基本操作、仪器、装置和干燥剂。

（a）蒸馏；（b）分馏；（c）水蒸气蒸馏；（d）重结晶；（e）升华；（f）回流；（g）搅拌装置；（h）分水器；（i）减压蒸馏；（j）无水操作；（k）气体吸收装置；（l）无水 $CaCl_2$；（m）无水 $MgSO_4$；（n）无水 K_2CO_3；（o）无水 $NaSO_4$；（p）Na；（q）萃取。

醋酸正丁酯的合成_____。（厦门大学）

【解答】fahmq

【例3】简答题

制备醋酸正丁酯时，蒸馏前为什么要分出干燥剂？而用氧化钙干燥乙醇，为什么可以直接蒸馏？（厦门大学）

【解答】因为干燥醋酸正丁酯的干燥剂是能和水发生可逆反应的，因此蒸馏前要分出干燥剂，而氧化钙干燥剂与水发生不可逆反应，蒸馏前可不必分出干燥剂就可直接蒸馏。

【例4】简答题(厦门大学)

1. 用反应式表示乙酸正丁酯制备的各种方法。

2. 本实验采取哪些措施来加快酯化速度和提高乙酸正丁酯的产率，原理是什么？

3. 本实验可能产生哪些副产物，应如何防止？

4. 如果在最后蒸馏时，前馏分较多，其原因是什么，对产率有何影响？

5. 粗产品除了用无水硫酸镁作干燥剂外，还有哪些干燥剂可以代替，无水氯化钙可以吗？

【解答】1.（1）酸的银盐或钠盐和卤代烷作用：

$$CH_3COONa + n\text{-}CH_3CH_2CH_2CHX \xrightarrow{DMF} CH_3COOC_4H_9\text{-}n + NaX$$

（2）醇和酸酐或酰氯作用：

$$CH_3COCl + n\text{-}C_4H_9OH \longrightarrow CH_3COOC_4H_9\text{-}n + HCl$$

$$(CH_3CO)_2O + n\text{-}C_4H_9OH \longrightarrow CH_3COOC_4H_9\text{-}n + CH_3COOH$$

2. 酯化作用与酯的水解作用形成动态平衡，提高温度与使用催化剂可以加快酯化作用的反应速率，使在较短的时间内到达平衡。反应平衡到达后，酯的生成量不再增加，为了提高酯的产量，采取下列措施使平衡向正反应方向移动。①使反应物（醇或羧酸）过量。本实验采用价格便宜的醋酸过量。②移去生成物，使酯与水或两者之一脱离体系。本实验使用分水器共沸蒸馏除去水。

3. 副产物主要有正丁醚、正丁醛、正丁酸、1-丁烯、2-丁烯、H_2SO_3 和碳化物。为了防止副产物的生成，应采取如下措施：①正丁醇和浓硫酸要充分混合均匀，避免碳化以及正丁醛和正丁酸的生成。②控制加热温度在 123℃ 左右，温度过高可能生成正丁醚、1-丁烯和2-丁烯等。③蒸馏所用的仪器均须干燥，避免产生酯的逆反应。

4. 在最后蒸馏时，前馏分较多的原因可能是乙酸正丁酯与正丁醚、正丁醇形成的共沸物。前馏分多，乙酸正丁酯损失大，产率降低。

5. 还可以用无水硫酸钠或无水碳酸钾作干燥剂。不能用无水氯化钙作干燥剂，因为氯化钙可以和乙酸正丁酯生成络合物，造成产品损失。

【例4】在乙酸正丁酯的制备实验中，粗产品中除乙酸正丁酯外，还有哪些副产物？怎样减少副产物的生成？

【解答】主要副产物有：1-丁烯和正丁醚。回流时要用小火加热，保持微沸状态，以减少副反应的发生。

【例5】何谓酯化反应？有哪些物质可以作为酯化反应的催化剂？

【解答】羧酸和醇在少量酸催化作用下生成酯的反应，称为酯化反应。常用的酸催化剂有：浓硫酸，磷酸等质子酸，也可用固体超强酸及沸石分子筛等。

【例6】乙酸正丁酯的合成实验是根据什么原理来提高产品产量的？

【解答】该反应是可逆的。本实验是根据正丁酯与水形成恒沸蒸馏的方法，在回流反应装置中加一分水器，以不断除去酯化反应生成的水，来打破平衡，使反应向生成酯的方向进行，从而达到提高乙酸正丁酯产率之目的。

【例7】乙酸正丁酯的粗产品中，除产品乙酸正丁酯外，还有什么杂质？怎样将其除掉？

【解答】乙酸正丁酯的粗产品中，除产品乙酸正丁酯外，还可能有副产物丁醚、1-丁烯、丁醛、丁酸及未反应的少量正丁醇，乙酸和催化剂（少量）硫酸等。可以分别用水洗和碱洗的方法将其除掉。产品中微量的水可用干燥剂无水氯化钙除掉。

【例8】对乙酸正丁酯的粗产品进行水洗和碱洗的目的是什么？

① 水洗的目的是除去水溶性杂质，如未反应的醇，过量碱及副产物少量的醛等。②碱洗的目的是除去酸性杂质，如未反应的醋酸，硫酸，亚硫酸甚至副产物丁酸。

实验19　环己烯的制备

一、实验目的

1）熟悉制备环己烯（cyclohexene）反应原理，掌握环己烯的制备方法。
2）学习分液漏斗的使用及分馏操作。
3）学习气相色谱的使用和具体操作，掌握用气相色谱检测产品的纯度的方法。

二、实验原理

$$\text{环己醇} \xrightarrow[\Delta]{H_2SO_4} \text{环己烯} + H_2O$$

三、主要仪器和试剂

1. 仪器

加热套；分馏装置；蒸馏装置。

2. 试剂

环己醇；磷酸；饱和食盐水；无水氯化钙等。

图 3-5 制备环己烯的装置

四、实验步骤

在 50mL 干燥的圆底烧瓶中，放入 10mL 环己醇及 5mL 85%磷酸，充分摇荡使两种液体混合均匀。投入 1~2 粒沸石，按图 3-5 安装分馏装置。用小锥形瓶接收馏出液。分馏装置的装配原则和蒸馏装置完全相同。在装配及操作时，更应注意勿使分馏头的支管折断。

用小火慢慢加热混合物至沸腾，以较慢速度进行蒸馏并控制分馏柱顶部温度不超过 93℃。当无液体蒸出时，加大火焰，继续蒸馏。直至反应瓶中冒白烟或温度计的读数上下波动时，表明反应已近完全，停止加热。蒸出液为环己烯和水的混合液。

小锥形瓶中的粗产物，倒入分液漏斗中，分出水层，加入等体积的饱和食盐水，摇匀后静置片刻，待液体分层后继续分离。油层转移到干燥的小锥形瓶中，加少量无水氯化钙干燥。

将干燥后的粗制环己烯倾倒在干净、干燥的鸡心瓶中进行蒸馏，收集 82~85℃的馏分。称重或者测量体积，计算产率。产品进行色谱分析，检测产品的纯度和含量。

产量：约 4g。

纯环己烯为无色透明液体，沸点 83℃，d_4^{20} 0.8102，n_D^{20} 1.4465。

五、注释

1）环己醇在常温下是黏稠状液体，因而若用量筒量取时应注意转移中的损失，环己烯与硫酸应充分混合，否则在加热过程中可能会局部碳化。

2）待液体开始沸腾，蒸气进入分馏柱中时，要注意调节浴温，使蒸气缓慢而均匀地沿分馏柱壁上升。由于反应中环己烯与水形成共沸物（沸点 70.8℃，含水 10%）；环己醇与环己烯形成共沸物（沸点 64.9℃，含环己醇 30.5%）；环己醇与水形成共沸物（沸点 97.8℃，含水 80%），因比在加热时温度不可过高，蒸馏速度不宜太快，以减少未作用的环己醇蒸出。

3）水层应尽可能分离完全，否则将增加无水氯化钙的用量，使产物更多地被干燥剂吸附而损失，这里用无水氯化钙干燥较适合，因它还可除去少量环己醇。

4）在蒸馏已干燥的产物时，蒸馏所用仪器都应充分干燥。

例题解析

【例1】　选择题

除环己烷中少量的环己烯，最好的方法是(　　)。(中南大学)

(A) 用 HBr 处理然后分馏　　　　　　(B) 用臭氧氧化水解，然后分馏

(C) 浓硫酸洗涤　　　　　　　　　　(D) 用浓氢氧化钠洗涤

【解答】B

【例2】简答题(苏州大学)

(1) 用磷酸作脱水剂比用硫酸作脱水剂有什么优点？

(2) 在环己烯粗产品中加入食盐使水层饱和的目的是什么？

【解答】(1)优点：一是磷酸的氧化性小于浓硫酸，不易使反应物碳化，不生成碳渣；二是不产生难闻的气体，即无刺激性气体 SO_2 放出(用硫酸则易生成 SO_2 副产物)。(2)加饱和食盐水的目的是减少产物在水中的溶解，即尽可能地除去粗产品中的水分，有利于分层。

【例题3】简答题：如果你的实验产率太低，试分析主要在哪些操作步骤中造成损失？

【解答】(1)环己醇的黏度较大，尤其室温低时，量筒内的环己醇很难倒净而影响产率。(2)磷酸和环己醇混合不均，加热时产生碳化。(3)反应温度过高、馏出速度过快，使未反应的环己醇因与水形成共沸混合物或产物环己烯与水形成共沸混合物而影响产率。(4)干燥剂用量过多或干燥时间过短，致使最后蒸馏时前馏分增多而影响产率。

【例4】　简答题：在环己烯制备实验中，为什么要控制分馏柱顶温度不超过73℃？

【解答】因为反应中环己烯与水形成共沸混合物(沸点 70.8℃，含水 10 %)；环己醇与环己烯形成共沸混合物(沸点 64.9℃，含环己醇 30.5 %)；环己醇与水形成共沸混合物(沸点 97.8℃，含水 80 %)，因此，在加热时温度不可过高，蒸馏速度不宜过快，以减少未反应的环己醇的蒸出。

【例5】实验设计题(中南大学)

环己烯可由环己醇在磷酸催化下分子内脱水来制备，反应可逆。

相关的试剂及物理常数如表3-1所示：

表 3-1　相关的试剂及物理常数

试剂名称	相对分子质量	用　　量/ mL(mol)	熔点/ ℃	沸点/ ℃	相对密度 (d_4^{20})	水溶解度/ (g/100mL)
环己醇	100.16	10mL(0.096mol)	25.2	161	0.9624	稍溶于水
环己烯	82.14			83.19	0.8098	难溶于水
85%磷酸	98	5mL(0.08mol)	42.35		1.834	易溶于水
其他试剂	饱和食盐水、无水氯化钙					
	环己烯-水二元共沸物(沸点 70.8℃，含水 10%)； 环己醇-水二元共沸物(沸点 97.8℃，含水 80%)					

请回答相关的问题：

1. 写出制备的计量反应式及主要的副反应式。

2. 画出制备实验装置图。

3. 分析实验装置的设计原理。

4. 列出分离提纯的流程及操作的关键之处。

5. 如何进一步检测产品的纯度？

【解答】1.

主反应

副反应

2. 画出制备的实验装置图

两个图中的任何一个均可(仪器的名称可不标)。

3. 分析实验装置的设计原理

主反应为可逆反应，为了使产物以共沸物的形式蒸出反应体系，而又不夹带原料环己醇，本实验采用分馏装置，并控制柱顶温度不超过 90 ℃ (71 ~ 90 ℃)，边反应边蒸出反应生成物。

4. 流程：分去水层—饱和食盐水洗—无水氯化钙干燥—水浴蒸馏—收集 81 ~ 85 ℃ 馏分。

操作关键之处：氯化钙干燥彻底，澄清且观察到干燥剂过量；蒸馏用成套仪器必须事先干燥。

5. 测折射率和作气相色谱，及其他方法。

【例 6】为什么蒸馏粗环己烯的装置要完全干燥？

【解答】因为环己烯可以和水形成二元共沸物，如果蒸馏装置没有充分干燥而带水，在蒸馏时则可能因形成共沸物使前馏分增多而降低产率。

【例 7】用简单的化学方法来证明最后得到的产品是环己烯？

【解答】① 取少量产品，向其中滴加溴的四氯化碳溶液，若溴的红棕色消失，说明产品是环己烯。② 取少量产品，向其中滴加冷的稀高锰酸钾碱性溶液，若高锰酸钾的紫色消失，说明产品是环己烯。

实验20　乙酰苯胺的制备

酰胺可以用酰氯、酸酐、羧酸或酯同浓氨水、碳酸铵或(伯或仲)胺等作用制得。

芳香族的酰胺通常用(伯或仲)芳胺同酸酐或羧酸作用来制备。例如，常用苯胺同冰醋酸共热来制备乙酰苯胺(Acetylaniline)。这个反应是可逆的。在实际操作中，一般加入过量的冰醋酸，同时用分馏柱把反应中生成的水(含少量醋酸)蒸出，以提高乙酰苯胺的产率。

一、实验目的

1) 掌握乙酰苯胺的制备方法。

2) 复习重结晶、分馏、回流和熔点测定的操作。

二、实验原理

$$C_6H_5NH_2 + CH_3COOH \rightleftharpoons C_6H_5NHCOCH_3 + H_2O$$

三、主要仪器和试剂

1. 仪器

烧瓶；分馏柱；温度计；加热套；真空泵；吸滤瓶；布氏漏斗；齐列管；酒精灯等。

2. 试剂

苯胺5mL(5.1g，0.055mol)；冰醋酸7.4mL(7.8g，0.13mol)；锌粉；活性炭；液体石蜡等。

四、实验步骤

1. 粗产品的制备

在25mL锥形瓶中装入5mL新蒸馏过的苯胺、7.4mL冰醋酸和0.1g锌粉，在锥形瓶上装一个分馏柱，柱顶插一支150℃的温度计，分馏柱支管直接与尾接管相连，用一个小量筒收集馏出液，如图3-6(a)所示。

用加热套慢慢加热，使反应液保持微沸约5~10min，然后逐渐升高温度并保持温度计读数在105℃左右。约经过40~60 min，反应所生成的水可完全蒸出(含少量醋酸)。当温度计的读数发生上下波动时(有时，反应容器中出现白雾)，表示反应已完成。停止加热。

2. 产品的精制和提纯

在不断搅拌下将反应混合物趁热以细流慢慢倒入盛80mL水的烧杯中。继续剧烈搅拌，并冷却烧杯，使粗乙酰苯胺成细粒状完全析出。用布氏漏斗抽滤析出的固体。用玻璃瓶塞把固体压碎，再用5~10mL冷水洗涤以除去残留的酸液。

将粗乙酰苯胺放入80~100mL热水中，加热至沸腾。如果仍有未溶解的油珠，需补加热水，直到油珠完全溶解为止。稍冷后加入约0.5g粉末状活性炭，搅拌并煮沸1~2min。趁热用保温漏斗过滤[见图3-6(b，c)]或用预先加热好的布氏漏斗减压抽滤[见图3-6(d)]。

冷却滤液，乙酰苯胺呈无色片状晶体析出。减压抽滤，尽量挤压以除去晶体中的水分。产物放在表面皿上烘干。通过熔点测定确定其纯度。

产量：约4.5g。

纯乙酰苯胺是无色片状晶体，熔点114℃。

(a)乙酰苯胺的制备装置图　　　　　　　　(b)滤纸的折叠方法

(c)热过滤装置

(d)减压过滤装置

图 3-6　乙酰苯胺制备的装置图

五、注释

1）久置的苯胺色深，会影响生成的乙酰苯胺的质量。

2）锌粉的作用是防止苯胺在反应过程中氧化。但不能加多，否则在后处理中会出现氢氧化锌不溶于水。新蒸馏过的苯胺可以不加锌粉。

3）此油珠是熔融状态的含水的乙酰苯胺（83℃是含水 13%）。如果温度在 83℃以下，溶液中未溶解的乙酰苯胺以固态存在。

4）乙酰苯胺于不同温度在 100mL 水中的溶解度为：25℃，0.563g；80℃，3.5g；100℃，5.2g。在以后各步加热煮沸时，会蒸发掉一部分水，需随时补加热水。本实验重结晶时水的用量，最好使溶液在 80℃左右为饱和状态。

5）溶液沸腾时加入活性炭，会引起暴沸，使溶液冲出容器造成损失。

6）用锥形的玻璃漏斗过滤热的饱和溶液时，常在漏斗中或其颈部析出晶体，使过滤进行困难。这时可用保温漏斗来过滤。为了尽量利用滤纸的有效面积以加快过滤速度，常使用折叠式滤纸，其折叠方法见图 3-10（b）。

7）事先将布氏漏斗放在水浴锅中进行预热。这一步如果没有做好，乙酰苯胺晶体将在布氏漏斗内析出，引起操作上的麻烦，造成损失。

例题解析

【例1】 选择题

1. $FeCl_3$ 溶液对下列哪一化合物显色？（　　）。（厦门大学）

（A）乙酰水杨酸　　　　（B）水杨酸　　　　（C）乙酰苯胺　　　　（D）肉桂酸

2. 乙酰苯胺的制备中，要控制分馏柱上端的温度在 $100 \sim 110℃$ 之间，是为了蒸出（　　）。（厦门大学）

（A）乙酸　　　　　　　（B）反应生成的水　　（C）苯胺　　　　　　　（D）乙酰苯胺

3. 久置的苯胺呈红棕色，用（　　）方法精制。（中南大学）

（A）过滤　　　　　　　　　　　　　　（B）活性炭脱色

（C）蒸馏　　　　　　　　　　　　　　（D）水蒸气蒸馏

【解答】 1. B　2. B　3. C

【例2】 是非题

制备乙酰苯胺时，锌粉起催化剂作用。（　　）（厦门大学）

【解答】（×）

【例3】 填空题

1. 在下列你所做过的实验中选择其必须应用的基本操作、仪器、装置和干燥剂。

（a）蒸馏；（b）分馏；（c）水蒸气蒸馏；（d）重结晶；（e）升华；（f）回流；（g）搅拌装置；（h）分水器；（i）减压蒸馏；（j）无水操作；（k）气体吸收装置；（l）无水 $CaCl_2$；（m）无水 $MgSO_4$；（n）无水 K_2CO_3；（o）无水 $NaSO_4$；（p）Na；（q）萃取。

乙酰苯胺的制备 _____（厦门大学）

2. 合成乙酰苯胺的实验是采用什么方法来提高产品产量的？

（1）_____。

（2）_____。（中南大学）

【解答】 1. bd

2.（1）增加反应物之一的浓度（使冰醋酸过量一倍多）。

（2）减少生成物之一的浓度（不断分出反应过程中生成的水）。

【例4】 简答题

在乙酰苯胺制备中，采用何反应装置？温度计的读数应维持在多少？温度过高或过低有何不好？反应结束时为什么要趁热将反应物倒入冷水中？（厦门大学）

【解答】 采用分馏装置，$100 \sim 110℃$，温度过高会把未反应的醋酸蒸出，反应不完全。过低不能把水蒸出。反应结束时要趁热将反应物倒入冷水中，防止乙酰苯胺冷却析出不易倒出。

【例5】 安装一套制备乙酰苯胺的实验装置，并回答下列问题：

（1）反应时为什么要控制分馏柱上端的温度保持在 $105℃$？

（2）用苯胺做原料进行苯环上的一些取代反应时，为什么常常先要进行酰化？除了冰醋酸，还可以用哪些试剂做乙酰化剂？

（3）举例说明，本反应在合成上有什么用途？

【解答】（1）为了提高乙酰苯胺的产率，反应过程中不断分出产物之一水，以打破平衡，使反应向着生成乙酰苯胺的方向进行。因水的沸点为 100℃，反应物醋酸的沸点为 118℃，且醋酸是易挥发性物质，因此，为了达到既要将水分除去，又不使醋酸损失太多的目的，必需控制柱顶温度在 105℃左右。

（2）芳香族伯胺很容易反应，在有机合成上为了保护氨基，要先把苯胺转化为乙酰苯胺，然后进行其他反应，最后水解去乙酰基。除了冰醋酸外，还可用醋酸酐、乙酰氯等试剂作为乙酰化剂。

（3）本实验在有机合成上主要用来保护氨基，如用在磺胺药的制备，乙酰苯胺经过氯磺化生成对乙酰氨基苯磺酰氯，再通过氨解、水解得到对氨基苯磺酰胺。

【例6】提纯粗制的乙酰苯胺，并回答下列问题：

（1）重结晶固体有机物有哪些主要步骤？简单说明每步的步骤。

（2）所用的溶剂为什么不能太多，也不能太少？如何正确控制溶剂量？

（3）活性炭为什么要在固体物质全溶后加入？为什么不能在沸腾时加入？

【解答】（1）重结晶步骤及目的：选择溶剂（使提纯物热溶冷不溶）；将粗产品溶于热溶液中制成饱和溶液（溶解固体使其冷却时析出）；趁热过滤（除去杂质，若颜色深，则先脱色）；冷却溶液或蒸发溶剂（使其结晶析出而杂质留于母液，或杂质析出而提纯物留于母液）；抽气过滤分离母液（分出结晶体或杂质）；洗涤结晶（洗去附着的母液）；干燥结晶（除去晶体中残留的溶剂）。

（2）重结晶所用的溶剂太多时，难以析出晶体，需将溶剂蒸出。太少时，在热滤时，由于溶剂的挥发和温度的下降会导致溶解度降低而析出结晶。应先加入比计算量少的溶剂，加热到沸腾，若仍有固体未溶解，则在保持沸腾下逐渐添加溶剂至固体刚好溶解，最后再多加 20%的溶剂将溶液稀释。

（3）因为活性炭有吸附能力，会吸附未溶的固体物质造成损失。不能向正沸腾的溶液中加入活性炭，以免溶液暴沸而溅出。

【例7】简答题（厦门大学）

1. 在本实验中采取了哪些措施来提高乙酰苯胺的产率？

2. 反应时为什么要控制分馏柱上的温度在 100~110℃之间，若温度过高有什么不好？

3. 常用的乙酰化试剂有哪些，哪一种较经济，哪一种反应最好？

【解答】1. 采取的措施有：①便宜、易得、毒性小的冰醋酸过量；②分馏出反应中生成的水；③加入锌粉以防止苯胺氧化；④控制一定的反应温度，防止醋酸过多蒸出及二取代物的生成。

2. 乙酸的沸点是 118℃，若温度过高，乙酸会被蒸出，反应不完全。另外还会发生二取代反应，影响产率。

3. 常用的乙酰化试剂有乙酸、乙酸酐和乙酰氯。乙酸较经济，乙酰氯反应速度最快，但易吸潮水解，因此应在无水条件下进行反应。

【例8】合成乙酰苯胺时，反应达到终点时为什么会出现温度计读数的上下波动？

【解答】反应温度控制在 105℃左右，目的在于分出反应生成的水，当反应接近终点时，蒸出的水分极少，温度计水银球不能被蒸气包围，从而出现瞬间短路，因此温度计的读数出现上下波动的现象。

【例9】合成乙酰苯胺时，锌粉起什么作用？加多少合适？

【解答】锌粉的作用是防止苯胺在反应过程中氧化。只加入微量(约 0.1g)即可，不能太多，否则会产生不溶于水的 $ZnOH_2$，给产物后处理带来麻烦。

【例 10】合成乙酰苯胺时，为什么选用韦氏分馏柱？

【解答】韦氏分馏柱的作用相当于二次蒸馏，用于沸点差别不太大的混合物的分离，合成乙酰苯胺时，为了把生成的水分离除去，同时又不使反应物醋酸被蒸出，所以选用韦氏分馏柱。

【例 11】在重结晶过程中，必须注意哪几点才能使产品的产率高、质量好？

【解答】① 正确选择溶剂；② 溶剂的加入量要适当；③活性炭脱色时，一是加入量要适当，二是切忌在沸腾时加入活性炭；④吸滤瓶和布氏漏斗必须充分预热；⑤滤液应自然冷却，待有晶体析出后再适当加快冷却速度，以确保晶形完整；⑥最后抽滤时要尽可能将溶剂除去，并用母液洗涤有残留产品的烧杯。

【例 12】选择重结晶用的溶剂时，应考虑哪些因素？

【解答】①溶剂不应与重结晶物质发生化学反应；②重结晶物质在溶剂中的溶解度应随温度变化，即高温时溶解度大，而低温时溶解度小；③杂质在溶剂中的溶解度或者很大，或者很小；④溶剂应容易与重结晶物质分离；⑤溶剂应无毒，不易燃，价格合适并有利于回收利用。

【例 13】从苯胺制备乙酰苯胺时可采用哪些化合物作酰化剂？各有什么优缺点？

【解答】常用的乙酰化试剂有：乙酰氯、乙酸酐和乙酸等。①用乙酰氯作乙酰化剂，其优点是反应速度快。缺点是反应中生成的 HCl 可与未反应的苯胺成盐，从而使半数的胺因成盐而无法参与酰化反应。为解决这个问题，需在碱性介质中进行反应；另外，乙酰氯价格昂贵，在实验室合成时，一般不采用。②用乙酐 $(CH_3CO)_2O$ 作酰化剂，其优点是产物的纯度高，收率好，虽然反应过程中生成的 CH_3COOH 可与苯胺成盐，但该盐不如苯胺盐酸盐稳定，在反应条件下仍可以使苯胺全部转化为乙酰苯胺。其缺点是除原料价格昂贵外，该法不适用于钝化的胺(如邻或对硝基苯胺)。③用醋酸作乙酰化剂，其优点是价格便宜；缺点是反应时间长。

实验 21　苯甲醇和苯甲酸的制备

芳醛和其他无 α-氢原子的醛在浓的强碱溶液作用下，发生 Cannizzaro 反应，一分子醛被氧化成羧酸(在碱性溶液中成为羧酸盐)，另一分子醛则被还原成醇。本实验即应用 Cannizzaro 反应，以苯甲醛为反应物，在浓氢氧化钠作用下生成苯甲醇(benzyl alcohol)和苯甲酸(benzoic acid)。

一、实验目的

1) 理解苯甲醛由 Cannizzaro 歧化反应制备苯甲醇和苯甲酸的原理和方法。

2) 进一步巩固通过萃取分离粗产物，洗涤、蒸馏及重结晶等纯化技术。

3) 掌握低沸点、易燃有机溶剂的蒸馏操作。

4) 掌握有机酸的分离方法。

二、实验原理

主反应：

副反应：

三、主要仪器和试剂

1. 仪器

锥形瓶；圆底烧瓶；直形冷凝管；接引管；接受器；蒸馏头；温度计；分液漏斗；烧杯；玻璃棒；布氏漏斗；吸滤瓶；空气冷凝管；球形冷凝管；加热套。

2. 试剂

苯甲醛；氢氧化钠；浓盐酸；乙醚；饱和亚硫酸氢钠；10%碳酸钠；无水硫酸镁或无水碳酸钾；刚果红试纸。

四、实验步骤

在 100mL 锥形瓶中，放入 11g 氢氧化钠和 11mL 水，振荡使氢氧化钠完全溶解，冷却至室温。在振荡下，分 4 批加入 12.6mL 新蒸馏过的苯甲醛，分层。加入沸石，安装回流冷凝管。加热回流 1 h 间歇振荡直至苯甲醛油层消失，反应物变透明。

1. 苯甲醇的制备

反应物中加入足够量的水(大约 30mL)，不断振摇，使其中的苯甲酸盐全部溶解。将溶液倒入分液漏斗中，每次用 20mL 乙醚萃取三次。合并上层的乙醚萃取液，下层水溶液保留。上层乙醚萃取液分别用 5mL 饱和亚硫酸氢钠溶液，10mL10%碳酸钠溶液和 10mL 水洗涤。分离出上层的乙醚萃取液，用无水硫酸镁或无水碳酸钾干燥。

将干燥的乙醚溶液倒入 100mL 圆底烧瓶，连接好普通蒸馏装置，投入沸石后用温水浴加热，蒸出乙醚(回收)。然后改用空气冷凝管，加热，收集 202～206℃的馏分。

2. 苯甲酸的制备

步骤 1 中保留的水溶液用浓盐酸酸化使刚果红试纸变蓝，充分搅拌，冷却使苯甲酸析出完全，抽滤。粗产物分为两份，一份干燥，另一份用水重结晶。

五、注释

1) 原料苯甲醛易被空气氧化，所以保存时间较长的苯甲醛，使用前应重新蒸馏；否则苯甲醛已氧化成苯甲酸而使苯甲醇的产量相对减少。

2) 在反应时充分摇荡的目的是让反应物要充分混合，否则对产率的影响很大。一开始加入苯甲醛时会有白色浑浊物产生，呈现片状。回流物为油状苯甲醛。加热回流浑浊物变少，反应结束后呈现溶液。

3）在第一步反应时加水后，苯甲酸盐如不能溶解，可稍微加热。

4）用分液漏斗分液时，水层从下面分出，乙醚层要从上面倒出，否则会影响后面的操作。注意提取过的水层要保存好，供下步制苯甲酸用。

5）合并的乙醚层用无水硫酸镁或无水碳酸钾干燥时，振荡后要静置片刻至澄清；并充分静置约 30min。干燥后的乙醚层慢慢倒入干燥的蒸馏烧瓶中，应用棉花过滤。

6）蒸馏乙醚时严禁使用明火。乙醚蒸完后立刻回收，直接用电热套加热，温度上升到 140℃，用空气冷凝管蒸馏苯甲醇。

7）水层如果酸化不完全，会使苯甲酸不能充分析出，导致产物损失。

8）重结晶的水量约为 140mL，应该比饱和多 20%。同时为了防止苯甲酸挥发应该在烧杯表面盖一个表面皿。

例题解析

【例 1】苯甲醇和苯甲酸可以以苯甲醛为原料合成：

已知苯甲醇为无色透明液体，沸点 204℃；苯甲酸溶于热水，微溶于冷水，熔点 122.4℃。请回答如下问题：

（1）试叙述该实验的主要操作过程。

（2）实验成败的关键是什么？如何分离苯甲醇和微量苯甲醛？

（3）苯甲醇和苯甲酸如何分离纯化？（暨南大学）

【解答】（1）该实验的主要操作过程。

在 100mL 锥形瓶中，放入 11g 氢氧化钾和 11mL 水，振荡使氢氧化钾完全溶解，冷却至室温。在振荡下，分 4 批加入 12.6mL 新蒸馏过的苯甲醛，分层。加入沸石，安装回流冷凝管。加热回流 1 h 间歇振荡直至苯甲醛油层消失，反应物变透明。

（2）实验成败的关键是什么？如何分离苯甲醇和微量苯甲醛？

关键：原料苯甲醛易被空气氧化，所以保存时间较长的苯甲醛，使用前应重新蒸馏；否则苯甲醛已氧化成苯甲酸而使苯甲醇的产量相对减少。

用饱和亚硫酸氢钠溶液洗涤乙醚萃取液，分离苯甲醇和微量苯甲醛。

（3）苯甲醇和苯甲酸如何分离纯化？

① 苯甲醇的制备：反应物中加入足够量的水（大约 30mL），不断振摇，使其中的苯甲酸盐全部溶解。将溶液倒入分液漏斗中，每次用 20mL 乙醚萃取三次。合并上层的乙醚萃取液，下层水溶液保留。上层乙醚萃取液分别用 5mL 饱和亚硫酸氢钠溶液，10mL10% 碳酸钠溶液和 10mL 水洗涤。分离出上层的乙醚萃取液，用无水硫酸镁或无水碳酸钾干燥。将干燥的乙醚溶液倒入 100mL 圆底烧瓶，连接好普通蒸馏装置，投入沸石后用温水浴加热，蒸出乙醚（回收）。然后改用空气冷凝管，加热，收集 202～206℃ 的馏分即为苯甲醇。

② 苯甲酸的制备　步骤①中保留的水溶液用浓盐酸酸化使刚果红试纸变蓝，充分搅拌，冷却使苯甲酸析出完全，抽滤。粗产物分为两份，一份干燥，另一份用水重结晶得苯甲酸。

【例 2】简答题（厦门大学）

1. 本实验中为什么要使用新蒸的苯甲醛？

2. 本实验中，若使用浓碱条件，苯甲醛会发生什么主要的化学反应？

【答案】1. 因为久置的苯甲醛中含有苯甲酸。

2. 会发生歧化反应：

$$2 \quad \text{C}_6\text{H}_5-\text{CHO} \xrightarrow{\text{浓碱}} \text{C}_6\text{H}_5-\text{CH}_2\text{OH} + \text{C}_6\text{H}_5-\text{COOH}$$

实验 22 一种席夫碱(*N*-苯亚甲基苯胺/苄叉苯胺)的制备

席夫碱(Schiff base)是含有 R_2C ══NR′或 R—CH══NR′(R′≠H)基团的一类亚胺化合物，一般由羰基化合物(醛或酮)与伯胺经亲核加成，再脱水缩合制得。R 和 R′均为脂肪族烃基的亚胺，稳定性差；当其中一个烃基为芳基时，亚胺能够以稳定的晶体存在。在有机合成中，席夫碱在稀酸中水解，重新生成相应羰基化合物和伯胺，可以利用来保护羰基；经加氢还原则可获得胺类化合物。在配位化学中，席夫碱与金属离子形成的配合物是很多重要有机反应的催化剂，例如：不对称环氧化反应使用的雅各布森催化剂(Jacobsen′s catalyst)就是席夫碱类配体与金属锰离子的配合物。

一、实验目的

1) 了解芳醛与芳胺加成-缩合反应的机理及应用。

2) 掌握减压蒸馏操作。

二、实验原理

三、主要仪器和试剂

1. 仪器

圆底烧瓶；球型冷凝管；水浴装置；减压蒸馏装置；烧杯；加热套回流装置；加热套；蒸馏装置。

2. 试剂

苯甲醛(重蒸)；苯胺(重蒸)；无水乙醇；95%乙醇。

四、实验步骤

取干燥的 100mL 单口圆底烧瓶，放置搅拌磁子，加入 10mL 无水乙醇，将 5.0mL (0.098mol)苯甲醛、4.5mL (0.098mol)苯胺溶于其中，安装回流冷凝管、CaCl₂干燥管。高速搅拌下，水浴加热反应体系到 50℃，保持反应 20 min。剧烈搅拌下，趁热将反应液倾倒入盛有 20mL 乙醇(95 %)的烧杯中。待有晶体析出后，在室温下继续静置 15 min；然后在冷水浴中充分冷却至晶体完全析出(约 15 ~ 20 min)。减压过滤，压干滤饼，放置在空气中干燥。产物称重约 7.5 g，收率约 85 %。

水泵减压条件下，蒸馏浓缩滤液至初始体积的二分之一，约有另外 0.5 g 产物析出。产物可经85%乙醇重结晶，进一步提高纯度。纯净的 N-苯亚甲基苯胺为黄色针状晶体，熔点48℃。

五、注释

当水泵能达到较高真空度时，室温下即可对滤液进行浓缩。实验中，可收集多组滤液(约 200mL)一同蒸馏。

例题解析

【例 1】原料苯甲醛重蒸前需用5%碳酸钠溶液洗涤，为什么？用氢氧化钠溶液替代是否可以？

【解答】苯甲醛容易被氧化成苯甲酸，可以将苯甲醛先用 5%碳酸钠溶液洗涤，在干燥后重新蒸馏即可，每次用完后充氮气后效果更好。不可用氢氧化钠溶液替代，因为碱性太强，苯甲醛会发生歧化反应，生成苯甲醇和苯甲酸。

【例 2】尝试从分子结构角度说明：为什么 N-苯亚甲基苯胺具有液晶特性，是优良液晶材料的基本结构。

【解答】席夫碱，例如 N-苯亚甲基苯胺，通常是由胺和活性羰基缩合而成，其结构中含有亚胺或甲亚胺特性基团($RC{=}N{-}$)，这类化合物具有较大的共轭体系，具有优良液晶特性，是优良液晶材料的基本结构。

实验 23　肉桂酸的制备

缩合反应的范围极为广泛，例如羟醛(aldol)、珀金(Perkin)和克莱森(Claisen)等缩合反应。

芳醛与具有 α-氢原子的脂肪酸酐，在碱性催化剂的催化作用下共热，发生缩合反应，生成芳基取代的 α，β-不饱和酸，这个反应称为珀金反应。催化剂通常是相应酸酐的羧酸钾或钠盐，也可以用叔胺、氟化钾或碳酸钾。

一、实验目的

1) 了解由 Perkin 反应制备肉桂酸(cinnamic acid)的原理和方法。
2) 学习水蒸气蒸馏的原理，并掌握其装置及操作技术。
3) 初步掌握混合溶剂重结晶的原理及操作方法。

二、实验原理

三、主要仪器和试剂

1. 仪器

空气冷凝管；温度计；电热套；三口瓶；水蒸气发生器；直形冷凝管；尾接管；锥形

瓶；烧杯；布氏漏斗；抽滤瓶等。

2. 试剂

新蒸苯甲醛；新蒸乙酸酐；无水醋酸钾；饱和碳酸钠溶液；浓盐酸；活性炭等。

四、实验步骤

方法 1

在干燥的 50mL 圆底烧瓶中加入 3g 无水醋酸钾，3mL 苯甲醛和 5.5mL 乙酸酐，振荡使三者混合均匀，安装空气冷凝管和温度计(见图 3-7)，电热套加热回流 45min。反应液始终保持在 150~170℃。

回流结束后，将反应混合趁热倒入盛有 25mL 水的 250mL 三口烧瓶，并用 20mL 热水分两次洗涤原烧瓶，洗涤液均转移到长颈烧瓶中。边振荡边加入饱和 Na_2CO_3 溶液调至溶液呈弱碱性(pH 值约 8~9)。安装 Y 形管水蒸气蒸馏装置(见图 3-8)。进行水蒸气蒸馏，蒸去未反应的苯甲醛，直到无油状物蒸出为止(馏出液倒入指定的回收瓶)。剩余液体中加入适量活性炭脱色，加热煮沸，并趁热抽滤。待滤液冷却后，搅拌下加入浓盐酸，调至溶液呈酸性(pH 约 2~3)并用冷水冷却，有结晶析出，抽滤并用少量冷水洗涤结晶，挤压去水分，晾干称重，计算产率。用乙醇-水混合溶剂重结晶粗产品。

图 3-7 空气冷凝管   图 3-8 水蒸气蒸馏装置

用混合溶剂重结晶时有两种方法：

直接将两种溶剂按比例混合，在沸腾状态溶解-热过滤-冷却结晶；

反滴法：先将待纯化物质在良溶剂接近沸腾时溶解，热过滤。然后于此热溶液中小心加入热的不良溶剂，直至出现浑浊不再消失，再加入少量良溶剂使恰好透明。然后冷却结晶，得纯品。

方法 2

在干燥的 250mL 三口烧瓶中，加入 6.0 g 研细的无水碳酸钾，6.0mL 新蒸馏的苯甲醛，11mL 乙酸酐，振荡使其混合均匀。三口烧瓶中口装配机械搅拌器，侧口其一接上空气冷凝管，侧口其二装一支 250℃ 温度计且进入液相（见图 3-9）。开动搅拌，用加热套低电压加热使其回流，反应液始终保持在 150~170℃ 反应 1 h 。

将三口烧瓶中的反应物冷却至 100℃，向其中加入 40mL 水，此时有固体析出，边摇动烧瓶边加入饱和碳酸钠溶液（30 ~ 40mL）至混合物呈弱碱性（pH 值为 8 左右）。然后进行水蒸气蒸馏（见图 3-10）。用 500mL 圆底烧瓶作为水蒸气发生器，用加热套加热（尽可能的使蒸气产生速度快）。水蒸气蒸馏蒸到蒸出液中无油珠为止（可用盛水的烧杯去接引管下接几滴蒸出液，检验有无油珠）。

图 3-9　回流装置　　　　　　　　图 3-10　水蒸气蒸馏装置

卸下水蒸气蒸馏装置，向三口烧瓶中加入约 1.0g 活性炭，加热沸腾脱色 5 min。然后进行热过滤。将滤液转移至干净的 200mL 烧杯中，慢慢地用浓盐酸进行酸化至明显的酸性（大约用 25~40mL 浓盐酸）。然后进行冷却至肉桂酸充分结晶，之后进行减压过滤。晶体用 5~10mL 冷水洗涤。减压抽滤，要把水分彻底抽干，干燥得粗肉桂酸。将粗肉桂酸用 30% 乙醇进行重结晶，得无色晶体，在 100℃ 下干燥，产品称量，回收，计算产率。

肉桂酸有顺反异构体，通常以反式形式存在，为无色晶体，熔点 135 ~ 136℃ 。

产量：4 ~ 5g 。

五、注释

1）也可用等物质的量的无水醋酸钠或无水碳酸钾代替，其他步骤完全相同。

2）久置的苯甲醛含苯甲酸，故需蒸馏除去。久置的乙酸酐含乙酸，也需除去。

3）此处不能用氢氧化钠代替。

例题解析

【例 1】选择题

在肉桂酸的制备中，用水蒸气蒸馏是蒸出（　　）。（厦门大学）

（A）肉桂酸　　　　　（B）苯甲醛　　　　　（C）碳酸钾　　　　　（D）醋酸酐

【解答】B

【例 2】填空题

1. 在制备肉桂酸的实验中，主要原料及催化剂有＿＿＿＿＿＿＿＿，＿＿＿＿＿＿＿＿，

_____。

在实验中采用水蒸气蒸馏主要是要除去_____。(厦门大学)

【解答】 苯甲醛，乙酸酐，乙酸钠，苯甲醛

2. 在下列你所做过的实验中选择其必须应用的基本操作、仪器、装置和干燥剂。(厦门大学)

(a)蒸馏；(b)分馏；(c)水蒸气蒸馏；(d)重结晶；(e)升华；(f)回流；(g)搅拌装置；(h)分水器；(i)减压蒸馏；(j)无水操作；(k)气体吸收装置；(l)无水 $CaCl_2$；(m)无水 $MgSO_4$；(n)无水 K_2CO_3；(o)无水 $NaSO_4$；(p)Na；(q)萃取。

肉桂酸的制备：_____。(厦门大学)

【解答】acdfj。

3. 用 Perkin 反应在实验室合成 α-甲基苯基丙烯酸，主要反应原料及催化剂有_____
_____。(湖南师范大学，2013)

【解答】苯甲醛、丙酸酐、丙酸钾或碳酸钾。

【例3】简答题(厦门大学)

1. 具有什么结构的醛能进行 Perkin 反应？

2. 苯甲醛分别同丙二酸二乙酯，过量丙酮或乙醛相互作用应得到什么产物，从这些产物如何进一步制备肉桂酸？

3. 苯甲醛和丙酸酐在无水丙酸钾的存在下，相互作用后得到什么产物？

4. 为什么不能用氢氧化钠代替碳酸钠来中和？

5. 用水蒸气蒸馏除去什么，能不能不用水蒸气蒸馏？

【解答】1. 无 α—H 的芳香醛及呋喃甲醛等。

2. 反应式如下：

$$\text{C}_6\text{H}_5-\text{CHO}+\text{CH}_2(\text{COOC}_2\text{H}_5)_2 \longrightarrow$$

$$\text{C}_6\text{H}_5-\underset{\text{OH}}{\text{CH}}-\text{CH}(\text{COOC}_2\text{H}_5) \xrightarrow[\triangle]{\text{H}_3\text{O}^+} \text{C}_6\text{H}_5-\text{CH}=\text{CHCOOH}$$

$$\text{C}_6\text{H}_5-\text{CHO}+\text{CH}_3\text{COCH}_3 \xrightarrow[\triangle]{\text{OH}^-} \text{C}_6\text{H}_5-\text{CH}=\text{CHCOCH}_3$$

$$\xrightarrow{\text{I}_2/\text{NaOH}} \xrightarrow{\text{H}_3\text{O}^+} \text{C}_6\text{H}_5-\text{CH}=\text{CHCOOH}$$

$$\text{C}_6\text{H}_5-\text{CHO}+\text{CH}_3\text{CHO} \xrightarrow[\triangle]{\text{OH}^-} \text{C}_6\text{H}_5-\text{CH}=\text{CHCHO}$$

$$\xrightarrow{\text{MnO}_2} \text{C}_6\text{H}_5-\text{CH}=\text{CHCOOH}$$

3. 得 2-甲基-3-苯丙烯酸，即得到 α-甲基肉桂酸(即：α-甲基-β-苯基丙烯酸)。

$$\bigcirc\!\!\!\!\!-CH\!=\!\underset{\substack{\mid\\CH_3}}{C}\!-COOH$$

4. 强碱氢氧化钠易使未反应的苯甲醛发生歧化反应，生成苯甲醇和可溶于水的苯甲酸钠。这样就不能用水蒸气蒸馏将苯甲酸钠除净，酸化后生成苯甲酸与肉桂酸混合物影响产品纯度。

$$2C_6H_5CHO \xrightarrow{OH^-} C_6H_5COO^- + C_6H_5CH_2OH$$

5. 除去苯甲醛。可不用水蒸气蒸馏，用萃取，但效果较差。

【例 4】制备肉桂酸时为何采用水蒸气蒸馏？能否在水蒸气蒸馏前用氢氧化钠代替碳酸钠来中和水溶液，为什么？（中南大学）

【解答】因为在反应混合物中含有未反应的苯甲醛油状物，它在常压下蒸馏时易氧化分解，故采用水蒸气蒸馏，以除去未反应的苯甲醛。不能在水蒸气蒸馏前用氢氧化钠代替碳酸钠来中和水溶液。因为苯甲醛在强碱存在下可发生 Cannizzaro 反应。

【例 5】安装一套制备肉桂酸的实验装置，并回答下列问题：

（1）水蒸气蒸馏除去什么物质？为什么能用水蒸气蒸馏法纯化产品？

（2）苯甲醛和丙酸酐在无水碳酸钾的存在下相互作用后，得到什么产物？

【解答】(1)除去未反应的苯甲醛。因为苯甲醛是不挥发的沸点较高的有机物，用一般蒸馏、萃取较难与肉桂酸分离，而它不溶于水，且共沸腾下不与水反应，可随水蒸气一起蒸馏，所以能用水蒸气蒸馏法纯化产品。

（2）苯甲醛和丙酸酐在无水碳酸钾的存在下相互作用后，得到的产物是：

$$\bigcirc\!\!\!\!\!-CH\!=\!\underset{\substack{\mid\\CH_3}}{C}\!COOH \quad 与\ CH_3CH_2COOH$$

【例 6】在 Perkin 反应中醛和具有$(R_2CHCO)_2O$结构的酸酐相互作用能否得到不饱和酸？为什么？

【解答】不能。因为具有$(R_2CHCO)_2O$结构的酸酐分子只有一个 α-H 原子。

【例 7】什么情况下需要采用水蒸气蒸馏？

【解答】下列情况需要采用水蒸气蒸馏：①混合物中含有大量的固体，通常的蒸馏、过滤、萃取等方法都不适用。②混合物中含有焦油状物质，采用通常的蒸馏、萃取等方法都不适用。③在常压下蒸馏会发生分解的高沸点有机物质。

【例 8】制备肉桂酸时为何采用水蒸气蒸馏？

【解答】因为在反应混合物中含有未反应的苯甲醛油状物，它在常压下蒸馏时易氧化分解，故采用水蒸气蒸馏，以除去未反应的苯甲醛。

【例 9】何谓韦氏（Vigreux）分馏柱？使用韦氏分馏柱的优点是什么？

【解答】韦氏（Vigreux）分馏柱，又称刺形分馏柱，它是一根每隔一定距离就有一组向下倾斜的刺状物，且各组刺状物间呈螺旋状排列的分馏管。使用该分馏柱的优点是：仪器装配简单，操作方便，残留在分馏柱中的液体少。

实验 24　3-丁酮酸乙酯的制备

含有 α-H 的酯在碱性催化剂存在下，能和另一分子酯发生 Claisen 酯缩合反应生成 β-酮酸酯，3-丁酮酸乙酯（3-oxobutanoic acid ethyl ester），或称乙酰乙酸乙酯（ethyl acetoacetate）就是通过这个反应制备的，其催化剂是乙醇钠。通常以酯及金属钠为原料，并以过量的酯为溶剂，利用酯中含有的微量醇与金属钠反应生成醇钠，随着反应的进行，由于醇的不断生成，反应就能不断地进行下去，直至金属钠消耗完毕。

作为原料的酯中如果含醇量过高会影响产品的得率，故一般要求酯中含醇量在 1% ~ 3%。为了防止金属钠与水猛烈反应发生燃烧和爆炸，也为了防止醇钠发生水解，所以本实验必须在无水条件下进行。

一、实验目的

1）了解 Claisen 酯缩合反应的机理和应用。
2）理解金属钠在酯缩合反应中的作用。
3）掌握无水操作及减压蒸馏。

二、实验原理

利用 Claisen 酯缩合反应制备乙酰乙酸乙酯。

$$CH_3COOC_2H_5 \xrightarrow[-C_2H_5OH]{C_2H_5ONa} [CH_3COCH_2COOC_2H_5]^- Na^+$$

$$\xrightarrow[-AcONa]{CH_3COOH} CH_3COCH_2COOC_2H_5$$

三、主要仪器和试剂

1. 仪器

圆底烧瓶；球形冷凝管；干燥管；分液漏斗；减压蒸馏装置；水浴装置；锥形瓶；直形冷凝管；接引管；接受器；蒸馏头；温度计；加热套。

2. 试剂

金属钠；乙酸乙酯；稀醋酸；5%碳酸钠溶液；饱和食盐水；无水碳酸钾或无水硫酸镁。

图 3-11　回流装置　　　　　　　图 3-12　真空蒸馏装置

四、实验步骤

在干燥的 100mL 圆底烧瓶中，放入 15mL 无水的乙酸乙酯和 1g 切细的并切除氧化膜的金属钠。安装回流冷凝管，$CaCl_2$ 干燥管(如图 3-11)。微热，促使反应开始。若反应过于剧烈，可暂时用冷水浴冷却。待反应缓和后，再开始加热，保持缓缓回流。直至金属钠全部反应完，停止加热(此时混合液变为橘红色透明溶液，有时有黄白色沉淀析出)。冷却至室温，卸下冷凝管。将烧瓶浸在冷水浴中，在摇动下缓慢滴加 25% 的稀醋酸，使呈弱酸性，这时所有固体物质都溶解。用分液漏斗分离出红色的酯层。酯层用 5% 碳酸钠溶液洗至中性，用等体积饱和食盐水洗涤，再用无水碳酸钾或无水硫酸镁干燥。

将干燥的液体倒入 100mL 克氏蒸馏烧瓶内。装好减压蒸馏装置(如图 3-12)，先在常压下蒸出乙酸乙酯，然后在减压下蒸出乙酰乙酸乙酯。所收集馏分的沸点范围视情况而定，见表 3-2。

表 3-2　克氏蒸馏馏分沸点范围表

压力/kPa	1.666	1.866	2.399	3.866	5.998	10.66
(压力/mmHg)	(12.5)	(14)	(18)	(29)	(45)	(80)
沸点/℃	71	74	79	88	94	100
沸点范围/℃	69~73	72~76	77~81	86~90	92~96	98~102

纯乙酰乙酸乙酯为无色液体，沸点为 180.4℃，折射率 1.4192，d_4^{20}1.025。

五、注释

1) 所用的乙酸乙酯必须是无水的，乙酸乙酯中须事先加入一定量的无水乙醇。

2) 金属钠颗粒的大小直接影响缩合反应的速率。

3) 金属钠全部消失所需时间视钠的颗粒大小而定，一般需 1.5~3h。

4) 缩合反应这一步骤必须在一次实验课内完成，否则会影响产量。

5) 滴加稀醋酸时，需特别小心，如果反应物内含有少量未转化的金属钠，会发生剧烈反应。在此操作中还应避免加入过量的醋酸溶液，否则将会增加酯在水中的溶解度，降低产量。

例题解析

【例1】是非题(厦门大学)

在乙酰乙酸乙酯制备中，要求乙酸乙酯必须绝对干燥，但其中应含有 1%~2% 的乙醇。(　　　)

【解答】1. (　√　)

【例2】填空题

在下列你所做过的实验中选择其必须应用的基本操作、仪器、装置和干燥剂。

(a)蒸馏；(b)分馏；(c)水蒸气蒸馏；(d)重结晶；(e)升华；(f)回流；(g)搅拌装置；(h)分水器；(i)减压蒸馏；(j)无水操作；(k)气体吸收装置；(l)无水 $CaCl_2$；(m)无水 $MgSO_4$；(n)无水 K_2CO_3；(o)无水 $NaSO_4$；(p)Na；(q)萃取。

乙酰乙酸乙酯的制备：_____。(厦门大学)

【解答】afiqop

【例3】综合题

乙酰乙酸乙酯通常是以金属钠和过量乙酸乙酯为原料，经 Claisen 酯缩合反应而得，请回答下列问题：

1. 在该实验中，Claisen 缩合反应的催化剂是什么？为什么？

2. 实验中加入 50% 醋酸和饱和 NaCl 溶液的目的何在？

3. 粗产品经干燥后，是否可直接进行减压蒸馏？为什么？

4. 毛细管起什么作用？是否能用沸石代替？为什么？

5. 减压蒸馏时为什么必须先抽真空再加热？

6. 下列操作是当减压蒸馏中断或结束时的操作方法，请按实际操作的先后顺序将它们连接起来。(a)关泵；(b)停止加热；(c)关冷凝管；(d)稍冷；(e)拆除仪器；(f) 慢慢打开安全瓶活塞；(g)慢慢打开毛细管螺旋夹。(厦门大学)

【解答】1. 乙醇钠，以获得烯醇负离子。

2. 加热醋酸使乙酰乙酸乙酯的钠盐变成乙酰乙酸乙酯，用氯化钠溶液洗去醋酸钠及醋酸，同时降低乙酰乙酸乙酯在水中的溶解度。

3. 不能，先进行常压蒸馏回收乙酸乙酯。

4. 引入汽化中心，不能能用沸石代替。

5. 把低沸点组分先蒸出。

6. bdcgfae。

【例4】综合题：在制备乙酰乙酸乙酯的实验中，以乙酸中和反应混合物后，粗产物乙酰乙酸乙酯(含有少量乙酸)必须尽快处理，否则有副产物生成，该副产物的结构是什么？乙醇钠的碱性不足以使乙酸乙酯($CH_3COOCH_2CH_3$)完全转化为碳负离子，为什么？对于二烷基取代的乙酸乙酯($CHR_2COOCH_2CH_3$)以乙醇钠为碱该反应可否进行，为什么？(华东师范大学，2006)

【解答】(1) 酸化后放置时间过长会导致去水乙酸的生成：

烯醇式　　　　　　　酮式　　　　　　　　　去水乙酸

(2) 乙醇的 pKa = 17，乙酸乙酯的 pKa ~ 23，所以醇钠的碱性不足以去除酸性更弱的 α-碳上的 H；反应能够进行主要是因为生成的乙酰乙酸乙酯的活泼亚甲基的酸性增强(pKa = 10.65)，醇钠使它转变为盐，使平衡右移；

(3) 只有一个 α-H 的二取代的乙酸酯在醇钠催化下无法实现第二步的成盐，也就无法使平衡向产物方向移动，所以，醇钠不能催化这类化合物的缩合；若要进行此类反应，可在更强的碱三苯甲基钠的催化下进行。

【例5】安装一套制备乙酰乙酸乙酯的实验装置，并回答下列问题：

(1) 本实验使用的仪器和药品为什么一定要干燥，无水？

(2) 在回流反应将结束时，在橘红色透明溶液中有时会夹带黄白色沉淀，这是什么物质？

（3）本实验在后处理时，加入 50％ 的醋酸和氯化钠饱和溶液的目的何在？

（4）为什么要用减压蒸馏精制产品？

【解答】（1）本实验用酯及金属钠为原料，利用酯中含有的微量醇与金属钠反应来制成醇钠。用 Claisen 酯缩合反应制备乙酰乙酸乙酯。如果本实验所用仪器和药品不干燥，则金属钠就会与水反应生成氢氧化钠，而无乙醇钠做催化剂了。

（2）是乙酰乙酸乙酯的钠盐。

（3）由于乙酰乙酸乙酯的亚甲基上的氢活性很强，在醇钠存在时，乙酰乙酸乙酯将转化成钠盐，而成为反应结束时实际得到的产物。当用 50％ 醋酸处理此钠盐时，就能使其转化为乙酰乙酸乙酯。再用饱和氯化钠溶液洗涤可降低产物的溶解度，并能避免酸度过高，尽量减少产物损失。

（4）乙酰乙酸乙酯在常压下很容易分解为"去水乙酸"从而影响产率，故应采用减压蒸馏精制产品。

【例 6】简答题（苏州大学）

（1）乙酰乙酸乙酯的制备实验所用仪器未经干燥处理，对实验有何影响？

【解答】金属钠非常活泼，极易与水发生反应，产生氢气，对实验带来危险；另外，使副产物增多，收率降低。

（2）加入 50％ 的醋酸和氯化钠饱和溶液的目的何在？

【解答】加入 50％ 的醋酸是将乙酰乙酸乙酯的钠盐转化为乙酰乙酸乙酯；乙酰乙酸乙酯在水中有微量的溶解，用氯化钠饱和溶液洗涤是为了降低乙酰乙酸乙酯在水中的溶解，减少乙酰乙酸乙酯在水中的流失。

（3）滴 2~3 滴产品于 2mL 水中，加 1 滴 1％ 的三氯化铁溶液，会发生什么现象？如何解释？

【解答】显色。乙酰乙酸乙酯可发生酮式结构和烯醇式结构的互变异构。

【例 7】简答题（厦门大学）

1. 所用仪器未经干燥处理对反应有什么影响，为什么？

2. 什么叫 Claisen 酯缩合反应，该缩合反应将得到什么产物？

3. 什么叫互变异构现象？如何用实验证明乙酰乙酸乙酯是两种互变异构的平衡物？

4. 本实验中加入 50％ 醋酸和饱和氯化钠溶液的目的何在？

【解答】

1. 钠会与水反应发生燃烧或爆炸，即使只有微量水也会与金属钠反应生成氢氧化钠，也会使乙酸乙酯水解影响缩合反应的进行。

2. 酯分子中的 a-C 上的 H 很活泼，遇某些碱性试剂时与另一分子酯失去一分子醇得到 β-氧代酯称为 Claisen 酯缩合反应。

3. 某些化合物中的一个官能团改变其结构转变成为另一官能团，形成官能团异构体并且两个官能团的异构体之间可迅速地互相转换处于一种动态平衡状态，这种现象称为互变异构现象。乙酰乙酸乙酯有酮式和烯醇式两种互变异构体，通过红外测定在谱图上能观察到 OH 的特征峰或乙酰乙酸乙酯可与三氯化铁产生显色反应或可使溴水褪色从而证明烯醇式存在。

4. 加醋酸使乙酰乙酸乙酯的钠盐变成乙酰乙酸乙酯，用氯化钠溶液洗去醋酸钠及醋酸同时降低乙酰乙酸乙酯在水中的溶解度减少产品的损失。

实验 25　甲基橙的制备

甲基橙（methyl orange）是指示剂，它由对氨基苯磺酸重氮盐与 N，N-二甲基苯胺的醋酸盐在弱酸性介质中偶合得到的。偶合首先得到的是嫩红色的酸式甲基橙，称为酸性黄，在碱中酸性黄转变为橙黄色的钠盐，即甲基橙。

一、实验目的

1）理解重氮化、偶合反应的原理及在合成中的应用。

2）掌握重氮化和偶合反应的操作方法及反应条件的控制。

3）巩固盐析和重结晶的原理和操作。

二、实验原理

酸式甲基橙（红色）

甲基橙

三、主要仪器和试剂

1. 仪器

烧杯；加热套；循环水真空泵；布氏漏斗；吸滤瓶；玻璃棒。

2. 试剂

对氨基苯磺酸；5%氢氧化钠；10%亚硝酸钠；浓盐酸；刚果红试纸；冰醋酸；盐酸 N，N-二甲基苯胺；10%氢氧化钠；氯化钠。

四、实验步骤

1. 对氨基苯磺酸重氮盐的制备

在 100mL 烧杯中，放入 2g 对氨基苯磺酸晶体和 4mL 5%氢氧化钠溶液，用加热套微热使之溶解。冷却至室温后，加入 8mL 10%亚硝酸钠溶液，在冰浴中冷却至 5℃以下。

在 150mL 烧杯中放入 10mL 6 mol/L 的盐酸和约 10g 冰屑，也在冰浴中冷却至 5℃以下。

将对氨基苯磺酸和亚硝酸钠的混合液在搅拌下分批滴入冰冷的盐酸溶液中，用刚果红试纸检验，始终保持反应液为酸性。使温度保持在 5℃以下很快就出现对氨基苯磺酸重氮盐的细粒状白色沉淀，为了保证反应完全，继续在冰浴中放置 15min。

2. 偶合

将 1.3mL *N*,*N*-二甲基苯胺和 1mL 冰醋酸溶液振荡使之混合。在搅拌下将此溶液慢慢加到上述冷却的对氨基苯磺酸重氮盐溶液中，加完后，继续搅拌 10min，此时有红色的酸性黄沉淀，然后，在搅拌下，慢慢加入约 15mL 10%氢氧化钠溶液，至反应物变为橙色，粗制的甲基橙呈细粒状沉淀析出。

将反应物加热至沸腾约 10~15min，使粗制的甲基橙溶解后，加入 5 g 氯化钠，不断搅拌下，继续加热至氯化钠全部溶解。然后，置于冰浴中冷却，待甲基橙全部重新结晶析出后，抽滤收集结晶。用饱和氯化钠溶液冲洗烧杯两次，每次 10mL，并用这些冲洗液洗涤产品。

若要得到较纯的产品，可将滤饼连同滤纸移到装有 75mL 热水的烧杯中，微微加热并且不断搅拌，滤饼几乎全部溶解后，取出滤纸，让溶液冷至室温，然后在冰浴中再冷却，甲基橙全部结晶析出后，抽滤至干。产品经干燥后，称重。

产品是一种盐，没有明确的熔点，因此不必测定其熔点。

溶解少许产品于水中，加几滴稀盐酸，然后用稀氢氧化钠溶液中和，观察溶液的颜色有何变化？

五、注释

1）对氨基苯磺酸是一种有机两性化合物，其酸性比碱性强，能形成酸性的内盐，它能与碱作用生成盐，难与酸作用成盐，所以不溶于酸。但是重氮化反应又要在酸性溶液中完成，因此，进行重氮化反应时，首先将对氨基苯磺酸与碱作用，变成水溶性较大的对氨基苯磺酸钠。

2）在重氮化反应中，溶液酸化时生成 HNO_2：

$$NaNO_2 + HCl \longrightarrow HNO_2 + NaCl$$

同时，对氨基苯磺酸钠亦变为对氨基苯磺酸从溶液中以细粒状沉淀析出，并立即与 HNO_2 作用，发生重氮化反应，生成粉末状的重氮盐：

为了使对氨基苯磺酸完全重氮化，反应过程中必须不断搅拌。

3）重氮反应过程中，控制温度很重要，反应温度若高于5℃，则生成的重氮盐易水解成苯酚，降低了产率。

4）用淀粉-碘化钾试纸检验，若试纸显蓝色表明 HNO_2 过量。

$$2HNO_2+2KI+2HCl \longrightarrow I_2+2NO+2H_2O+2KCl$$

析出的 I_2 遇淀粉就显蓝色。

这时应加入少量尿素除去过多的 HNO_2，因为 HNO_2 能起氧化和亚硝基化作用，HNO_2 的用量过多会引起一系列副反应。

$$H_2N-\underset{\underset{O}{\|}}{C}-NH_2 + 2HNO_2 \longrightarrow CO_2\uparrow+N_2\uparrow+3H_2O$$

5）粗产品呈碱性，温度稍高时易使产物变质，颜色变深，湿的甲基橙受日光照射亦会使颜色变深，通常可在65~75℃烘干。

例题解析

【例】简答题(厦门大学)

1. 什么叫偶联反应，试结合本实验讨论一下偶联反应的条件。二甲基苯胺为何在环的对位与重氮盐发生偶联？

2. 在本实验中，制备重氮盐时为什么要将对氨基苯磺酸变成钠盐，本实验如改成下列操作步骤：先将对氨基苯磺酸与盐酸混合，再滴加亚硝酸钠溶液进行重氮化反应，可以吗？

3. 在制备重氮盐中加入氯化亚铜将出现什么样的结果？

4. 试解释甲基橙在酸碱介质中的变色原因，并用反应式表示。

【解答】1. 略

2. 因为对氨基苯磺酸是酸性内盐，用碱把内盐转化为芳香伯胺才能与 $NaNO_2$，HCl 形成重氮盐。不行，因对氨基苯磺酸与盐酸混合仍得到对氨基苯磺酸内盐而不能产生芳香伯胺，不能制备重氮盐。

3. 会生成氯代苯。

4.

实验26 甲基叔丁基醚的制备

叔丁醇容易在酸催化下形成较稳定的碳正离子，与另一醇作用生成混醚，因此含有叔丁醇的混合醚可以通过叔丁醇与另一醇在酸催化下直接脱水制得。

随着日益严重的城市汽车废气造成的环境污染需要治理，传统的有毒的含铅、锰汽油将停止使用，取而代之的是含甲基叔丁基醚、乙基叔丁基醚的汽油。因甲基叔丁基醚(methyl *tert*-butyl ether)价格更低廉，是一种优良的抗震剂，对环境无污染，其应用更为广泛。

一、实验目的

1）学会制备甲基叔丁基醚的方法。

2）掌握通过分离水来提高产率的方法。

3）进一步巩固萃取、蒸馏等基本操作技术。

二、实验原理

以甲醇和叔丁醇为原料，硫酸为催化剂，均相催化合成甲基叔丁基醚。

主反应：$CH_3OH + HOC(CH_3)_3 \xrightarrow{15\%H_2SO_4} CH_3O{-}C(CH_3)_3 + H_2O$

副反应：$HOC(CH_3)_3 \xrightarrow{H^+} (CH_3)_2C{=\!\!=}CH_2 + H_2O$

三、主要仪器和试剂

1. 仪器

三口烧瓶；温度计；维氏分馏柱；直形冷凝管；加热套；分液漏斗；尾接管；接受器。

2. 试剂

甲醇；叔丁醇；15%硫酸；无水碳酸钠；金属钠。

四、实验步骤

在 250mL 三口瓶的中口装配一支分馏柱，侧口一装一支插到的接近瓶底的温度计，侧口二用塞子塞住。分馏柱顶上有温度计，其支管依次连接直型冷凝管，带支管的接引管和接收器，接引管的支管接一根长橡皮管通到水槽的下水管中，接收器用冰水浴冷却，见图 3-13。

在上述三口烧瓶中加入 90mL 15%硫酸，20mL 甲醇和 20mL 90%叔丁醇，混合均匀，投入几粒沸石。加热，当烧瓶中的液温达到 75~78℃时，产物便慢慢地分馏出来。仔细地调整加热量，使得分馏柱顶的蒸气温度保持在 51±2℃，收集 0.5~0.7mL/min 馏出液。当分馏柱顶的温度明显地上下波动时，停止分馏。全部分馏时间约 1.5h，共收集粗产物约 27mL。

将馏出液移入分液漏斗中，用水洗涤多次，每次用 5mL 水。当醇被除掉后，醚层清彻透明。分出醚层，用少量无水碳酸钠干燥。将醚转移到干燥

图 3-13　常压分馏装置

的回流装置中，加入 0.5~1g 金属钠，加热回流 0.5~1h。最后将回流装置改装为蒸馏装置，蒸出甲基叔丁基醚，收集 54~56℃的馏分。

产量：约 10g。

纯甲基叔丁基醚为无色透明液体，沸点 54℃，$d_4^{20} 0.7405$，$n_D^{20} 1.3689$。

五、注释

1）用叔丁醇 18.5g，加入 2mL 水，配成 90%的叔丁醇约 25mL。当制备量大时，叔丁醇

应分批(每次约 25mL)加入。

2)甲醇的沸点为 64.7℃，叔丁醇的沸点为 82.6℃，叔丁醇与水的恒沸混合物(含醇 88.3%)的沸点为 79.9℃，所以分馏时温度应尽量控制在 51℃左右(是醚和水的恒沸混合物)，不超过 53℃为宜。

3)分馏后期，馏出速度大大减慢，此时略微调节火焰大小，柱顶温度会随之大幅度地波动，这说明反应瓶中甲基叔丁基醚已基本蒸出。此时反应瓶中的温度大约升到 95℃左右。

4)为了除去其中所含的醇，需要重复洗涤 4~5 次。洗涤至所加水的体积在洗涤后不再增加为止。如果增大制备量，洗涤的次数还要多。

例题解析

【例 1】本实验为何要采用分馏装置？

【解答】蒸馏是分离液态有机化合物的常用方法，只有被分离组分的沸点差别较大时，才能用蒸馏法充分分离。对于沸点接近的混合物，一次普通蒸馏是不能把各组分分开的，只有经过分段多次蒸馏才能逐渐把各组分分开。分馏就是借助于分馏柱使一系列的蒸馏无需多次重复，一次性得以完成的蒸馏，分馏和蒸馏的原理一样。将液态有机混合物加热至沸腾，当蒸汽进入分馏柱时，被柱外空气冷凝，发生部分冷凝，混合蒸气中的高沸点组分大部分被冷却为液体，流回烧瓶，沸点低、易挥发组分继续上升，所以上升的蒸气中含有易挥发的组分量较大，被冷凝的液体中含有高沸点组分量较大。在分馏柱中冷凝液回流过程中，上升的蒸气与下降的冷凝液接触时，上升的蒸气部分冷凝放出热量使下降的冷凝液部分气化，两者之间发生热量交换，其结果使得上升蒸气中易挥发组分不断增加，而下降的冷凝液中高沸点组分不断增加，如果继续多次，就等于进行了多次的气液平衡，即达到了多次蒸馏的效果。靠近分馏柱顶部易挥发组分的比率高，而在烧瓶里高沸点组分的比率高。只要分馏柱足够长，就可以将各种组分完全彻底分开。本实验中，控制烧瓶内液体温度为 85~90℃，分馏柱中的混合蒸气含有甲醇(沸点 64.7℃)和甲基叔丁基醚(沸点 55.2℃)以及少量叔丁醇(沸点 82.6℃)等，通过选择分馏柱长度，控制馏出速度，收集 40~60℃之间的馏出物，产品基本上就是甲基叔丁基醚。

【例 2】反应过程中，为何要严格控制馏出温度，馏出速度过快或馏出温度过高，会对反应带来什么影响？

【解答】甲醇的沸点为 64.7℃，叔丁醇的沸点为 82.6℃，叔丁醇与水的恒沸混合物(含醇 88.3%)的沸点为 79.9℃，所以分馏时温度应尽量控制在 51℃左右(是醚和水的恒沸混合物)，不超过 53℃为宜。由于甲醇与甲基叔丁基醚沸点接近，如果加热太猛，馏出速度过快，分馏柱内温度梯度变小，或者分馏柱长度不够，就会很容易将甲醇随同甲基叔丁基醚一起蒸出。

【例 3】醚化反应时为何用 15%硫酸？用浓硫酸可不可以？

【解答】甲醇和叔丁醇经硫酸催化脱水时，后者较易脱水形成较稳定的叔丁基碳正离子(叔醇>仲醇>伯醇)，再与甲醇经 S_N1 反应生成甲基叔丁基醚，由于第一步比较容易发生，所以用稀硫酸催化反应即可。

不可以用浓硫酸。使用浓硫酸催化时，副反应多，产物复杂，收率低，例如浓硫酸可催化甲醇脱水形成甲醚，反应方程式如下所示。

$$CH_3OH + CH_3OH \xrightarrow[\triangle]{H_2SO_4} CH_3OCH_3 \uparrow + H_2O$$

本实验用 15%硫酸催化时，80~85℃反应条件下，甲醚很少生成。

叔丁醇分子内脱水生成异丁烯，反应方程式如下所示。

$$(CH_3)_3COH \xrightarrow[\triangle]{H_2SO_4} CH_2 =\!\!=\!\!= C(CH_3)_2 \uparrow + H_2O$$

叔丁醇脱水生成异丁烯的反应条件是 20%硫酸催化、85~90℃反应，在本实验 15%稀硫酸催化、80~85℃反应条件下，甲醇严重过量(前期甲醇与叔丁醇物质的量比高达 10∶1，后期更高)，叔丁醇离解生成的叔丁基碳正离子可以迅速且充分地与甲醇反应生成甲基叔丁基醚，并及时蒸馏出来，所以异丁烯的生成也较少。

叔丁醇可能分子间脱水生成叔丁醚，反应方程式如下所示。

$$(CH_3)_3COH + (CH_3)_3COH \xrightarrow[\triangle]{H_2SO_4} (CH_3)_3COC(CH_3)_3 + H_2O$$

叔丁基碳正离子空间位阻很大，在甲醇严重过量的条件下，叔丁醇很难亲核进攻到叔丁基碳正离子，也就很难生成叔丁醚。

【例 4】用金属钠回流的目的是什么？如果不进行这一步处理，而将干燥后的醚层直接蒸馏，对结果会有什么影响？

【解答】经过除杂的主产物甲基叔丁基醚中，还会存在微量尚未除去的醇类和水，实验中通过金属钠回流彻底去除，直到金属钠不发生反应放出氢气为止，否则得不到无水无醇的甲基叔丁基醚。

实验 27　季铵盐的制备

季铵盐(Quaternary-N)是一类重要的化合物，在有机合成中常被用作相转移催化剂；在工业上是一种重要的阳离子表面活性剂。常用的季铵盐合成方法有两种：①从伯、仲、叔胺制取季铵盐；② 低级叔胺与卤代烷反应制取季铵盐。

一、实验目的

1）了解季铵盐的主要性质和用途。

2）掌握氯化苄基三乙铵(N-Benzyl-N, N, N-triethyl aminium)(TEBA)的合成原理和方法。

二、实验原理

$$C_6H_5CH_2Cl + (C_2H_5)_3N \longrightarrow C_6H_5CH_2N^+(C_2H_5)_3Cl^-$$

三、主要仪器和试剂

1. 仪器

圆底烧瓶；球形冷凝管；锥形瓶；电热套；抽滤装置。

2. 试剂

氯苄；三乙胺；丙酮；1,2-二氯乙烷

四、实验步骤

方法 1

在 100mL 干燥的圆底烧瓶中加入 8mL 氯苄、12mL 三乙胺和 30mL 丙酮。加入沸石，装配回流装置，加热回流约 3 h，注意控制回流速度。

停止加热，反应液冷却后有结晶析出，抽滤，尽量挤干液体。晶体用少量丙酮洗涤两次后干燥，称量。

方法 2

取 5g（约 7mL）三乙胺、6g（约 6mL）苄基氯、20mL 1，2-二氯乙烷放入一个装有电动搅拌器、回流冷凝器及温度计的 100mL 三口瓶中。在搅拌下，于水浴上加热反应物至微沸，保持回流 2 h。反应完成后，用冷水浴将反应物冷至室温，很快析出白色针状结晶，放置片刻，过滤，用 20mL 二氯乙烷分两次冲洗，抽干，烘干，称重，测熔点（纯产物熔点为 186℃）。

五、注释

1）反应液回流速度要慢，避免三乙胺挥发，也可将反应物混匀后塞紧瓶塞，放置一星期。

2）产物极易吸水，应放在真空干燥器内干燥。

例题解析

【例】溶剂的作用有哪些？

【解答】溶剂的作用是调节极性和控制反应温度。除了用丙酮、1，2-二氯乙烷做溶剂外，还可用石油醚、丙醇、水、无水乙醇、DMF、甲苯、氯仿、环己烷等。极性溶剂对提高反应收率有利，反应温度升高产率增加，但反应达到 120℃ 以上时，产物分解明显。

实验 28　环己醇的制备

最近几十年中，有机化学发展比较迅速的领域之一是有机硼化学。有机硼可以通过硼烷 BH_3（通常以二聚体乙硼烷 B_2H_6 的形式存在）与烯烃或炔烃加成得到。有机硼可以发生一系列反应，其中许多具有合成价值。乙硼烷在有机化学中最重要的应用是通过与烯烃或炔烃加成制备烷基硼或乙烯基硼，这个反应受到醚的催化，可用于各种结构的烯烃。这种加成在室温下就可以很快地进行，但高度空阻的烯烃不发生反应。乙硼烷与烯烃加成时，硼原子主要加成在取代较少的碳原子上，反应是立体选择性的，发生顺式加成。

硼氢化反应的有用性主要归因于生产的中间体有机硼能够发生一系列转变，得到多种不同的产物。其中最重要的一个反应是有机硼氧化成醇，这个反应可以用碱性过氧化氢进行。得到的产物相当于水对烯烃的反马氏加成产物，且产生的醇保持硼烷原有的立体化学特征，即产生的醇相当于水对烯烃的顺式加成。因此这个方法与烯烃的酸催化水合是互为补充的。总之，硼氢化反应操作简便，条件温和，反应迅速，立体选择性，在有机合成上具有重要的意义。

一、实验目的

1）学习进行硼氢化反应的方法。

2）了解氢化反应的特点。

二、实验原理

$$3NaBH_4 + 4BF_3 \longrightarrow 3NaBF_4 + 2B_2H_6$$

三、主要仪器和试剂

1. 仪器

250mL 三口瓶；冷凝管；恒压滴液漏斗；温度计；分液漏斗；锥形瓶。

2. 试剂

硼氢化钠；环己烯；四氢呋喃；三氟化硼-乙醚络合物；3mol/L 氢氧化钠溶液；30%过氧化氢；饱和氯化钠水溶液；无水硫酸镁。

四、实验步骤

在装有搅拌、恒压滴液漏斗及温度计的 250mL 三口瓶中，加入 1.3 g（0.031mol）粉状硼氢化钠、8.2g（0.1mol）环己烯、50mL 四氢呋喃。在滴液漏斗中加入 5.1mL（5.7g，0.04mol）三氟化硼-乙醚络合物和 10mL 四氢呋喃，混合均匀。开动搅拌，用水浴将反应物保持在 25℃，极缓慢地滴加三氟化硼-乙醚络合物的四氢呋喃溶液，使反应温度保持在 24~26℃，在大约 1h 期间滴完，在 24~26℃继续搅拌 30min。

反应完成后，从滴液漏斗慢慢滴入 5mL 水，约 10min 滴完，继续搅拌 10min。滴加 11mL 3mol/L 氢氧化钠溶液（1~2min），将反应温度升温至 30℃缓慢滴加 11mL 30%过氧化氢溶液，控制加入速度，以便反应放出的热使温度保持在 30~32℃，也可以用冷水浴冷却，约 25min 加完，在 30~32℃继续搅拌 1h。

用冷水将反应物冷却至室温，加入氯化钠使溶液饱和，分出有机层，水层用 20mL 四氢呋喃提取，分出有机层，合并有机层，用 40mL 饱和氯化钠水溶液洗两次，分出有机层，用无水硫酸镁干燥。干燥后的溶液用水浴加热蒸去溶剂，将残留液（黄色，约 20mL）移入 50mL 蒸馏瓶中，改用油浴（或石棉网）加热蒸馏，收集 150~159℃馏分。

五、注释

1）所有的反应仪器必须充分干燥，恒压滴液漏斗顶端须装置氯化钙干燥管。

2）环己烯使用前要通过蒸馏纯制，弃去混浊的初馏分，收集 83~83.5℃的馏分。

3）四氢呋喃在使用前要经过严格处理，首先用无水氯化钙干燥再用金属钠干燥，然后在严格干燥的装置中蒸馏。

4）三氟化硼-乙醚络合物使用前需要蒸馏，在蒸馏前最好加入 2%（体积）干燥的乙醚，蒸馏在减压下进行，收集 46℃/10mmHg 馏分。

例题解析

【例】为什么第一步反应要在严格无水的条件下进行？

【解答】硼氢化钠为白色粉末，容易吸水潮解。三氟化硼-乙醚络合物的化学成分为三氟化硼 47%、乙醚 53%，常温常压下为淡黄色或者无色透明发烟液体，有刺激味。溶于水，与水反应。遇水或置于潮湿空气中时立即分解，产生剧毒的 氟化氢烟雾。所以第一步反应要在严格无水的条件下进行。

实验 29　7,7-二氯双环[4.1.0]庚烷的制备

相转移催化技术在近 10 年来愈来愈受到人们的广泛关注，有的已在工业上得到了推广，特别是在某些高分子合成农药和医药的某些昂贵的产品的合成、卡宾的制备和应用等领域中。相转移催化是 20 世纪 70 年代以来在有机合成中应用日趋广泛的一种新的合成技术。在有机合成中常遇到非均相有机反应，这类反应通常速度慢，收率低。但如果用水溶性无机盐，用极性小的有机溶剂溶解有机物，并加入少量(0.05mol 以下)的季铵盐或季磷盐，反应则很容易进行，这类能促使提高反应速度并在两相间转移负离子的鎓盐，称为相转移催化剂。相转移催化剂的存在，可以与水相中的离子结合(通常情况)，并利用自身对有机溶剂的亲和性，将水相中的反应物转移到有机相中，促使反应发生。相转移催化法的研究，其关键在于相转移催化剂的选择和应用。在这个实验中，以三乙基苄基氯化铵(TBAB)为相转移催化剂，研究了氯仿在碱作用下生成的二氯卡宾与环己烯的加成反应。

一、实验目的

1) 了解卡宾反应制备 7, 7 - 二氯双环[4.1.0]庚烷(7, 7 - dichlorodicyclo[4.1.0]heptane)的原理和方法。

2) 了解相转移催化的机理。

3) 熟练掌握减压蒸馏装置及操作方法。

二、实验原理

卡宾(carbene)是通式为 R_2C: 的中性活性中间体的总称，具有很强的亲核性，与碳碳双键发生加成反应生成环丙烷及其衍生物。卡宾通常由含有容易离去基团的分子消去一个中性分子而形成，与碳自由基一样，属于不带正负电荷的中性活泼中间体。卡宾中含有一个电中性的二价碳原子，在这个碳原子上有两个未成键的电子。

卡宾的制备方法很多，常用的有两种：一种是重氮化合物光解或热分解；另一种是通过 α-消去反应。多卤代烷在碱的作用下，消除 α 氢，得多卤代烷基负离子，此负离子不稳定，再消除一个卤离子，就得卡宾。这是 α 消除反应。

卡宾在有机合成中有广泛的应用，主要用于增长碳链制取小环烷烃及多环化合物。

本实验就是利用 $CHCl_3$ 和水反应生成卡宾，与环己烯反应制备目标产物。反应式 $CHCl_3 + HO^- \longrightarrow H_2O + {}^-CCl_3$，在水相中生成的 ${}^-CCl_3$ 很快在相转移催化剂 TEBA 的作用下转入有机相，并分解成：CCl_2，此中间体在有机溶剂中立即与环己烯发生加成反应，生成 7, 7-二氯双环[4.1.0]庚烷。若没有相转移催化剂存在，：CCl_2 很快和 HO^- 反应，几乎完全生成 $HCOO^-$ 和 CO。

三、主要仪器和试剂

1. 仪器

100mL 三颈烧瓶；机械搅拌器；球形冷凝管；滴液漏斗；分液漏斗；温度计；烧杯；锥形瓶；加热套；减压蒸馏装置

2. 试剂

乙醚；三乙基苄基氯化铵（TEBA）；氯仿（无乙醇）；环己烯；氢氧化钠（5%）；盐酸（2mol/L）；无水硫酸镁。

四、实验步骤

在 100mL 三颈烧瓶中安装滴液漏斗、温度计、机械搅拌装置和回流冷凝管。在三口瓶中依次加入 10.1mL 环己烯、0.5 g TEBA 和 30mL 氯仿。开动搅拌，由冷凝管上端的滴液漏斗以较慢的速度滴加配好的氢氧化钠溶液，约 15min 滴完。反应物的颜色逐渐变为橙黄色。滴完后，缓慢加热回流，保持温度在 50~55℃左右，继续搅拌 1h。

将反应物冷至室温，加 60mL 水稀释后转入分液漏斗，分出有机层（如两界上有絮状物，可过滤），水层用 25mL 乙醚提取一次，合并醚层和有机层，用等体积的水洗涤两次，无水硫酸镁干燥。

干燥后的溶液先蒸去乙醚和氯仿，然后安装减压蒸馏装置进行减压蒸馏，收集产品。也可常压蒸馏收集 185~190℃的馏分。

产量：8g 左右。

7,7-二氯双环[4.1.0]庚烷为无色液体，bp 为 197 ℃，n_D^{20} 1.5014。

五、注释

1）实验应使用无乙醇的氯仿。为防止氯仿分解产生光气，常加入少量乙醇作为稳定剂，在用时应该除去。方法是：用等体积的水洗涤氯仿 2~3 次，并用无水氯化钙干燥数小时后进行蒸馏。

2）盛碱的滴液漏斗用完立即洗净，以防活塞被腐蚀粘结。

3）实验中搅拌使两相接触进行反应，如果一开始就强烈搅拌，反应过于剧烈，温度上升太快，容易冲过 70℃，反应液的颜色会加深。应等反应平稳后再加快搅拌。

4）反应温度不宜过高或过低，温度过高，絮状物增多，不利于分离；温度过低，反应慢，产率也会降低。

5）分液时，不要用力振摇分液漏斗，以免严重乳化，影响分离，要充分静止。

六、思考题

1）相转移催化剂起什么作用？

2）反应中为什么用大大过量的氯仿？

3）分液时，若出现乳化现象，应怎样破乳？

例题解析

【例 1】相转移催化剂起什么作用？

【解答】相转移催化剂能加速或者能使分别处于互不相溶的两种溶剂（液−液两相体系或固−液两相体系）中的物质发生反应。反应时，催化剂把一种实际参加反应的实体（如负离子）从一相转移到另一相中，以便使它与底物相遇而发生反应。相转移催化作用能使离子化合物与不溶于水的有机物质在低极性溶剂中进行反应，或加速这些反应。

【例 2】反应中为什么用大大过量的氯仿？

【解答】因为实验要保持温度恒定在 50~55℃，而氯仿的沸点为 62℃，过量氯仿可防止因挥发而导致的反应不充分。

【例3】氯卡宾是一种活性中间体，容易与水作用，本实验在有水存在下为什么二氯卡宾可以和烯烃发生加成反应？

【解答】因为生成的氯卡宾在相转移催化剂的作用下很快转移到有机相中，从而避免了与水的反应。

【例4】分液时，若出现乳化现象，应怎样破乳？

【解答】可以采取以下办法。如果乳化不严重的话，将乳化层从下口放入锥瓶，加适量的饱和 NaCl 溶液即可破乳；如果乳化严重的话，再分离一次；也可将乳化层用滤纸过滤一次；直立转动分液漏斗来缩短破乳时间。

实验30　黄连中黄连素的提取及紫外光谱分析

几个世纪以来人类对存在于自然界的有机化合物——天然有机化合物一直具有极大的兴趣。人类利用天然有机化合物来减轻疼痛和治疗疾病，提供衣着及所需的各色染料，调味食品等。植物、微生物、海洋生物是十分重要的天然资源，人类从这些资源中获得自己所需的各种各样的天然有机化合物。然而要从这些资源中提取纯品是一件十分困难的事情，因为即使是最简单的植物、微生物和海洋生物也是有机化合物的混合物。

天然有机化合物通常以萃取方法从天然物中提取而获得，一般方法可归纳如下：将植物或微生物等研磨成均匀细粒，然后用溶剂或混合溶剂萃取。所用的溶剂应能溶解所需的物质。如为挥发性天然产物，可用气相层析进行鉴定和分离。但大多数天然产物是难挥发的，所以常需要把萃取溶剂用蒸馏的方法除去，除去萃取溶剂后得到的残液往往是油状或胶状物质，需进一步处理以使混合物分成各种组分，例如可用酸或碱处理使碱性或酸性组分从中性物质中分出；稍微能挥发的化合物则可将残液用水蒸气蒸馏使其与非挥发性物质分开。有些天然产物的纯品为结晶形化合物，在除去溶剂时沉淀即从溶液中析出。

下面将通过"黄连素(Berberine)的提取"实验展示如何从植物中分离纯化得到一种纯的天然产物的全过程，了解各种有机实验操作技术是如何巧妙结合来完成一项实际的科研工作的。

一、实验目的

1）通过从黄连中提取黄连素，掌握回流提取的方法。

2）学习掌握紫外吸收光谱的原理和应用范围。

3）了解紫外可见分光光度计的工作原理，学习仪器的使用方法。

二、实验原理

黄连为我国特产药材之一，又有很强的抗菌力，对急性结膜炎、口疮、急性细菌性痢疾、急性肠胃炎等均有很好的疗效。黄连中含有多种生物碱，以黄连素(俗称小蘗碱 Berberine)为主要有效成分，随野生和栽培及产地的不同，黄连中黄连素的含量约 4%~10%。含黄连素的植物很多，如黄柏、三颗针、伏牛花、白屈菜、南天竹等均可作为提取黄连素的原料，但以黄连和黄柏中的含量为高。

黄连素是黄色针状体，微溶于水和乙醇，较易溶于热水和热乙醇中，几乎不溶于乙醚，黄连素存在三种互变异构体，但自然界多以季铵碱的形式存在。黄连素的盐酸盐、氢碘酸盐、硫酸盐、硝酸盐均难溶于冷水，易溶于热水，其各种盐的纯化都比较容易。

(醇式)　　　　　　　　　(醛式)

(季铵碱式)

分子吸收紫外或可见光后，能在其价电子能级间发生跃迁。有机分子中有三种不同性质的价电子：成键的 $\sigma \to \sigma^*$、$n \to \sigma^*$、$\pi \to \pi^*$、$n \to \pi^*$。不同分子因电子结构不同而有不同的电子能级和能级差，能吸收不同波长的紫外光，产生特征的紫外吸收光谱。所以，紫外及可见吸收光谱能用于有机化合物结构鉴定，它主要能提供有机物中电子结构方面的信息。在相同的测定条件下，指定波长处的吸光度值与物质的浓度成正比，因此紫外吸收光谱也能用于定量分析。

检测和记录紫外及可见吸收光谱的仪器称作紫外可见光谱仪。一般的紫外可见分光光度计检测范围在 190~800 nm。由于 $\sigma \to \sigma^*$、$n \to \sigma^*$ 两种电子跃迁所需的能量较大，只能吸收波长较短(小于 200 nm)的远紫外光，不能为普通的紫外可见分光光度计所检测，所以紫外光谱有较大的局限性。绝大部分饱和化合物在紫外和可见区域不产生吸收信号，但具有共轭双键的化合物或芳香族化合物能产生强吸收，是紫外光谱主要研究对象。黄连素的分子结构中含有取代的苯环和异喹啉环，所以能用紫外光谱法测定。

三、主要仪器和试剂

1. 仪器

10mL 烧瓶；冷凝管；蒸馏头；1mL 吸量管；布氏漏斗；抽滤瓶。

2. 试剂

黄连；95% 乙醇；浓盐酸；1% 乙酸。

四、实验步骤

称取 10g 切碎、磨烂的中药黄连，放入 100mL 鸡心瓶中，加入 50mL 乙醇，装上回流冷凝管，加热回流 2 h，冷却，静置，抽滤。滤液在蒸馏装置中蒸出乙醇(注意回收)，直到呈棕红色糖浆状。

加入 30mL 1% 醋酸于糖浆状滤液中。加热使其溶解，抽滤以除去不溶物，然后于溶液中滴加浓盐酸，至溶液混浊为止(约需 10mL)，放置冷却(最好用冰水冷却)，即有黄色针状体的黄连素盐酸盐析出(如晶体不好,可用水重结晶一次),抽滤,结晶用冰水洗涤两次,烘干产品用电子天平称量。纯黄连素为黄色针状晶体。

将产品在 UV1100 型紫外可见分光光度计中进行紫外及可见吸收光谱的测定。

五、注释

1) 黄连素的提取回流要充分。

2) 最好用冰水浴冷却。

3) 滴加浓盐酸前,不溶物要去除干净,否则影响产品的纯度。

4) 得到纯净的黄连素晶体比较困难。将黄连素盐酸盐加热至刚好溶解,煮沸,用石灰乳调节 pH=8.5~9.8,冷却后滤去杂质,滤液继续冷却到室温以下,即有针状体的黄连素析出,抽滤,将结晶在 50~60 ℃下干燥,熔点 145 ℃。

5) 在测定样品的紫外吸收光谱之前,必须对空白样品(即纯溶剂)进行基线校正,以消除溶剂吸收紫外光的影响。用同一种溶剂连续测定若干个样品时,只需做一次基线校正。因为校正数据能自动保存在当前内存中,可供反复使用。

例题解析

【例1】黄连为何种生物碱类化合物?

【解答】黄连为毛茛科草本植物黄连、三角黄连的根,根茎含多种生物碱,主要成分是黄连素,约为 5%~8%。黄连素又称小檗碱、黄连素碱,是从黄连、黄柏、三颗针等植物中提取的生物碱。其结构式为:

(黄连素的季铵碱式)

【例2】紫外光谱适合于分析哪些类型的化合物?

【解答】紫外光谱一般指近紫外区,即 200~400nm,那么就只能观察 $\pi \rightarrow \pi^*$ 和 $n \rightarrow \pi^*$ 跃迁。也就是说紫外光谱只适用于分析分子中具有不饱和结构的化合物。

【例3】紫外吸收光谱在分析上有哪些应用?

【解答】①有机化合物的定性分析,通过测定物质的最大吸收波长和吸光系数,或者将未知化合物的紫外吸收光谱与标准谱图对照,可以确定化合物的存在。②推断有机化合物的结构。③化合物纯度。④有机化合物、配合物或部分无机化合物的定量测定,其原理为利用物质的吸光度与浓度之间的线性关系来进行定量测定。

实验31 无水乙醇及绝对无水乙醇的制备

有机化学实验离不开有机溶剂,溶剂不仅作为反应介质,在产物纯化和后处理中也经常使用。市售的有机溶剂有工业级,化学纯,分析纯等各种规格,纯度越高,价格越贵。在有机合成中,常根据反应的特点和要求,使用不同规格的有机溶剂,以便使反应能够顺利地进行而又符合节约的原则。某些反应(如格氏反应等)对溶剂纯度要求较高,即使微量的杂质或水分的存在,也会对反应的速率,产率以及产物的纯度带来一定的影响。

由于有机合成中使用的溶剂量都比较大,若仅靠购买市售的纯品,不仅价格较贵,有时也不一定能满足反应的要求。因此了解有机溶剂性质和纯化方法是十分重要的。同时，有机溶剂的纯化也是有机合成工作中的一项基本操作。

一、实验目的

1）掌握回流及蒸馏操作技术。

2）了解乙醇的纯化原理和方法。

3）掌握无水操作的基本方法。

二、实验原理

由于乙醇和水形成共沸物，故含量为 95.5% 的工业乙醇尚含有 4.5% 的水。若要得到含量较高的乙醇，在实验室中加入氧化钙（生石灰）加热回流，使乙醇中的水与氧化钙作用，生成不挥发的氢氧化钙来除去水分。这样制得的无水乙醇（absolute alcohol, anhydrous ethanol），其纯度最高可达 99.5%，能够满足一般实验的使用。

$$CaO + H_2O \longrightarrow Ca(OH)_2$$

如要得到纯度更高的绝对乙醇，可用金属镁或金属钠进行处理。

$$Na + H_2O \longrightarrow NaOH$$

$$C_2H_5OH + Mg \longrightarrow Mg(C_2H_5OH)_2 + H_2$$

$$Mg(C_2H_5OH)_2 + H_2O \longrightarrow C_2H_5OH + Mg(OH)_2$$

三、主要仪器和试剂

1. 仪器

100mL 鸡心瓶；回流冷凝管；干燥管；蒸馏头；温度计（150℃）；蒸馏烧瓶。

2. 试剂

95% 乙醇 50mL；生石灰（氧化钙）10g；氯化钙；高锰酸钾；无水硫酸铜；稀盐酸；金属钠 0.25g；99% 的乙醇 25mL；邻苯二甲酸二乙酯 1g；99.5% 乙醇 10mL；镁条或镁屑 0.6g；碘片少许。

四、实验步骤

无水乙醇（含量 99.5%）的制备

1）在 100mL 鸡心瓶中，放置 50mL 95% 的乙醇和 10g 生石灰，装上回流冷凝管，其上端接一无水 CaCl_2 干燥管。回流加热 2～3h。

2）稍冷后取下冷凝管，改成蒸馏装置。蒸去前馏分后，用干燥的吸滤瓶或蒸馏瓶作接受器，其支管接一无水 CaCl_2 干燥管，使之与大气相通。蒸馏至几乎无液滴流出为止。称量无水乙醇的质量或量其体积，计算回收率。

3）取一支小试管，里面放一小粒高锰酸钾或少量无水硫酸铜粉末，迅速滴入几滴蒸馏后的无水乙醇，塞住试管口。观察乙醇是否变为紫红色或蓝色，如果没有变化说明含水量低，产品质量符合要求。由于乙醇吸水很快，所以检验时动作要快。高锰酸钾比无水硫酸铜灵敏。

绝对乙醇（含量 99.95%）的制备

1）用金属钠制取：在 100mL 鸡心瓶中，放置 0.25g 金属钠和 25mL 纯度至少为 99% 的乙醇，加入几粒沸石。加热回流 30min 后，加入 1g 邻苯二甲酸二乙酯，再回流 10min。取下冷凝管，改成蒸馏装置，按收集无水乙醇的要求进行蒸馏。产品储于带有橡皮塞的容器中。

2）用金属镁制取：在 100mL 鸡心瓶中，放置 0.6g 干燥的镁条（或镁屑）和 10mL 99.5%

133

乙醇。在水浴上微热后，移去热源，立即投入几小粒碘片(注意此时不要摇动)，不久碘粒周围即发生反应，慢慢扩大，最后可达到相当激烈的程度。当全部镁条反应完毕后，加入50mL 99.5 % 乙醇和几粒沸石，回流加热 1h。取下冷凝管，改成蒸馏装置，按收集无水乙醇的要求进行蒸馏。产品储于带有橡皮塞的容器中。

纯乙醇的沸点为 78.5℃，折射率 n_D^{20} 1.3611。

五、注释

1）本实验中所用仪器均需彻底干燥。由于无水乙醇具有很强的吸水性，故操作过程中和存放时必须防止水分浸入。

2）一般用干燥剂干燥有机溶剂时，在蒸馏前应先过滤除去。但氧化钙与乙醇中的水反应生成的氢氧化钙，因在加热时不分解，故可留在瓶中一起蒸馏。

3）取用金属钠时应使用镊子，先用双层滤纸吸去沾附在金属钠上的溶剂油后，用小刀切去其表面的氧化层，再切成小条。切下来的钠屑应放回原瓶中，切勿与滤纸一起投入废物缸内，并严禁将大量金属钠与水接触，以免引起燃烧爆炸事故。

4）加入邻苯二甲酸二乙酯的目的是利用它能与氢氧化钠进行如下反应：

因此消除了氢氧化钠，促使乙醇钠再和水作用，这样制得的乙醇可达到极高的纯度。

5）所用乙醇的水分不能超过 0.5%，否则反应相当困难。

6）碘粒可加速反应进行，如果加碘粒后仍不开始反应，可再加几粒，若反应仍很缓慢，可适当加热促使反应进行。

例题解析

【例1】制备无水试剂时应注意什么事项？为什么在加热回流和蒸馏时冷凝管的顶端和接受器支管上要装置氯化钙干燥管？

【解答】制备无水试剂时应注意：

（1）实验仪器充分干燥，反应物和试剂都要新制（干燥，蒸馏），反应装置须在回流管顶端安装一个装有干燥剂的球形干燥管；

（2）回流和蒸馏时，装置中各连接部分不能漏气；

（3）整个系统不能封闭，开口处应装有干燥剂的干燥管；

（4）干燥剂不能装的太紧，尤其是装干燥剂时用的脱脂棉不能太多也不能堵得太紧；

（5）要加止爆剂。

因大气中有少量水汽，为防止水汽的侵入，在回流和蒸馏时，与大气相通的管口都必须装上有干燥剂的干燥管。

【例2】用 200 毫升工业乙醇(95%)制备无水乙醇时，理论上需要氧化钙多少克？

【解答】有关反应式如下：

$$CaO \; + \; H_2O \Longrightarrow Ca(OH)_2$$

$$\begin{array}{ccc} 56 & 18 & 74 \\ x & 100 \times 0.8042 \times 5\% & \end{array}$$

$$x = 12.5g$$

理论上需要氧化钙 12.5 克。

【例 3】在无水乙醇制备过程中回流有什么作用？为什么在回流装置中一般要用球形冷凝管？

【解答】要使乙醇中少量的水能与氧化钙充分作用，需要较长时间的加热。由于乙醇是很容易挥发的有机物(bp 78℃)，为了尽量减少乙醇的蒸发损失，确保产率以及避免因其易燃造成事故，利用回流可以使反应过程中产生的蒸气经冷凝管的冷凝返回反应瓶中。

一般回流装置都用球形冷凝管，因为球形冷凝管的表面积大，冷凝效果好。

【例 4】工业上是怎样制备无水乙醇的？

【解答】无水乙醇传统的制备方法主要有萃取精馏、分子筛脱水、膜分离、共沸精馏等。

【例 5】简答题(厦门大学)

1. 蒸馏有何应用，恒沸混合物能否用蒸馏法分离？

2. 在蒸馏装置中，把温度计水银球插至液面上或温度计水银球上端在蒸馏头侧管下限的水平线以上或以下，是否正确，为什么？

3. 蒸馏前加入沸石有何作用，如果蒸馏前忘记加沸石，能否立即将沸石加至将近沸腾的液体中，当重新进行蒸馏时，用过的沸石能否继续使用？

【解答】1. 蒸馏过程主要应用如下：

(1) 分离沸点有显著区别(相差 30℃以上)的液体混合物。

(2) 常量法测定沸点及判断液体的纯度。

(3) 除去液体中所夹杂的不挥发性的物质。

(4) 回收溶剂或因浓缩溶液的需要而蒸出部分的溶剂。

恒沸混合物不能用蒸馏法分离。

2. 都不正确。温度计水银球上端应与蒸馏头侧管的下限在同一水平线上，以保证在蒸馏时水银球完全被蒸气所包围，处于气液共存状态，才能准确测得沸点。

3. 蒸馏前加入沸石的作用是引入汽化中心，防止液体过热暴沸，使沸腾保持平稳。如果蒸馏前忘记加沸石，决不能立即将沸石加至将近沸腾的液体中，因为这样往往会引起剧烈的暴沸泛液，也容易发生着火等事故。应该待液体冷却至其沸点以下，再加入沸石为妥。当重新进行蒸馏时，用过的沸石因排出部分气体，冷却后孔隙吸附了液体，因而可能失效，不能继续使用，应加入新的沸石。

实验 32　阿司匹林的制备

阿司匹林是一种解热镇痛药，化学名为 2-(乙酰氧基)苯甲酸(acetylsalicylic acid)。它的化学结构为乙酰水杨酸，可由乙酐或乙酰氯与水杨酸合成制备。本品为白色结晶或结晶性粉末。臭或微带醋酸臭，味微酸，遇湿气即缓缓水解。易溶于乙醇、乙醚或氯仿，微溶于水和无水乙醚，溶解于氢氧化钠溶液或碳酸钠溶液中。熔点(mp)135℃。

一、实验目的

1) 熟悉酚羟基酰化反应的原理，通过乙酰水杨酸制备，初步了解有机合成中乙酰化反应原理及方法。

2) 掌握重结晶、减压过滤、洗涤、干燥、熔点测定等基本实验操作。

二、实验原理

水杨酸分子中含羟基(—OH)、羧基(—COOH)，具有双官能团。本实验采用以强酸如硫酸为催化剂，以乙酐为乙酰化试剂，与水杨酸的酚羟基发生酰化作用形成酯。反应如下：

引入酰基的试剂叫酰化试剂，常用的乙酰化试剂有乙酰氯、乙酐、冰乙酸。本实验选用经济合理而反应较快的乙酐作酰化剂。

在生成乙酰水杨酸的同时，同时可能发生以下副反应：

水杨酸分子之间也可以发生缩合反应，生成少量的聚合物。乙酰水杨酸能与碳酸钠反应生成水溶性盐，而副产物聚合物不溶于碳酸钠溶液，利用这种性质上的差异，可把聚合物从乙酰水杨酸中除去。

粗产品中还有杂质水杨酸，这是由于乙酰化反应不完全或由于在分离步骤中发生水解造成的。它可以在各步纯化过程和产物的重结晶过程中除去。与大多数酚类化合物一样，水杨酸可与三氯化铁形成深色络合物，而乙酰水杨酸因酚羟基已被酰化，不与三氯化铁显色，因此，产品中残余的水杨酸很容易被检验出来。

三、主要仪器和试剂

1. 仪器

水浴锅；布氏漏斗；抽气瓶；水泵；滤纸；烧杯；温度计(150℃)；冰浴；熔点测定仪；试管；玻棒；台秤；量筒。

2. 试剂

水杨酸 2mL(0.014mol)；乙酸酐 5mL(0.05mol)；浓 H_2SO_4 5 滴；95%乙醇；1% $FeCl_3$；乙酸乙酯 2~3mL。

实药所需主要试剂及产物的物理常数见表 3-3。

表 3-3　主要试剂及产物物理常数

药品名称	分子量	熔点/℃	沸点/℃	密度 d_4^{20}	水溶解度/(g/100mL)
水杨酸	138.12	159	211/2.66kPa	1.443	微溶于冷水易溶于热水
乙酸酐	102.09	-73	139	1.082	在水中逐渐分解
乙酰水杨酸	180.16	135~138		1.350	微溶于水
乙酸乙酯	88.12	-83.6	77.1	0.9	微溶于水

四、实验步骤

1）在 125mL 的锥形瓶中加入 2g 水杨酸、5mL 乙酸酐，然后加入 5 滴浓硫酸，小心旋转锥形瓶使水杨酸全部溶解后，在水浴中加热 5~10min，控制水浴温度在 85~90℃。

2）取出锥形瓶，边摇边滴加 1mL 冷水，然后快速加入 50mL 冷水，立即进入冰浴冷却。若无晶体或出现油状物，可用玻棒摩擦内壁（注意必须在冰水浴中进行）。

3）待晶体完全析出后用布氏漏斗抽滤，用少量冰水分二次洗涤锥形瓶后，再洗涤晶体，抽干。

4）将粗产品转移到 150mL 烧杯中，在搅拌下慢慢加入 25mL 饱和碳酸钠溶液，加完后继续搅拌几分钟，直到无二氧化碳气体产生为止。

5）抽滤，副产物聚合物被滤出，用 5~10mL 水冲洗漏斗，合并滤液。

6）滤液倒入预先盛有 4~5mL 浓盐酸和 10mL 水配成溶液的烧杯中，搅拌均匀，即有乙酰水杨酸沉淀析出。用冰水冷却，使沉淀完全。

7）减压过滤，用冷水洗涤 2 次，抽干水分。将晶体置于表面皿上，干燥，得乙酰水杨酸产品。称重，约 1.5g。

8）测熔点 133~135℃。取一粒结晶加入盛有 1mL 95% 乙醇的试管中，加入 1~2 滴 1% 的三氯化铁溶液，观察有无颜色反应。

为了得到更纯的产品，可将上述晶体的一半溶于少量（2~3mL）乙酸乙酯中，溶解时应在水浴上小心加热，如有不溶物出现，可用预热过的小漏斗趁热过滤。将滤液冷至室温，即可析出晶体。如不析出晶体，可在水浴上稍加热浓缩，然后将溶液置于冰水中冷却，并用玻璃棒摩擦瓶壁，结晶后，抽滤析出的晶体，干燥后再测熔点，应为 135~136℃。再取一粒结晶加入盛有 1mL 95% 乙醇的试管中，加入 1~2 滴 1% 的三氯化铁溶液，观察有无颜色反应。

五、注释

1）乙酸酐具有强烈刺激性，要在通风橱内取用，并注意不要粘在皮肤上。乙酸酐应当是新蒸的，收集 139~140℃ 的馏分。

2）要按照上述实验步骤的顺序加样。否则，如果先加水杨酸和浓硫酸，水杨酸就会被氧化。硫酸可破坏水杨酸分子中羧基与酚羟基形成的分子内氢键，从而使酰化反应顺利进行。

3）温度高反应速度快，但温度不宜过高，否则副反应增多。

4）本实验的几次结晶都比较困难，要有耐心。在冰水冷却下，用玻棒充分摩擦器皿壁，才能结晶出来。

5）由于产品微溶于水，所以水洗时，要用少量冷水洗涤，用水不能太多。

6）乙酰水杨酸易受热分解，因此熔点不是很明显，其分解温度为 128~135℃，熔点为 136℃。在测熔点时，可先将热载体加热到 120℃ 左右，然后放入试样测定。

7) 取少量(约火柴头大小)晶体装入试管中，加 1mL 95%乙醇，溶解后滴入 1~2 滴 1% FeCl$_3$液。观察颜色变化。如果颜色出现变化(红→紫蓝)，说明产品不纯，需再次重结晶。若无颜色变化，说明产品比较纯。

例题解析

【例 1】是非题(厦门大学)

乙酰水杨酸的制备中，产生的少量高聚物副产物可用碳酸氢钠来分离，因为高聚物可与碳酸氢钠形成水溶性的盐。(   )

【解答】(√)

【例 2】综合题(厦门大学)

1. 纯净的阿司匹林对 10%三氯化铁呈负结果。如果纯的阿司匹林是从 95%乙醇中结晶而来，回收的晶体有时对 10%三氯化铁溶液呈正结果。试说明为什么会发生此结果并写出发生的反应。

2. 为什么水杨酸聚合物不能和碳酸氢钠反应生成水溶性产物？

3. 根据你的观察，指出磷酸在反应中起什么作用？

4. 给出阿司匹林与酸的水溶液或碱的水溶液共热时将发生反应的方程式。

5. 在制备阿司匹林中主要副产物是什么，如何使之从产物中除去？

6. 阿司匹林做药片之前，为什么必须经过多次重结晶？

7. 下面哪个化合物对三氯化铁溶液给出正结果？

(a)　(b)　(c)

(d)　(e)　(f)

【解答】1. 因为阿司匹林与乙醇发生反应，生成水杨酸，所以对 10%三氯化铁溶液呈正结果。

2. 水杨酸聚合物没有羧基。

3. 起催化和降低水杨酸分子内氢键作用。

4. 发生水解反应。

5. 是水杨酸聚合物，由于聚合物不溶于碳酸氢钠，而阿司匹林可溶于碳酸氢钠，过滤除去。

6. 除未反应的水杨酸。

7.（b），（d），（e）。

实验 33　苯甲酸乙酯的制备

一、实验目的

1）掌握酯化反应原理及苯甲酸乙酯（ethyl benzoate）的制备方法。

2）掌握分水器的原理与使用方法。

3）掌握液体有机化合物的精制方法。

4）进一步掌握蒸馏、萃取、干燥和折光率的测定等基本操作。

二、实验原理

酯化反应是可逆的，为了使反应向有利于生成酯的方向移动，通常采用过量的羧酸或醇，或者除去反应中生成的酯或水，或者二者同时采用。提高反应产率常用的方法是除去反应中形成的水，在某些酯化反应中，醇、酯和水之间可以形成二元或三元最低恒沸物；也可以在反应体系中加入能与水、醇形成恒沸物的第三组分，如苯、环己烷、CCl_4 等，以除去反应中不断生成的水。实验所需的主要试剂及产物的物理常数见表 3-4。

表 3-4　主要试剂及产物的物理常数

试剂	d_4^{20}	bp /℃	n_D^{20}
乙醇	0.7893	78.5	1.3611
苯甲酸	1.2659	249	1.5397
环己烷	0.7785	80	1.4262
乙醚	0.7318	34.51	1.3526
苯甲酸乙酯	1.05	211~213	1.5001

三、主要仪器和试剂

1. 仪器

50mL 圆底烧瓶；冷凝管；温度计（100℃）；加热套；200mL 烧杯；分水器；分液漏斗。

2. 试剂

苯甲酸 4g（0.033mol）；无水乙醇 10mL（0.17mol）；浓硫酸 1.5mL；Na_2CO_3；无水 $CaCl_2$；苯 80mL；乙醚 10mL。

四、实验步骤

1）在 50mL 圆底烧瓶中放入 4g 苯甲酸、10mL 无水乙醇、15mL 环己烷和 2mL 浓硫酸，摇匀后加入沸石，再装上分水器，事先从分水器上端小心加水至分水器支管处然后再放去 6mL 水，分水器上端装上回流冷凝管。

2）将烧瓶放在水浴中加热回流，开始时回流速度不宜过快。随着回流的进行，分水器中出现了上、中、下三层液体，且中层越来越多。约 1.5~2h 后，分水器中的中层液体已达 5~6mL 左右，即可停止加热，放出里面液体。继续用水浴加热，使多余的乙醇和苯蒸至水分离器中，充满时可由活塞放出。

3）将烧瓶中的残留液倒入盛有 30mL 冷水的烧杯中，用数毫升乙醇洗涤烧瓶，并与烧杯中的水溶液合并。在此溶液中，分批加入碳酸钠粉末并不断搅拌，直至二氧化碳不再逸出，溶液 pH 值=7 为止，约需 4g 碳酸钠。

4）将溶液转移至分液漏斗中，分出粗产物后用 15mL 乙醚提取水层，合并粗产物和醚萃取液，用无水氯化钙干燥。先蒸去乙醚，再加热，收集 210~213℃ 的馏分。

纯粹苯甲酸乙酯的沸点为 213℃，折射率 1.5001。

理论量：4.95g，实际量：3~4g。

本实验约需 5~6h。

五、注释

1）加浓硫酸之前先将其他反应物加入，再慢慢滴加，且边加边摇，以免局部浓硫酸过浓，而使反应物炭化。

2）安装冷凝管时，应将其管端斜口正对分水器的侧管，这样可使滴下的液体距分水器的侧口最远而有效地分层，而不是滴在侧口附近，来不及分层使溢流到反应瓶中而影响分水效果。

3）刚开始回流时回流速度应慢些，使酸和醇先生成酯。回流时，温度不要太高，否则反应瓶中颜色很深，甚至炭化。回流时间的长短可根据中层体积是否达到 5~6mL 而定，或当水分离器中的上层变得十分澄清，不再有小水珠落入下层时，可以结束反应。

4）随着反应的进行，在分水器中会形成三层液体：下层为分水器中原有的水；中层为共沸物的下层，占共沸物总量的 16%（含苯 4.8%，乙醇 52.1%，水 43.1%）；上层为共沸物的上层，占共沸物总量的 84%（含苯 86%，乙醇 12.7%，水 1.3%）。应控制液面位置使得最上层液体始终为薄薄的一层。

5）回流结束后，蒸出苯及多余的乙醇，控制蒸出的总量 2.8mL 左右时，即可停止加热，不要蒸馏得太久，否则反应瓶中很容易炭化。

6）加碳酸钠粉末时，要分批，边加边搅拌。中和必须彻底，pH 值 =7。否则在蒸馏产物时，前馏分的量明显增加。加入碳酸钠目的：除去苯甲酸和剩余的硫酸。注意：要研细后慢慢分批加入，否则会产生大量气泡而使液体溢出。无气泡后再用 pH 试纸测酸碱性。

7）加入无水 $CaCl_2$ 目的：除水和醇。

例题解析

【例】简答题

1. 本实验采用何种措施提高酯的产率？

2. 为什么采用分水器除水？

3. 何种原料过量？为什么？为什么要加苯？

4. 浓硫酸的作用是什么？常用酯化反应的催化剂有哪些？

【解答】1.①通过增加反应物的浓度，使反应限度加大。②通过分离生成物水，使平衡向右移动。③添加浓硫酸作催化剂，使反应限度加大。

2. 因为除去生成物水有利于反应向右进行，故要用到分水器。

3.①使用乙醇过量，因为其比较便宜，来源容易。②因为在分水回流的过程中，会有由苯、乙醇、水组成的恒沸物带出来，为了使反应物乙醇不随水而带出过多，所以添加苯这个带水剂。

4. 浓硫酸在本实验中作为催化剂和干燥剂，常用的酯化反应催化剂有浓硫酸、固体超强酸、苯磺酸、对甲苯磺酸、树脂、路易斯碱、有机锡羧酸酯等。

实验 34　邻苯二甲酸二正丁酯的制备

一、实验目的

1) 学习邻苯二甲酸二正丁酯的制备原理和方法。
2) 学习回流、减压蒸馏的操作。
3) 掌握分水器的装置和操作。

二、实验原理

主反应

副反应

三、主要仪器和试剂

1. 仪器

加热套；减压蒸馏装置；分水器。

2. 试剂

邻苯二甲酸酐；正丁醇；浓硫酸（相对密度 1.84）；5% 碳酸钠溶液；饱和食盐水；无水硫酸镁。

四、实验步骤

在 100mL 三口烧瓶里，放入 14.8g 邻苯二甲酸酐、25mL 正丁醇、4 滴浓硫酸及几粒沸石，摇动使充分混合。在一个侧口配置一温度计，其水银球必须伸至液面下，中间瓶口装分水器，内盛 2.4mL 正丁醇，分水器上端安一回流冷凝管，见图 3-15。

用小火加热，间歇摇动烧瓶，约 10min 后，固体的邻苯二甲酸酐全部消失，形成邻苯二甲酸单丁酯。

稍加大火焰，使反应混合物沸腾。很快就观察到从冷凝管滴入到分水器的冷凝液中有小水珠下沉。随着酯化反应的进行，分出的水层逐渐增加，上层的丁醇不断流回到反应瓶中去

图 3-14　邻苯二甲酸二正丁酯的制备装置图

参与反应,同时反应混合物的温度也逐渐上升。待分水器中的水层不再增加时,可从分水器中逐渐放出正丁醇(用容器接受,倒入指定的回收瓶中)。当反应混合物的温度上升到 160℃时,停止加热。整个反应时间约需 3h。

当反应液温度降至 70℃以下时,将其转移到分液漏斗中,用等体积饱和食盐水洗涤两次,再用少量 5%碳酸钠溶液中和有机层至溶液呈中性。将分离出油状的粗产物,转移到干燥的小锥形瓶中,用少量无水硫酸镁进行干燥。

安装减压蒸馏装置(见图 2-16),将粗产物进行减压蒸馏,收集 180~190℃/1333.2Pa(10mmHg)的馏分,或收集 200~210℃/2666.4 Pa(20mmHg)的馏分。

五、注释

1)邻苯二甲酸酐与正丁醇反应生成邻苯二甲酸二正丁酯的反应是分两步进行的。第一步生成邻苯二甲酸单丁酯,这步反应进行得较迅速和完全。而第二步是由单丁酯和正丁醇在无机酸催化作用下生成邻苯二甲酸二正丁酯和水,则需要较高的温度和较长的反应时间。

2)酯化反应是一个平衡反应,为使平衡向生成酯的方向移动,本实验采用过量的正丁醇。也可以用如下的方法来进行本实验,即用 0.05mol 邻苯二甲酸酐和 0.1mol 正丁醇,另加 10mL 苯。这样可以利用苯和水形成二元恒沸混合物(沸点 69.4℃,含苯 91.1%)的方法将生成的水不断除去。

3)正丁醇和水形成二元恒沸混合物(沸点 93℃,含正丁醇 55.5%)。恒沸混合物冷凝时分成两个液相,上层为含 20.1%水的醇层,下层为含 7.7%醇的水层。为了使水有效地分离出来,可在分水器上部绕几圈橡皮管并通水冷却。

4)邻苯二甲酸二正丁酯在无机酸存在下,温度高于 180℃易发生分解反应。

5)邻苯二甲酸二正丁酯可在不同残压力下蒸馏,其沸点与压力的关系见表 3-5。

表 3-5　沸点与压力的关系

压力/Pa (压力/mmHg)	2666 (20)	1333 (10)	666.5 (5)	266.6 (2)
沸程/℃	200~210	180~190	175~180	165~170

例题解析

【例 1】填空题

1. 邻苯二甲酸酐和正丁醇反应时加入浓硫酸的作用是_____。

2. 不断从分水器下部分离出产物水的目的是_____，判断反应已结束的方法是_____。

3. 反应的第一步进行得迅速而完全；第二步是可逆反应，进行较缓慢。为使反应向生成邻苯二甲酸二丁酯的方向进行，可采取的措施是：_____。

4. 洗涤操作过程中，用 5% Na_2CO_3 溶液洗涤粗产品，纯碱溶液浓度不宜过高，更不能使用氢氧化钠。若使用氢氧化钠溶液，对产物有什么影响？（用化学方程式表示）：_____。

5. 粗产品提纯流程中采用减压蒸馏的目的是_____。

6. 用测定相对分子质量的方法，可以检验所得产物是否纯净。现代分析方法中测定有机物相对分子质量通常采用的是_____。

【解答】1. 催化剂。在反应中，浓硫酸起到了催化作用，加快了反应速率。

2. 使用分水器分离出水，有利于反应平衡向生成邻苯二甲酸二丁酯的方向移动，提高产率；分水器中的水位高度保持基本不变时。（不断的分离出生成物水，可以使反应向着正向移动，提高了反应物产率；由于反应结束时，反应体系的压强不再变化，分水器中的水位高度不变。）

3. 增加正丁醇的量分离出水。

4. 若使用氢氧化钠溶液，会发生反应：

得不到产物邻苯二甲酸二丁酯，故答案为：

5. 由于邻苯二甲酸二丁酯沸点 340℃，温度超过 180℃时易发生分解，减压可使其沸点降低，故答案为：邻苯二甲酸二甲酯沸点较高，高温会造成其分解，减压可使其沸点降低；

6. 现代分析方法中测定有机物相对分子质量通常采用的是质谱仪，故答案为：质谱仪.

【例 2】如果浓硫酸用量过多，会有什么后果？

【解答】浓硫酸用量过多时，副反应多，产物复杂，收率低，例如浓硫酸可催化醇脱水形成醚，反应方程式如下所示：

$$C_4H_9OH+C_4H_9OH \xrightarrow[\triangle]{H_2SO_4} C_4H_9OC_4H_9+H_2O$$

正丁醇分子内脱水生成丁烯，反应方程式如下所示：

$$C_4H_9OH \xrightarrow[\triangle]{H_2SO_4} CH_2=CHCH_2CH_3+H_2O$$

实验 35　乙酸乙烯酯的乳液聚合

一、实验目的

1）了解乳液聚合原理及特点。

2）熟悉聚乙酸乙烯酯乳胶的制备方法。

二、实验原理

乳液聚合是单体借助于乳化剂分散在介质中，随着水溶性引发剂的加入，在搅拌下进行的非均相聚合反应。它不同于溶液聚合和悬浮聚合，乳化剂是乳液聚合的重要组分。乳液聚合的引发、增长、终止都在胶束和乳胶粒中进行，单体液滴只是贮藏单体的仓库。反应速率主要取决于粒子数。乳液聚合具有聚合速度快，产品相对分子质量高的特点。

乙酸乙烯酯的乳液聚合机理是采用过硫酸盐为引发剂。为使反应平稳进行，单体和引发剂均需分批次加入。本实验采用的乳化剂是十二烷基苯磺酸钠。

三、主要仪器和试剂

1. 仪器

100mL 三口反应瓶；搅拌器；加热套；温度计；球形冷凝管。

2. 试剂

聚乙烯醇；乙酸乙烯酯；十二烷基磺酸钠；过硫酸钾；5%的碳酸氢钠溶液。

四、实验步骤

1. 反应液的制备

聚乙烯醇的溶解：在 100mL 三口烧瓶中安装搅拌器、温度计（150℃）和球形冷凝管，再依次加入 20~30mL 去离子水和 0.5g 十二烷基苯磺酸钠，开动搅拌装置并逐渐加入 1.5g 聚乙烯醇，然后加热升温到 80~90℃下保温 1.5~2h，直到聚乙烯醇全部溶解，冷却至 50℃备用。

过硫酸钾水溶液的配制：将 0.1g 过硫酸钾溶在 4mL 去离子水中制成溶液，备用。

2. 聚合

将新蒸馏过的乙酸乙烯酯 6mL 和过硫酸钾溶液 2mL 依次加到备有聚乙烯醇的三口烧瓶中，在搅拌作用下同时升温，待温度升到 71℃时（在 65~75℃之间均可），保温回流，当回流基本消失，三口烧瓶中的液体变白时，分四次在 1.5~2h 内将 17mL 乙酸乙烯酯缓慢地加入三口烧瓶中，同时按比例地滴加余下的 2mL 过硫酸钾水溶液，加料完毕后升温到 90~95℃至无回流为止，冷却至 50℃，用 5%的碳酸氢钠溶液调整 pH 至 5~6。

五、注释

1）聚乙烯醇溶解较慢，为防止水分损失，一般加水量为 30mL，必须完全溶解且保持原来体积，若聚乙烯醇中有杂质，可用粗孔铜网过滤溶液。

2）滴加单体的速度要均匀，防止加料太快发生爆聚和冲料等事故，过硫酸钾水溶液数量少，要注意量一定要准确，滴加一定要均匀、按比例与单体同时加完。

3）聚合搅拌速度要适中，升温速度不能过快。

4）用碳酸氢钠调节前，先检查乳液的 pH 值，不可将产品的 pH 值调成微碱性，否则产品不稳定，经短时间放置后呈絮凝状。

例题解析

【例 1】乳化剂加入量的多少对聚合反应及产物相对分子质量有何影响？

【解答】当温度、单体浓度、引发剂浓度、乳化剂种类一定时，在一定范围内，乳化剂用量越多、反应速度越快，产物相对分子质量越大。乳化剂的另一作用是减少分散相与分散介质间的界面张力，使单体与单体-聚合物颗粒分散在介质中形成稳定的乳浊液。

【例 2】聚乙烯醇在反应中起什么作用？为什么要与乳化剂混合使用？为什么反应结束后要用碳酸氢钠调整 pH 值到 4~6。

【解答】聚乙烯醇是一种非离子型乳化剂，它除了起乳化作用外，也起保护胶体和增稠剂的作用。聚乙烯醇由于它一般是聚乙酸乙烯酯的碱性醇解产品，水溶液呈弱碱性，所以还可利用其水溶液呈碱性来调整反应液的 pH 不至于太低，因为以过硫酸盐做引发剂时，会使反应液的酸性不断增加。与聚乙烯醇配合使用，可提高乳化效果和稳定能力。乳化剂 OP-10 是烷基酚的环氧乙烷缩合物，起辅助作用。本实验采用两种乳化剂混合使用，乳化效果和稳定性比单独用一种要好，操作更容易。

配料中有聚乙烯醇，由于它一般是聚乙酸乙烯酯的碱性醇解产品，水溶液呈弱碱性，在反应前可以不调整 pH 值，而在反应结束后加入部分碳酸氢钠中和至 pH 值为 4~6，以保持乳液稳定。

参 考 文 献

[1] 李妙葵，等. 大学有机化学实验(第一版)[M]. 上海：复旦大学出版社，2006.

[2] 李秋荣，等. 有机化学及实验(第一版)[M]. 北京：化学工业出版社，2009.

[3] 姜艳. 有机化学实验(第二版)[M]. 武汉：化学工业出版社，2010.

[4] 王福来. 有机化学实验. 武汉：武汉大学出版社，2001.

[5] 袁华，等. 有机化学实验(第一版)[M]. 北京：化学工业出版社，2008.

[6] 郭书好. 有机化学实验(第二版)[M]. 武汉：华中科技大学出版社，2008.

[7] 高占先. 有机化学实验(第四版)[M]. 北京：高等教育出版社，2007.

[8] 袁华，等. 有机化学实验(第一版)[M]. 北京：化学工业出版社，2008.

[9] 李吉海，等. 基础化学实验(II)——. 有机化学实验(第二版)[M]. 北京：化学工业出版社，2008.

[10] 孙宾宾，庄淑仪. 推荐一个有机化学实验-甲基叔丁基醚的制备[J]. 陕西国防工业职业技术学院学报，2012，22(2)：26-28.

第 4 章　综合性实验

实验 36　局部麻醉剂——苯佐卡因的制备

对氨基苯甲酸乙酯(别名：苯佐卡因)，白色晶体状粉末，无嗅无味。分子量 165.19。熔点 91~92℃。易溶于醇、醚、氯仿。能溶于杏仁油、橄榄油、稀酸。难溶于水。

以对硝基苯甲酸为原料制备苯佐卡因的方法是 h. svlkowshi 于 1895 年提出的，在氨水的条件下，对硝基苯甲酸经硫酸亚铁还原成对氨基苯甲酸，然后在酸性条件下与乙醇酯化，得到苯佐卡因产品。该方法存在一些问题，在第一步反应中，在氨水的条件下，硫酸亚铁在碱性环境下容易形成氢氧化物沉淀。硫酸亚铁还原生成的氨基苯甲酸，由于其羧基与铁离子形成不溶性沉淀，而混于铁泥中不易分离，此外对氨基苯甲酸的化学活性比对硝基苯甲酸的活性低，故其第二步的酯化反应的效率也不高，产物的收率较低。

本实验以对甲苯胺为原料，通过乙酰化、氧化、酸性水解和酯化四个步骤，制取苯佐卡因。反应条件较温和，但反应步骤较多，收率低，在工业生产中，生产环节多而不易于控制，一般用于实验室制备少量产品。

实验 36-1　对甲基乙酰苯胺的制备

氨基的乙酰化反应是有机化学中用来进行氨基保护的最常用的反应，考虑酰氯的易水解特性，实际操作中一般使用乙酸酐作为酰化试剂。由于多数毒品属于生物碱的乙酰化产物，控制乙酸酐能够极大增加毒品制备的难度，因此乙酸酐被列入易制毒管制品，需要登记购买。由于乙酸沸点高于水，在加热蒸馏时能够将水带出从而促使脱水反应的发生，再加上乙酸价格低廉，采用乙酸加热脱水代替乙酸酐进行氨基的乙酰化反应成为工业上进行乙酰化反应的主要合成路线。

乙酸与对甲苯胺的乙酰化反应需要将反应产生的水移除才能提高反应产率，但水与乙酸沸点相差不大，且存在大量分子间氢键，普通蒸馏无法将其分离，需要使用分馏的方法。即使采用分馏，在理论塔板数不足的情况下也无法做到仅移除水分的精确分馏，所以本实验的乙酸用量远大于对甲苯胺，利用蒸馏乙酸同时移除水分的方法实现体系的脱水，当体系中的乙酸含量降低到极低难以蒸出时即为反应终点，判断时需要注意分馏柱的温度计示数以及反应瓶中的现象。

一、实验目的
1) 学习乙酸法制备对甲基乙酰苯胺的原理和方法。
2) 学习分馏柱的使用和分馏的原理，掌握其操作。
3) 学习和巩固薄层层析监控的方法和固体提纯的方法：重结晶。

二、实验原理

三、主要仪器和试剂

1. 仪器

100mL 圆底烧瓶；500mL 烧杯；量筒；温度计；韦氏分馏柱；电热套；抽滤瓶；布氏漏斗；安全瓶等。

2. 试剂

对甲基苯胺；冰醋酸；锌粉；二氯甲烷；石油醚（60~90℃）；活性炭等。

四、实验步骤

在 100mL 圆底烧瓶中加入 10.7g 对甲基苯胺（0.1mol），15mL 乙酸（0.25mol）和 0.2g 锌粉。在圆底烧瓶上安装分馏柱，柱顶装配温度计，安装分馏装置。将圆底烧瓶置于电热套中加热，保持分馏柱顶温度在 100~110℃ 之间约 1 h，将液体缓慢蒸出，至温度计读数上下波动或下降超过两摄氏度或反应瓶中出现白雾为止，停止加热。在搅拌下趁热将反应物倒入装有 150mL 冷水的烧杯中，搅拌压碎所得固体，冷却结晶，抽滤。用 5~10mL 冷水洗涤晶体除去残留的酸液，抽干，即得粗产品对甲基乙酰苯胺。取少量粗产品（约小米粒大小）置于小烧杯中，二氯甲烷溶解后与原料对甲基苯胺在同一薄层层析板上展开（二氯甲烷:石油醚 = 2:1），在紫外灯下观察是否有未反应的原料并估测含量。

将粗产品对甲基乙酰苯胺放入盛有 300mL 热水的烧杯中，加热煮沸，适当补加水直至融化后的油状物完全溶解。停止加热，冷却结晶，抽滤，用少量水洗涤 2 次，抽干得精制的对甲基乙酰苯胺。一般得产品 8~10g，产率 50%~70%。

本实验约需 4~5h。

五、注释

1）加锌粉的目的是防止加热过程中对甲苯胺的氧化，不加锌粉有时所得产物颜色偏深。

2）乙酸蒸馏到结束时仅少量馏分被蒸出，因此柱顶温度会下降，这是蒸馏或分馏结束的标志。反复波动是因为馏分蒸出和冷凝落下导致的柱顶温度不稳定造成的，乙酸含量少时，反应瓶中温度超过乙酸沸点，冷凝落下的乙酸会爆沸，能观察到伴随滴落的液体出现阵阵白雾的现象。

3）根据二氯甲烷的含水量不同，展开剂的比例可以自行调整和改变，能将二者明显分开即可。薄层层析板一般选用 GF254 型号，可以在 254 nm 的紫外灯下观察到原料和产物的展开斑点。

4）煮沸中要不断搅拌，间隔几分钟液滴没有明显变小再补加水，防止加水过多造成产率下降，若颜色过深可用活性炭脱色，注意加活性炭前要先冷却。

5）注意抽滤洗涤的操作，抽滤前尽量把块状物压碎，防止包结杂质。

实验 36-2　对氨基苯甲酸的制备

高锰酸的钾盐不易潮解，固态下性质较为稳定，是有机化学中最常用最经典的强氧化剂之一，可以与不饱和烃、苯环侧链以及含氧基团、含氮基团等富电子体系反应而褪色，不仅能用于鉴别化合物的存在，也大量用于实验室内制备羧酸的氧化反应中。酸性介质中，锰由+7价被还原为+2价，氧化能力强，但选择性差，且二价锰盐难于回收，后处理困难，工业上较少使用。在中性或碱性介质中，锰由+7价被还原为+4价，相对于酸性介质，氧化能力有所下降，但有两个明显的优点：底物被氧化为羧酸的钾盐，溶解于水，促进反应的发生；另一方面，产物为固体的 MnO_2，反应完成后易于分离且本身具有较高经济价值，因此，高锰酸钾的使用一般采用中性或者碱性介质。

高锰酸钾氧化时，需要注意几个方面的问题：一是高锰酸钾在水中容易发生歧化反应而失效，因此高锰酸钾使用时一般采用固体加入的方式，或者现配现用；二是通常采取加热条件，促进高锰酸钾与底物的反应；三是分批加入，待上一批的紫红色消失后再加入下一批，防止高锰酸钾自身的分解。由于高锰酸钾氧化时产生氢氧根，为防止碱性过强，通常加入硫酸镁以抑制碱性，防止副反应的过度发生。由于高锰酸钾氧化法价格昂贵，三废突出，工业上都采用催化氧化等方法代替高锰酸钾。

高锰酸钾氧化法制备取代的苯甲酸是典型的应用，本实验通过将对甲基乙酰苯胺的甲基氧化为羧酸，制备对乙酰氨基苯甲酸，之后在盐酸中加热水解脱除乙酰基团最终获得对氨基苯甲酸。本实验可以使用《实验36-1 对甲基乙酰苯胺的制备》中获得的产物作为原料，如产物的量与本实验中的用量不一致，可按比例增减相应试剂的用量。

一、实验目的

1）学习高锰酸钾氧化法制备苯甲酸的原理和方法。
2）理解乙酰化对氨基的保护作用。
3）巩固抽滤和重结晶等固体提纯实验操作。

二、实验原理

三、主要仪器和试剂

1. 仪器

250mL 三口烧瓶；250mL 烧杯；量筒；温度计；抽滤瓶；布氏漏斗；安全瓶；磁力搅拌水浴锅；电热套；回流冷凝管；直型冷凝管；蒸馏头；尾接管；温度计套管；分液漏斗等。

2. 试剂

对甲基乙酰苯胺；结晶硫酸镁；高锰酸钾；浓硫酸；浓盐酸；氨水；醋酸等。

四、实验步骤

21g高锰酸钾中加入80mL水，加热使其溶解。500mL烧杯中加入9g对甲基乙酰苯胺（0.06mol），20g结晶硫酸镁和250mL水，将混合物加热到约85℃。维持此温度，充分搅拌下将热的高锰酸钾溶液用滴管加入混合物中，高锰酸钾加入后，搅拌至紫色消失后再加入下一滴管，约30~40min内加完。加完后继续在85℃下搅拌15min，至无紫色为止，如仍有紫色，则加入少量草酸或乙醇使液体变为无色。趁热抽滤，热水洗涤二氧化锰一次，洗涤液与滤液合并。滤液中加20%硫酸直至溶液显酸性，搅拌冷却，抽滤，水洗两次，抽滤至无液体滴下。

在 250mL 三口烧瓶中加入上述湿产品，称量净重后按每克湿产物加 5mL18% 盐酸的比例加入盐酸，加热回流 30min，加入 30mL 水，冷却后使用 10% 氨水中和至石蕊试纸恰好变蓝。按照每 30mL 最终溶液加 1mL 乙酸的量加入乙酸，充分振荡后置于冰水浴中冷却引发结晶，待结晶完全，抽滤，水洗，干燥得对氨基苯甲酸的白色晶体，一般得到 3~4g。

本实验约需 4~5h，必要时可在得到乙酰氨基苯甲酸的产品后暂停，第二阶段单独安排实验。

五、注释

1）不要长时间加热，高锰酸钾存在歧化的可能。

2）硫酸镁的目的是与高锰酸钾氧化过程中产生的氢氧根结合，减少过强的碱性，防止产物分解。

3）氧化实验中都要将氧化剂分批加入，防止氧化剂失效和副反应发生，尤其是反应开始阶段，必须等待紫色消失后方可加入下一批高锰酸钾。实验中可以静置等待固体沉淀后观察液体颜色，也可以用玻璃棒蘸取液体后点在吸水纸上，观察纸上晕开的液体是否有紫色，如液体有紫色，在中和时会有少量高锰酸钾发生歧化反应，产生二氧化锰混入产物，导致产物纯度下降。

4）由于二氧化锰颗粒细小，抽滤耗时较多，应准备快速滤纸。如不要求高产率，可以采取倾倒法，静置后倾倒上层清液，再次加入热水重复静置–倾倒的过程，减少二氧化锰对布氏漏斗的堵塞程度，减少时间消耗。

5）注意固体的洗涤操作，抽滤前要充分冷却并搅拌，防止中心热，边缘凉。

6）氨水的加入是本步骤实验成败的关键，加入过多或过少均会导致产率下降明显。氨水挥发性较强，中和时可以采用加入恒压滴液漏斗后滴加的方式，同时实验室应加大通风，减少氨气挥发造成的伤害。

实验 36-3　对氨基苯甲酸乙酯的制备

对氨基苯甲酸乙酯又名苯佐卡因，是一种脂溶性麻醉剂，用于局部麻醉，也用于镇痛止痒等方面。该化合物利用浓硫酸催化下的酯化反应制备，但由于氨基的存在导致硫酸会首先与氨基成盐，因此该化合物的合成与一般的酯化反应不同，使用硫酸量较大，远远超过理论上的需要量。

酯化反应中催化量浓硫酸的作用在于提供氢离子提高有机酸的羰基碳原子活性，促进醇上羟基氧原子对羰基碳的亲核进攻。为提高产率，水的移除是必要的，因此浓硫酸适当过量并通过蒸馏减少体系中的水都是常用的措施。对于活性不高的酯化反应，有时采用分水器，加入苯或者甲苯等带水剂利用共沸蒸馏将水带出反应体系。此时，带出水的量可以起到监控反应进程的作用，当水的量达到理论量时，反应就可以停止。工业上酯的合成采取类似的方式，但考虑对设备的腐蚀和分离上的问题，往往采用负载型酸性催化剂代替硫酸等液体无机酸，便于连续生产和回收催化剂。

本实验可以使用对氨基苯甲酸的制备实验的产物为原料，如产物量与本方案不一致，可按比例增减相应试剂的用量。

一、实验目的

1）学习利用浓硫酸催化法制备对氨基苯甲酸乙酯的原理和方法。

2）学习和巩固萃取的实验操作。

二、实验原理

$$H_2N-\!\!\!\!\!\bigcirc\!\!\!\!\!-COOH \xrightarrow[\text{浓硫酸加热}]{CH_3CH_2OH} H_3\overset{+}{N}-\!\!\!\!\!\bigcirc\!\!\!\!\!-COOCH_2CH_3 \xrightarrow{Na_2CO_3} H_2N-\!\!\!\!\!\bigcirc\!\!\!\!\!-COOCH_2CH_3$$
$$\quad\quad\quad\quad\quad\quad\quad\quad\quad\quad\quad\quad\quad HSO_4^-$$

三、主要仪器和试剂

1. 仪器

100mL 单口烧瓶；250mL 烧杯；量筒；温度计；回流冷凝管；电热套；直形冷凝管；蒸馏头；尾接管；温度计套管；分液漏斗等。

2. 试剂

对氨基苯甲酸；无水乙醇；浓硫酸；二氯甲烷；碳酸钠等。

四、实验步骤

在 100mL 圆底烧瓶中加入 2g 对氨基苯甲酸和 30mL 无水乙醇，振荡使固体溶解。在冰水冷却下，加入 2mL 浓硫酸，振荡使生成的沉淀分散，加热回流 1.5h。将反应物转入 250mL 烧杯中，搅拌下加入 5%的碳酸钠水溶液，直至无气体产生。继续加入 10%碳酸钠至 pH 值到 9 左右。

将溶液及可能含有的浑浊物转入分液漏斗，使用二氯甲烷萃取三次（每次用 20mL），合并有机层后转入圆底烧瓶，安装蒸馏装置，水浴加热回收二氯甲烷，至温度计计数有下降趋势且馏出液明显减少为止。残余物中加入 10mL 冰水，搅拌抽滤，得对氨基苯甲酸乙酯的白色到浅黄色固体，约 1~1.5g，必要时采用乙醇-水重结晶，得白色晶体。

五、注释

1）硫酸的用量较大，加入硫酸后首先是酸碱成盐的反应，得到的白色沉淀是对氨基苯甲酸的硫酸盐，在随后的加热过程中会溶解。

2）开始加碳酸钠溶液时要搅拌且缓慢，防止产生的气泡溢出。由于硫酸钠溶解度较小，如直接加高浓度碳酸钠溶液会导致硫酸钠的析出。如有大量固体析出，可抽滤后用二氯甲烷溶解提取有机物，也可补加水使其溶解。

3）使用乙醚效果更佳，但乙醚为易制毒管制品，本实验中以二氯甲烷代替，请注意二者密度的差异导致有机层和水层的上下关系颠倒。实验中通过滴入几滴水的方式可以区分水层和有机层，滴入后无变化的则上层为水层，滴入后上层有液滴落下的则上层为有机层。

4）萃取时过量的乙醇也会被萃取进入有机层，且后续蒸馏后需加水，因此本步骤并不需要进行干燥。

例题解析

【例】简答题

1. 对甲苯胺用醋酸酰化反应中加入锌粉的目的何在？对甲苯胺用醋酸酐酰化反应中加入醋酸钠的目的何在？

2. 对甲基乙酰苯胺用高锰酸钾氧化时，为何要加入硫酸镁晶体？

3. 在氧化步骤中，若滤液有色，需加入少量乙醇煮沸，发生了什么反应？

4. 在最后水解步骤中，用氢氧化钠溶液代替氨水中和，可以吗？中和后加入醋酸的目的何在？

【解答】1. 加入锌粉的目的是防止加热过程中对甲苯胺的氧化，不加锌粉有时所得产物颜色偏深。加入醋酸钠的目的是置换出盐酸对甲苯胺的氨基。

2. 加入少量的硫酸镁作缓冲剂，使溶液碱性不致变得太强而使酰胺基发生水解。

3. 乙醇被氧化。

4. 不可以。对氨基苯甲酸为两性物质，酸碱都溶，若用 NaOH 代替氨水中和，因氢氧化钠碱性太强，不易控制，使羧基被中和，加入醋酸是使之调节至等电点。

实验 37　尼龙-6 的合成原料——己内酰胺的制备

尼龙是性能优良的聚酰胺类高分子的总称，其中尼龙-66（聚己二酰己二胺）和尼龙-6（聚己内酰胺）是最主要的种类。尼龙-6 是通过 6-氨基己酸的分子间脱水获得的，而 6-氨基己酸则主要通过己内酰胺的水解获得。工业上，己内酰胺加热水解后并不需要分离，反应釜继续加热提高温度所得的 6-氨基己酸发生分子间脱水即可获得不同相对分子质量的尼龙-6 的聚合物，因此工业上一般都认为尼龙-6 的合成原料为己内酰胺。

本实验以环己醇为原料，通过氧化、成肟、重排等三个步骤，制取尼龙-6 的合成原料——己内酰胺。

实验 37-1　环己酮的制备

氧化反应是有机化学中经常使用的反应，常用的氧化剂为高价态的氯、锰、铬等化合物以及双氧水和氧气等，其中典型的代表就是次氯酸钠、高锰酸钾、重铬酸钠或三氧化铬。相对于高锰酸钾等强氧化剂，氧化能力适度的氧化剂更有价值，比如将醇氧化为酮的氧化过程中，为避免酮的进一步氧化，只能选用氧化能力适度的氧化剂，比如铬酸或次氯酸等。

铬酸是最为常见的将伯、仲醇氧化成醛酮的试剂，由于铬酸不稳定，不能长时间储存，一般都是将重铬酸盐溶解于 40%~50% 硫酸中，现场配制后使用。考虑溶解性和价格问题，多采用重铬酸钠而不采用重铬酸钾。由于环己酮为液体无法重结晶，且在普通蒸馏时无法与未反应的少量环己醇彻底分离，因此可以通过水蒸气蒸馏加以分离。本实验采用加入水蒸馏的简易水蒸气蒸馏方式，通过水的蒸出将与水无氢键作用或氢键作用较弱的物质带入馏出液，实现产物与原料的初步分离，为下一步的精馏提供了保障。

一、实验目的

1）学习铬酸氧化法制备环己酮的原理和方法。

2）通过醇转变为酮的实验，进一步了解醇和酮的联系和区别。

3）学习简易水蒸气蒸馏的原理，并掌握其装置及操作技术。

二、实验原理

三、主要仪器和试剂

1. 仪器

250mL 三口烧瓶；恒压滴液漏斗；250mL 烧杯；量筒；温度计；空气冷凝管；磁力搅拌水浴锅；电热套；直形冷凝管；空气冷凝管；蒸馏头；尾接管；温度计套管；分液漏斗等。

2. 试剂

环己醇；重铬酸钠；浓硫酸；精盐；无水硫酸镁等。

四、实验步骤

在 250mL 烧杯中加入 21g 重铬酸钠和 120mL 水，搅拌下将 18mL 浓硫酸加入烧杯中，切勿加反顺序，冷却到室温。

250mL 三口烧瓶中加入 21mL 的环己醇，配温度计和恒压滴液漏斗，如图 4-1 所示，注意温度计水银球浸没于液面下。置于加入水的磁力搅拌水浴锅中，开启搅拌，通过恒压滴液漏斗将配好的重铬酸钠溶液滴入，搅拌速率要确保滴入的橙红色溶液变为墨绿色且不飞溅。注意保持温度低于 55℃，必要时向磁力搅拌水浴锅中加入冰块。滴加完毕，继续搅拌 20min，直至温度开始明显下降为止。此时溶液如仍有橙红色则加入 1~2mL 乙醇，搅拌直至使其变为墨绿色。

反应装置撤去恒压滴液漏斗及温度计，加入 120mL 水及两粒沸石，转入电热套，改为蒸馏装置（另外两口用玻璃塞塞紧）加热，如图 4-2 所示，蒸馏至馏出液无油状物后停止加热。馏出液中加入 16g 精盐饱和，分出有机层，无水硫酸镁干燥 10min 后过滤转移到 50mL 圆底烧瓶中，以空气冷凝管代替直型冷凝管的蒸馏装置蒸馏，收集 150~155℃ 的馏分，约 12~14g，产率约 60%~70%。

本实验约需 3~4h。

图 4-1　反应装置

图 4-2　简易水蒸气蒸馏装置

五、注释

1）混合的一般原则是密度高的液体加入密度低的液体中，加反顺序会导致放热无法顺利释放而发生沸腾。对于硫酸等稀释时放热剧烈的试剂，尤其要注意搅拌和混合顺序。

2）也可不用恒压滴液漏斗，直接用胶头滴管滴加；可分批将重铬酸钠-硫酸溶液加入恒压滴液漏斗中，注意整个装置不能全部密封，需要与大气相通，防止加热膨胀。

3）氧化是放热反应，过高的温度会使得环己酮被氧化开环得到己二酸，控制温度不高于 60℃ 会减少过度氧化副反应，考虑传热滞后的问题，温度计示数达到 55℃ 时就需要外部降温，以确保消除过度氧化的问题。

4）也可以用 0.2~0.5g 草酸代替，如果铬酸过量，在后续加热过程中会氧化环己酮成己二酸，造成产率下降。为确保高产率，通常的氧化过程都是氧化过程中加入过量氧化剂确保反应物(底物)完全反应，而后除去过量氧化剂防止进一步氧化，例如高锰酸钾或次氯酸的氧化均有此步骤。

5）此为简易水蒸气蒸馏，不使用蒸汽发生装置，直接加水蒸馏，可以简化装置、节约时间，达到水蒸气蒸馏的效果。

6）如时间充裕可用萃取的方式训练萃取操作并进一步提高产率，如加入二氯甲烷萃取分液后的水层。随后的操作是将萃取液与有机层合并，干燥后缓慢蒸馏，收集 50℃ 前的馏分(回收二氯甲烷)后，换空气冷凝管代替直型冷凝管，再加热收集所需馏分，时间上约增加半小时。

实验 37-2　环己酮肟的制备

缩合反应是两个有机分子反应后得到一个大的有机分子和一个水分子或其他小分子的反应，是醛酮等有机化合物经常发生的反应。醛酮类化合物与胺类的缩合脱水反应可以得到溶解度较小的亚胺(Schiff 碱)化合物，形成特定的沉淀，能用来鉴别醛酮的存在，其中，2,4-二硝基苯肼、羟胺、氨基脲等化合物最为常用。

除了鉴定醛酮的存在，羟胺形成的肟类化合物可以发生 Beckmann 重排，从而使酮类化合物转变为酰胺，这使得人们可以借助肟类化合物获得很多难以采用常规方法获得的酰胺(如内酰胺等)化合物。由于羟胺易分解，其与盐酸形成的盐为白色晶体，易于储存和运输，在使用中通过加入弱碱(如醋酸钠，碳酸钠等)的方式游离出羟胺参与反应，提高了操作的安全性和称量取用过程的简便性。

工业上合成环己酮肟则通过环己烷一步氨氧化法或者采用环己酮氨氧化法制备，利用氨气和反应后氧气氧化，通过钛硅或铝硅氧化物分子筛作为氧化催化剂进行反应。技术的关键点在于催化剂的优化筛选和再生技术。

本实验可以使用环己酮的制备实验的产物为原料，如产物量与本方案不一致，可按比例增减相应试剂的用量。

一、实验目的

1）学习醛酮与羟胺成肟的原理和方法。

2）学习和巩固固液分离的实验操作。

二、实验原理

三、主要仪器和试剂

1. 仪器

250mL 磨口锥形瓶；250mL 烧杯；空心玻璃塞或聚四氟乙烯塞；恒压滴液漏斗；量筒；磁力搅拌水浴锅；抽滤瓶；布氏漏斗；安全瓶等。

2. 试剂

环己酮；盐酸羟胺；醋酸钠等。

四、实验步骤

在 250mL 磨口锥形瓶中，将 9.7g 盐酸羟胺及 14g 结晶醋酸钠溶解在 60mL 水中，水浴温热此溶液，使达到 35~40℃。每次 2mL 分批加入 10.5mL 环己酮（10g），加完后加塞振摇，此时即有固体析出。全部加完后，用空心塞塞住瓶口，激烈摇动 20~30min，直至体系黏稠，环己酮肟呈白色粉末状结晶析出，无球状颗粒。

冷却后，将混合物抽滤，固体用少量水洗涤。抽滤下用空心玻璃塞将固体压紧，至无液滴滴下为止。用红外灯干燥，得到产品为白色晶体（约 11g），熔点为 89~90℃。

本实验约需 1~2h。

五、注释

1）加热能促进反应的发生，但温度过高会导致羟胺挥发，因此 35~40℃为佳。

2）环己酮具有挥发性，且反应生成的固体可能包裹未反应的原料，因此不能将环己酮一次性加入，需分批加入。每次加完后要充分振荡约 5min，使其反应。为避免环己酮挥发，可将环己酮加入带刻度的恒压滴液漏斗中，分批加入，也可将称量好的环己酮置于带塞子的锥形瓶中。每次加入一滴管，振荡约 1min 后加入下一滴管，直至加完。

3）如果白色的固体呈小球状或聚集态，则需继续振摇，直至固体呈松散蓬松状。本次实验也可采用磁力搅拌器加磁子的方式进行，但不易观察到环己酮肟固体的外形变化。

4）洗涤的目的是除去残余的过量醋酸钠及羟胺，洗涤时关闭真空泵，少量水加入后用空心玻璃塞或四氟乙烯塞压紧，让少量水充分浸润固体后打开真空泵抽干，重复一到两次即可。

5）干燥时需防止加热过度，一般间隔 5~10min 的两次称量质量差在 0.01g 以内可认为干燥充分。如本实验与己内酰胺制备实验连做，可以不用干燥彻底，无明显水分即可进行己内酰胺的制备。

实验 37-3　己内酰胺的制备

Beckmann 重排反应是在酸性条件下加热，肟（酮肟或醛肟均可）所发生的重排，一般认为经过异氰酸酯中间体，亚胺碳原子上的一个烷基转而连接在氮原子上，随后亚胺碳原子与水结合并脱氢生成酰胺的羰基。该反应烷基的迁移伴随着肟上羟基的离去，是典型的立体专一性的分子内重排，能得到一般的方法无法得到的酰胺，尤其是内酰胺。同时，通过鉴定生成的酰胺，可以确认肟的结构，获得相应醛酮的结构。Beckmann 重排反应速度很快，但由于在强酸性条件下反应，得到的酰胺有分解的可能，因此温度是 Beckmann 重排产率的重要因素，过高的温度不利于产率的提高。

尼龙是性能优良的聚酰胺类高分子的总称，其中尼龙-66（聚己二酰己二胺）和尼龙-6（聚己内酰胺）是最主要的种类。尼龙-6 是通过 6-氨基己酸的分子间脱水获得的，而 6-氨基己酸则主要通过己内酰胺的水解获得。工业上，己内酰胺加热水解后并不需要分离，反应釜继续加热提高温度所得的 6-氨基己酸发生分子间脱水即可获得不同分子量的尼龙-6 的聚合物，因此工业上一般都认为尼龙-6 的合成原料为己内酰胺。由于己内酰胺易于水解，因此本实验的合成关键在于控制中和的温度，防止所得己内酰胺发生水解。

本实验可使用环己酮肟的制备实验的产物为原料，如产物量与本方案不一致，可按比例增减相应试剂的用量。

一、实验目的

1）学习利用 Beckmann 重排将肟转变为酰胺的原理和方法。

2）学习和巩固萃取及重结晶的实验操作。

二、实验原理

三、主要仪器和试剂

1. 仪器

500mL 烧杯；量筒；温度计；恒压滴液漏斗；电热套；抽滤瓶；布氏漏斗；安全瓶；直形冷凝管；蒸馏头；尾接管；温度计套管；分液漏斗等。

2. 试剂

环己酮肟；浓硫酸；四氯化碳；石油醚(60~90℃)；石蕊试纸等。

四、实验步骤

在 500mL 大烧杯中，加入 10g 环己酮肟和 20mL 冷却至室温的 85%硫酸，玻璃棒搅拌使反应物混合均匀。在烧杯中放置一支 200℃的温度计，小心慢慢加热烧杯，当开始有气泡时(约 120℃)，立即移去热源，此时发生强烈的放热反应，温度很快自行上升(可达 160℃)，反应在几秒钟内即完成。稍冷却后，将此溶液倒入 250mL 三口瓶中。三口瓶中加入磁子，安装温度计和恒压滴液漏斗，冰盐浴中冷却至溶液温度下降至 5℃以下。在搅拌下小心滴入 20%氨水溶液，控制温度在 20℃以下，直至溶液恰好对石蕊试纸呈碱性。

粗产物倒入分液漏斗中，用四氯化碳萃取(每次 10mL，萃取三次)，合并有机层，用无水硫酸镁干燥，滤入圆底烧瓶中加沸石蒸除溶剂，至剩余约 8mL 溶液，之后，放入冰水浴中降温并加入石油醚至恰好出现浑浊(约 20mL)。析晶完全后抽滤，少量石油醚洗涤，得最终产物的无色到浅灰色固体，约 5~6g。

五、注释

1）反应有大量的热放出，如采用 250mL 烧杯有溢出的危险，因此要用大的烧杯加热，同时注意过程中加强搅拌。

2）加热时要缓慢，注意温度计示数，环己酮肟纯度不足时可能观察不到明显放热，若没有明显的温度上升，则加热到 140℃即可停止。重排反应后的溶液应为淡黄色或更浅，加热过快，温度过高以及原料纯度不足都会导致重排后的溶液颜色过深，产率下降。

3）开始时要缓慢滴加，防止液体黏稠导致搅拌不充分，散热不均造成水解。滴加过程通常需加约 60mL 20%的氨水，约 1.5h 加完，注意先慢后快，过量滴加氨水会导致产物的溶解，降低产率。

4）有实验方案采用粗产物分液后的有机层干燥后直接减压蒸馏的方案，如训练减压蒸馏操作，则可以加热收集 127~133℃/0.93kPa(7mmHg)的馏分，注意馏出物在接收瓶内即可固化成无色结晶，注意在接收前称好接收瓶的质量，便于计算产率。

例题解析

【例 1】为什么环己酮的制备需在低温下进行?

【解答】控制氧化，温度高很有可能会变成己二酸。

【例2】简答题

1. 制备环己酮的实验能否使用高锰酸钾代替铬酸进行氧化？

【解答】不可。高锰酸钾氧化性要比铬酸以及重铬酸钾的氧化性强，容易把环己醇氧化成己二酸。这一点可以从它们酸性条件下的电极电势看出，前者是+1.53V，后者是+1.33V。

2. 重铬酸钠–硫酸氧化环己醇的反应体系中，深绿色物中所含铬的化合物是什么？该反应是否可以使用碱性高锰酸钾氧化？会得到什么产物？

【解答】Cr^{3+}的盐。不能，使用碱性高锰酸钾氧化，会得到己二酸。

3. 重铬酸钠–浓硫酸混合物为什么需冷至0℃以下使用？

【解答】这是一个强氧化剂，反应剧烈且放出大量的热，为了控制反应平稳进行重铬酸钠–浓硫酸混合物需冷至0℃以下使用。

4. 环己酮肟制备时为什么要加入醋酸钠？能否使用氢氧化钠代替？

【解答】羟胺只能存在于水溶液中，得不到纯的羟胺，通常都是以强无机酸盐的形式存在。使用时，用等物质的量的可溶性弱酸盐在水溶液中与之反应，游离出羟胺。本反应中环己酮肟制备时，加入乙酸钠控制pH值。不可以使用氢氧化钠代替，否则较难保持弱的酸性环境。

5. 己内酰胺制备时滴加氨水时为什么要控制反应温度？

【解答】己内酰胺的制备中，重排反应后加入氨水中和时，开始要加的慢，以此控制反应温度，因为此时溶液较为黏稠，发热严重，否则温度突然升高，己内酰胺在温度较高时易发生水解，更多的己内酰胺将溶解在硫铵中，影响收率。

参 考 文 献

[1] 李妙葵，等.大学有机化学实验[M].上海：复旦大学出版社，2006.
[2] 李秋荣，等.有机化学及实验[M].北京：化学工业出版社，2009.
[3] 姜艳.有机化学实验(第二版)[M].武汉：化学工业出版社，2010.
[4] 王福来.有机化学实验.武汉：武汉大学出版社，2001.
[5] 袁华，等.有机化学实验[M].北京：化学工业出版社，2008.
[6] 郭书好.有机化学实验(第二版)[M].武汉：华中科技大学出版社，2008.
[7] 高占先.有机化学实验(第四版)[M].北京：高等教育出版社，2007.
[8] 袁华等.有机化学实验[M].北京：化学工业出版社，2008.
[9] 李吉海等.基础化学实验(II)——有机化学实验(第二版)[M].北京：化学工业出版社，2008.

第5章 设计性研究性实验

"研究性实验"(researchful experiment)是对已有科学成果的再发现或通过研究发现新知，是一种探究活动。研究性实验是教师确定课题后，学生在老师的指导下，根据实验目的与要求，自行查阅资料及手册，对已掌握的大量文献资料进行分析、整理，选定合理的研究路线，确立实验方案。在教学活动中，教师循序渐进地采用"指导"、"启发"、"探讨"的教学方法进行教学，学生组成研究团队，利用课余时间，自主进行研究性学习，自主进行实验方法的设计、组织设备和材料、实施实验、数据分析处理、总结报告等工作。该类型实验可以培养学生发现、分析和解决问题的兴趣和能力。

"设计性实验"(designing experiment)是参考给定的实验样例和相关资料，按照实验目的的要求，学生自主设计实验方案、列出所需仪器和药品及基本实验步骤，独立操作完成的实验。

研究性和设计性实验是倡导以学生为主体的创新性实验改革，该类型实验可调动学生的主动性、积极性和创造性，使学生在本科阶段得到创新性科学研究的锻炼，培养科研的能力和创新的兴趣。

研究性和设计性实验的步骤一般包括：

1）确定实验课题。

2）根据所选课题查阅中外文资料。

3）在查阅大量文献的基础上拟订实验方案，交指导教师审批后形成详细的实验计划。

4）选择实验仪器，确定实验药品。

5）进行实验探索，测定实验数据，优化实验条件。

6）以论文的形式写出实验报告，包括论文题目、作者、摘要、关键词、前言、实验原理及路线、实验仪器及试剂、实验步骤、实验结果与讨论以及参考文献等。

本章列出 7 个研究性和设计性实验，供有条件的学生选做。

实验38　无机离子显色剂 7-（ 4-安替吡啉偶氮）-8-羟基喹啉合成及与铜的显色反应

7-(4-安替吡啉偶氮)-8-羟基喹啉为喹啉偶氮类显色剂中的一种。1972 年 7-(4-安替吡啉偶氮)-8-羟基喹啉被合成，用于光度法测定含金量。7-(4-安替吡啉偶氮)-8-羟基喹啉为暗褐色粉末状固体，熔点 183℃，微溶于水，溶于乙醇、甲醇、三氯甲烷、丙酮等，在此溶液中显橙黄色。可与 Co^{2+}、Cu^{2+}、Ni^{2+}、Pd^{2+} 等形成红色络合物。本实验为研究性实验。学生可通过重氮化和偶合反应合成 7-(4-安替吡啉偶氮)-8-羟基喹啉(7-(4-antipyringlazo)-8-hydroxyquinoline)，重点研究 7-(4-安替吡啉偶氮)-8-羟基喹啉与铜(copper)显色的较佳工艺条件。

实验 38-1 7-(4-安替吡啉偶氮)-8-羟基喹啉的合成

一、实验目的

1) 了解利用重氮化和偶合反应制备偶氮化合物的原理和方法。
2) 复习加热、搅拌、滴加、过滤、重结晶等基本操作。

二、实验原理

将 4-氨基安替吡啉与亚硝酸反应制成重氮盐溶液，再将重氮盐在弱碱性条件下与 8-羟基喹啉进行偶合反应，制备 7-(4-安替吡啉偶氮)-8-羟基喹啉。

三、仪器与试剂

1. 仪器

搅拌器；空气冷凝管；长径滴液漏斗；布氏漏斗；玻璃漏斗；保温漏斗；吸滤瓶；三口瓶；磨口锥形瓶。

2. 试剂

4-氨基安替吡啉 8g(0.04mol)；亚硝酸钠 3.0g(0.043mol)；8-羟基喹 5.8g(0.04mol)；氢氧化钠；浓盐酸；乙醇 (95%)；脲；N,N-二甲基甲酰胺；蒸馏水。

四、实验步骤

将 8.0g(0.04mol)4-氨基安替吡啉溶于 50mL 水中，加入 8mL 浓盐酸得溶液 A，置于冰浴中冷却。滴加 3.0g(0.043mol) 亚硝酸钠溶于 15mL 水溶液中，得溶液 B。将 B 滴加到 A 中，使其重氮化，加完后再反应半小时，在此反应过程中，温度保持在 -2~0℃。而后加入少量尿素(10g/25mL)，消除多余的亚硝酸钠，得紫红色的重氮盐溶液。

将 5.8g(0.04mol)8-羟基喹啉溶于 80mL 乙醇(95%)中，冷却至 0℃，在搅拌下滴加上述得到的重氮化合物溶液，同时加入 5.8g(0.145mol)氢氧化钠溶于 30mL 水溶液，使 pH 值保持在 8 左右，加完后再搅拌 2 h，反应结束后，滤出析出的红棕色产品，水洗后，再用乙醇洗涤，用 N,N-二甲基甲酰胺重结晶。

实验 38-2 7-(4-安替吡啉偶氮)-8-羟基喹啉分光光度法测定铜

一、实验目的

1) 了解 721 型(或 722S 型)分光光度计的构造和使用方法。
2) 掌握 7-(4-安替吡啉偶氮)-8-羟基喹啉分光光度法测定铜的方法。

二、仪器与试剂

721 型(或 722S 型)分光光度计；pHS-3C 型酸度仪。

铜标准溶液：准确称取纯铜(含量不低于 99.9%)0.1000g 于 100mL 烧杯中，加 1:1 硝酸溶液予以溶解，再加少许 1:1 硫酸溶液蒸至冒白烟，冷却后用水稀释定容于 500mL 容量瓶中，此溶液含铜 0.2g/L。取其稀释液 5mL 于 100mL 容量瓶中，并稀释至刻度，此溶液含铜 10mg/L(使用时稀释到 10μg/mL)。

7-(4-安替吡啉偶氮)-8-羟基喹啉溶液：0.025%的 1∶1 的乙醇和 N, N-二甲基甲酰胺溶液。

pH 值 = 3.6HAc-NaAc 缓冲溶液。

三、实验方法

准确移取一定量的铜标准溶液于 25mL 的容量瓶中，依次加入 5mL pH 值为 3.6 的缓冲溶液、3mL 显色剂，以水稀释至刻度，摇匀。显色 5min 后，以试剂空白为参比，用 1cm 比色皿，于 510nm 处测定吸光度。

四、条件试验

1. 吸收曲线的绘制

准确移取 10μg/mL 铜标准溶液于 25mL 的容量瓶中，加入 5mL pH 值为 3.6 的缓冲溶液、3mL 显色剂，以水稀释至刻度，摇匀。显色 5min 后，以试剂空白为参比，用 1cm 比色皿，用不同的波长从 570nm 开始到 430nm 为止，每隔 10nm 测定一次吸光度。然后以波长为横坐标，吸光度 A 为纵坐标绘制吸收曲线，从吸收曲线上确定该测定的适宜波长。

2. 络合物的显色时间及稳定性的测定

按实验方法进行显色，在最大吸收波长(510nm)处，每隔一定时间测定其吸光度，以时间(t)为横坐标，吸光度 A 为纵坐标绘制 $A-t$ 曲线，从曲线上确定该络合物的显色时间及稳定性。

3. 显色剂浓度试验

按实验方法进行显色，在其他条件不变的条件下，改变显色剂的加入量 0.5mL、1mL、2mL、3mL、4mL、5mL、6mL，以加入显色剂的体积为横坐标，吸光度 A 为纵坐标绘制曲线，从吸收曲线上找出显色剂的最适宜的加入量。

4. 缓冲溶液用量试验

只改变缓冲溶液用量，测定络合物在不同用量的缓冲溶液中的吸光度，以加入缓冲溶液的体积为横坐标，吸光度 A 为纵坐标绘制曲线，从吸收曲线上找出缓冲溶液的最适宜的加入量。

5. 铜含量的测定

(1)标准曲线的绘制

按实验方法进行显色，在其他条件不变的条件下，改变 Cu^{2+} 的加入量为 0.5mL、1mL、2mL、3mL、4mL、5mL、6mL，以加入 Cu^{2+} 的体积为横坐标，吸光度 A 为纵坐标绘制标准曲线，从吸收曲线上确定 Cu^{2+} 符合比尔定律的范围，用 Microcai Origin6.0 软件作图，求出曲线的线性回归方程、相关系数，计算显色反应的摩尔吸光系数 ε 数值。

(2)未知液中铜含量的测定

吸取 5mL 未知液代替标准溶液，按实验方法进行显色，测定吸光度。将吸光度数值代入线性回归方程中，计算 5mL 未知液中铜离子的含量，以每毫升未知液中含有铜多少微克表示结果。

五、注释

1)重氮化是放热反应，重氮盐对热不稳定，因此要在冷却的情况下进行，一定要调节亚硝酸钠的滴加速度，维持温度在0℃附近。

2）重氮盐制备过程中要避免过量的亚硝酸存在。过量的亚硝酸会促进重氮盐的分解，会很容易和进行下一步反应所加的化合物起作用。加入适量的亚硝酸钠溶液后，要及时用碘化钾淀粉试纸检验反应终点。过量的亚硝酸钠可以加尿素来除去。

例题解析

【例1】重氮化反应的终点如何检验？

【解答】亚硝酸盐微量为反应终点。用碘化钾–淀粉试剂微蓝来确定。

【例2】偶合反应终点如何检验？

【解答】重氮盐消失为反应终点。采用反应液与偶合剂反应形成有色染料，用滤纸渗圈法显色检测。

【例3】8–羟基喹啉与重氮盐进行偶合反应时为何要在弱碱性条件下进行反应？

【解答】酚是弱酸性物质，在碱性条件下以酚盐负离子的形式存在，该结构有利于重氮正离子的进攻。但是，如果碱性太强（pH值>10），重氮盐会因受到碱的进攻而变成重氮酸或重氮酸盐离子致使偶合反应不能发生。因此，通常重氮盐和酚的偶合在弱碱性（pH值=8~10）溶液中进行。

参 考 文 献

[1] 闫鹏飞，郝文辉，高婷. 精细化学品化学[M]. 北京：化学工业出版社，2004.
[2] 曾云鹗，张华山，陈震华. 现代化学试剂手册（第四分册）——无机离子显色剂[M]. 北京：化学工业出版社，1989：262.

实验39　三组分（环己醇，苯酚，苯甲酸）分离

分离提纯作为一种重要的化学方法，不仅在有机化学实验和化学研究中具有重要作用，在化工生产中也同样具有十分重要的作用。不少重要的化学研究与化工生产，都是以分离提纯为主体的，如石油工业等。有机化学反应的特点之一是副反应较多，因此，混合物的分离和提纯是有机化学实验最基本的部分，几乎所有类型的有机化学实验都离不开分离纯化工作。分离（separation）常指从混合物中把几种物质逐一分开。提纯（purification）通常指把杂质从混合物中除去。一般依据混合物中各组分的物理性质（物态、沸点、蒸气压、溶解度、极性等）和化学性质（酸碱性）上的某些差异来分离提纯有机化合物。在进行分离提纯操作之前，一定要了解混合物中各组分的物理性质和化学性质，然后确定如何分离。

本实验是将一份自己配制的含有环己醇（cyclohexanol）、苯酚（phenol）和苯甲酸（benzoic acid）的混合物进行分离，然后分别纯化。目的在于通过此分离纯化操作，使学生在对其他混合物设计分离纯化时有所参考。

一、实验目的

1）学会利用有机化合物酸性和在水中的溶解度不同，采用稀酸和稀碱进行三组分混合物（环己醇，苯酚，苯甲酸）分离提纯的方法。

2）学会设计用简单的化学方法分离有机混合物的实验方案，根据自己设计的实验方案组装实验装置，并独立完成实验操作。

二、实验原理

本实验是利用混合物中各组分酸性的不同来分离提纯各种化合物的。化合物的酸性见表 5-1。

表 5-1　化合物的酸性

化合物	pK_a	化合物	pK_a
苯甲酸	4.20	水	15.7
碳酸	6.37	环己醇	18
苯酚	10		

环己醇的酸性比水弱，所以环己醇与 NaOH 难反应。

苯酚的酸性大于水，所以苯酚可与 NaOH 等强碱反应，形成可溶于水的酚钠。酚钠又能被碳酸等强酸置换出酚。实验室常利用此性质来分离和纯化酚类化合物。实验中向酚钠溶液中不断通入 CO_2 即可使酚游离出来。反应方程式如下：

苯甲酸的酸性比水、环己醇、苯酚和碳酸的酸性强，它可与 $NaHCO_3$、Na_2CO_3、NaOH 等反应生成可溶于水的盐。与硫酸、盐酸等无机酸相比，苯甲酸的酸性较弱。向苯甲酸盐中加入无机酸可发生强酸置换弱酸的反应，生成苯甲酸。反应方程式如下：

三、主要仪器和试剂

1. 仪器

分液漏斗；烧杯；布氏漏斗；水循环泵；吸滤瓶。

2. 试剂

NaOH；$NaHCO_3$；HCl (6mol/L)；环己醇；苯酚；苯甲酸。

四、实验步骤

1) 查阅资料，写出分离25g混合物的实验设计方案。

2) 补充所需试剂及仪器。

3) 查阅混合物中各组分的物理化学性质及物理常数。

4) 设计实验步骤。

5) 计算各组分的含量及回收率，完成表5-2。

表5-2 各组分的回收率

组分	理论量/g	实验结果	
		回收量/g	回收率/%
苯甲酸			
苯酚			
环己醇			

五、注释

1) 苯甲酸对皮肤有轻度刺激性。蒸气对上呼吸道、眼和皮肤产生刺激。本品在一般情况下接触无明显的危害性。

2) 苯酚具有强的腐蚀性如不慎滴落到皮肤上应马上用酒精(乙醇)清洗，在空气中易被氧化而变粉红色。

参 考 文 献

[1] 王福来. 有机化学实验[M]. 武汉：武汉大学出版社，2001.

[2] 候士聪. 基础有机化学实验[M]. 北京：中国农业大学出版社，2006.

[3] 郭书好. 有机化学实验(第三版)[M]. 武汉：华中科技大学出版社，2008.

实验40 阳离子/非离子二元表面活性剂复配体系对3,4-二羟基苯基荧光酮与钼(Ⅵ)显色反应的增敏性能研究

表面活性剂(surfactant)素有"工业味精"之称，因为它在工农业、医药、日常生活及高新技术领域中都有广泛的应用，是多功能的精细化工产品。表面活性剂常分为离子型和非离子型两大类。在离子型表面活性剂中，按生成亲水基离子种类的不同可分为阴离子和阳离子型表面活性剂。另外还有两性型离子表面活性剂、混合型离子表面活性剂等。由于表面活性剂之间进行复配(complex)使用可获得比单一表面活性剂更优良的效果，所以，表面活性剂之间的复配长期以来备受研究者和生产者的关注。本实验合成3,4-二羟基苯基荧光酮(3,4-dihydroxyphenylfluorone)，重点研究阳离子/非离子二元表面活性剂复配体系对3,4-二羟基苯基荧光酮与钼(molybdenum)(Ⅵ)显色反应的增敏性能影响。

一、实验目的

1) 掌握3,4-二羟基苯基荧光酮的合成方法及原理。

2) 了解3,4-二羟基苯基荧光酮与钼(Ⅵ)显色反应的原理。

3) 了解阳离子/非离子二元表面活性剂复配体系的增敏原理。

二、3,4-二羟基苯基荧光酮的合成反应原理

三、主要仪器和试剂

1. 仪器

721 型分光光度计；电动搅拌器；水泵；球形冷凝器；磨口三口烧瓶；加热套。

2. 试剂

对苯二酚；乙酸酐；浓硫酸；无水乙醇；重铬酸钾；3,4-二羟基苯甲醛。

钼标准溶液：称取 0.1500g 光谱纯三氧化钼于 100mL 烧杯中，加入 10mL10%的氢氧化钠溶解，移入 100mL 容量瓶中，用水稀释至刻度，摇匀，制得浓度为 1mg/mL 的钼标准溶液。取上述标液稀释配制 10μg/mL 的钼溶液作为工作液。

3,4-二羟基苯基荧光酮(0.025%)：称取 0.0625g 自制的 3,4-二羟基苯基荧光酮，放入 50mL 的小锥形瓶中，加入几滴二甲基甲酰胺(DMF)直到试剂全部溶解，加入 30mL 无水乙醇，得到橘红色的溶液。将溶液转移到 250mL 的容量瓶中，最后用无水乙醇定容，摇匀。

溴化十六烷基三甲铵(CTMAB)：1.0×10^{-2} mol/L 水溶液；Tween-80；Tween-100；pH 值=5.0 的 NaAc-HAc 缓冲溶液。实验所需的水为蒸馏水。

四、实验步骤

1. 3,4-二羟基苯基荧光酮的合成

参考文献[1]和文献[2]制定出合成 3,4-二羟基苯基荧光酮的合成方法，画出反应装置图，并合成 3,4-二羟基苯基荧光酮。补充实验所需的仪器及试剂。

2. 3,4-二羟基苯基荧光酮与钼(Ⅵ)的显色反应

(1)实验方法

在 25mL 的容量瓶中分别加入 2mL 10μg/mL 的钼标液，3mL pH 值=5.0 的 NaAc-HAc 缓冲溶液，4mL 1.0×10^{-2} mol/L 的 CTMAB 水溶液，2mL 0.5%的 Tween-80(或 Tween-100 溶液)，1mL 的 0.025%的 3,4-二羟基苯基荧光酮溶液，用蒸馏水稀释至刻度，摇匀，10min 后，用 1cm 比色皿，以试剂空白为参比，用 721 型分光光度计，在 570 nm 波长处测定吸

光度。

（2）条件实验

1）吸收曲线。按实验方法进行显色，分别测定无表面活性剂、有表面活性剂 CTMAB 及在表面活性剂 CTMAB 和 Tween-100 存在下的吸收光谱。比较上述各种情况显色反应的灵敏度。考察复配后的表面活性剂是否有增敏作用。

2）表面活性剂用量对显色反应的影响。改变表面活性剂及其用量，考察表面活性剂对显色反应的影响，完成表 5-3。

表 5-3 表面活性剂对显色反应的影响

表面活性剂	浓度/%	加入量/mL	λ_{max}(MR)/nm	ε/(L·mol^{-1}·cm^{-1})
无				
Tween-80	0.5	4		
Tween-100	0.5	4		
CTMAB	0.36	6		
CTMAB+Tween-80	0.36+0.5	4+2		
CTMAB+Tween-100	0.36+0.5	4+2		

3）总结规律，得出实验结论。

五、注释

1）本实验也可用可以买到的常用的苯基荧光酮类显色剂（例如：苯基荧光酮、水杨基荧光酮等）来代替 3,4-二羟基苯基荧光酮，实验不同表面活性剂复配对光度分析的影响。

2）本实验也可在 CTMAB 中加入正丁醇、正庚烷及水，配制微乳液，研究复配后的表面活性剂对显色反应的影响。

参 考 文 献

［1］曾云鹗，张华山，陈震华. 现代化学试剂手册（第四分册）——无机离子显色剂［M］. 北京：化学工业出版社，1989：395.

［2］罗光富，黄应平，颜克美. 新显色剂 2,3,7-三羟基-9-(2,4-二羟基)苯基荧光酮的合成及与金属离子显色反应的研究［J］. 化学试剂，2002，24(3)：158-159；166.

［3］吴宏，黄应平. 胶束增敏 2,3,7-三羟基-9-[4-(2,4-二羟基)苯偶氮]苯基荧光酮与钼(Ⅵ)显色反应的研究［J］. 华中师范大学学报（自然科学版），2000，34(3)：306-309.

［4］陈文宾，张雁秋，马兴卫，等. 微乳液介质-水杨基荧光酮分光光度法测定微量铋［J］. 冶金分析，2005，25(5)：49-51.

实验 41 人工合成香料-乙酸苄酯的制备

研究背景：

乙酸苄酯（benzyl acetate），常温下为无色透明油状液体，不溶于水，易溶于乙醇和乙醚。沸点为 212~213℃，折射率（n_D^{20}）为 1.5010~1.5030。

乙酸苄酯存在于多种天然精油中，是风信子、茉莉、栀子等精油的主要成分，是我国 GB 2760—86 规定允许使用的食用香料，是食品和化妆品工业中广泛应用的一种重要的合成香料。乙酸苄酯具有浓郁的茉莉花香味，具有独特的香气和挥发性，并带有果香香调，对花香和幻想型香精的香韵有提升作用，可用于配制多种水果、木瓜、奶油、紫罗兰等茉莉花香型的香精，在 400 种著名的加香产品中，其用量排名均在前 5 名之内。此外，它还广泛用作树脂、染料、油脂、油墨等的溶剂。由于乙酸苄酯用途广泛，需求量巨大，由天然产物提取很难满足需要，只能求助于人工合成。

目前乙酸苄酯的合成方法主要有以下几种：①苄氯与醋酸钠在氧化铜或汞盐存在下反应，收率低，污染严重，成本高；②苄氯与醋酸钠以冰醋酸为溶剂进行反应，但反应后溶剂难以回收，损失大；③苄氯与醋酸钠在相转移催化剂存在下反应，操作条件温和，收率高；④苄醇与醋酸在硫酸催化下直接酯化合成，但设备腐蚀严重，副反应多，后处理复杂，废液排放量大。由于现代分析手段证实苄氯属致癌物质，因此以苄醇与醋酸为原料的合成方法已成为安全可靠的首选路线，但这种方法转化率较低，反应时间长，硫酸对设备的腐蚀性较大，维修费用和生产成本高，并且产品后处理复杂，环境污染严重。因此，以苄醇与醋酸为原料制备乙酸苄酯的合成方法必须解决硫酸催化存在的弊端，才能真正成为安全可靠的首选路线。许多学者在合成乙酸苄酯方面作了大量工作，发现采用固体酸、路易斯酸、杂多酸、酸式硫酸盐、强酸性阳离子交换树脂等代替硫酸作催化剂，均能得到较好的效果。

研究内容

1）以本实验提供的文献为基础，查阅相关文献资料。总结有关非硫酸催化剂在以苄醇与醋酸为原料制备乙酸苄酯的合成方法中的应用。

2）在以下几种酸催化剂：(a)固体酸、(b)路易斯酸、(c)杂多酸、(d)酸式硫酸盐、(e)强酸性阳离子交换树脂中选择一种进行乙酸苄酯的制备。

3）学会设计合理的实验方案，根据自己设计的实验方案组装实验装置，并独立完成乙酸苄酯的制备。

4）总结实验研究结果，撰写总结论文。

参 考 文 献

[1] 马松艳, 等. 乙酸苄酯的合成研究进展[J]. 应用化工, 2009, 38(10).
[2] 周蓓蕾, 等. 乙酸苄酯绿色合成新工艺的研究[J]. 中山大学学报, 2009, 48(4).
[3] 吴景梅, 等. 乙酸苄酯的合成[J]. 化工中间体, 2010, 6.
[4] 李艳波, 等. 固体酸催化合成乙酸苄酯[J]. 浙江化工, 2008, 39(2).
[5] 蒋红芝, 等. 乙酸苄酯合成过程强化实验及产物分析研究[J]. 应用化工, 2009, 38(11).
[6] 张福捐, 等. 茉莉香精乙酸苄酯的催化合成[J]. 河北化工, 2009, 32(9).

实验 42　多酸催化乙酸酯类化合物的制备研究

研究背景：

多酸是指两个或两个以上的含氧酸分子缩合去水而成的配位酸。例如，两个磷酸 H_3PO_4 分子去水缩合而成的焦磷酸 $H_4P_2O_7$，就是一种双酸：

$$2H_3PO_4 \longrightarrow H_4P_2O_7 + H_2O$$

多酸中含有相同酸根的称为同多酸，含有不同酸根的称为杂多酸；相应的盐称为同多酸盐和杂多酸盐。同多酸及其盐如重铬酸 $H_2Cr_2O_7$ 和重铬酸钾 $K_2Cr_2O_7$；杂多酸及其盐如十二

水合十二钼磷酸 $H_3[PMo_{12}O_{40}] \cdot 12H_2O$ 和十二钼磷酸钾 $K_3[PMo_{12}O_{40}]$。

多酸是一种多核配合物。化学元素中有近 40 种元素可形成多酸，包括各个成酸元素、两性元素以至若干金属性较强的元素。元素周期表中尤以第ⅤB 和第ⅥB 族元素能形成同多酸根离子。

在多酸中，杂多酸及其盐类是一种多功能的新型催化剂，在催化研究领域越来越受到人们的重视。这是因为它在很多反应中都具有很高的催化活性，而且可以减少对环境带来的污染问题。杂多酸及其盐在作为催化剂时有以下一些特点：①杂多酸及其盐既具有配合物和金属氧化物的特征，又有强酸性和氧化还原性，它是具有氧化还原和酸催化的双功能催化剂；②杂多酸的阴离子结构稳定，性质却随组成元素不同而异，可以通过分子设计的手段，以改变分子组成和结构来调节其催化性能；③活性高、选择性强，既可用于均相反应，又可用于多相反应；④对设备腐蚀性小，不污染环境。

杂多酸催化剂主要有三种形式：纯杂多酸、杂多酸盐和负载型杂多酸，其中以负载型杂多酸效果最好。负载型杂多酸是将杂多酸有效地负载在载体上，其优点是杂多酸负载在具有较大比表面积的载体上以后，将大大增加其在反应中与反应物的接触面积，从而使催化效率显著增加；同时杂多酸负载后，能在液相氧化和酸催化反应中把催化剂从反应介质中很方便地分离出来，实现催化剂的重复使用。最常用的载体是活性炭，负载型杂多酸催化剂的制备常用的方法主要有浸渍法、吸附法、溶胶-凝胶法和水热分散法。一般最常用的是浸渍法，改变杂多酸溶液浓度及浸渍时间是调节浸渍量的主要手段。

酯类化合物是重要的有机精细化学品，通常是在酸催化下由羧酸和醇酯化得到。长期以来，这类化合物的合成一般是以硫酸为催化剂。虽然硫酸价格低、活性高，但是副反应多，对设备腐蚀严重，并产生大量酸性废水。杂多酸催化剂，尤其是负载型杂多酸催化剂用于酯化反应，对设备腐蚀小，容易从反应介质中分离，不产生酸性废水，是一种环境友好的催化剂，具有非常好的应用前景。

研究内容：

1) 以本实验提供的文献为基础，查阅相关文献资料。总结有关负载型杂多酸催化剂及其在酯化反应中应用的研究进展。

2) 以活性炭为载体，磷钨酸为本体，用浸渍法制备负载型磷钨酸催化剂。

3) 在以下三种酯：(a) 乙酸乙酯、(b) 乙酸正丁酯、(c) 乙酸异丙酯中选择一种，在上述催化剂作用下合成乙酸酯类化合物。

4) 学会设计合理的实验方案，根据自己设计的实验方案组装实验装置，并独立完成乙酸苄酯的制备。

5) 总结实验研究结果，撰写总结论文。

参 考 文 献

[1] 王恩波，等. 多酸化学导论[M]. 北京：化学工业出版社，2000.

[2] 赵忠奎，等. 用马来酸制备富马酸和苹果酸的绿色化学方法[J]. 化学进展，2004，16(4).

[3] 吴越，等. 富马酸生产工艺控制过程的改进[J]. 分子催化，1996，10(4).

[4] 于世涛，等. 固体酸与精细化工[M]. 北京：化学工业出版社，2006.

[5] 刘士荣，等. 苯酐副产马来酸制备富马酸[J]. 精细石油化工，2007，24(1).

实验 43　反丁烯二酸的制备研究

研究背景：

反丁烯二酸(fumaric acid)又称延胡索酸或富马酸，是最简单的不饱和二元羧酸。常温下为单斜晶系无色针状或小叶状结晶，有水果酸味，溶于水，微溶于冷水、乙醚、苯，易溶于热水，溶于乙醇。熔点为300~302℃(封管)，在165℃(17mmHg)升华。

反丁烯二酸最早从延胡索中发现，此外也存在于多种蘑菇和新鲜牛肉中。反丁烯二酸与顺丁烯二酸互为几何异构体，反丁烯二酸加热至250~300℃转变成顺丁烯二酸。

反丁烯二酸用于生产不饱和聚酯树脂，这类树脂的特点是耐化学腐蚀性能好，耐热性也好；反丁烯二酸与乙酸乙烯的共聚物是良好的黏合剂，与苯乙烯的共聚物是制造玻璃钢的原料，反丁烯二酸所制得的增塑剂无毒，可用于与食品接触的乙酸乙烯乳胶。该品是医药和光学漂白剂等精细化学品中间体，在医药工业中用于解毒药二巯基丁二酸的生产。将反丁烯二酸用碳酸钠中和，即得到反丁烯钠，进而用硫酸亚铁置换得到反丁烯二酸铁，是用于治疗小红血球型贫血的药物富血铁。反丁烯二酸作为一种食品添加剂——酸味剂，用于清凉饮料、水果糖、果冻、冰淇淋等，大多与酸味剂柠檬酸并用，反丁烯二酸与氢氧化钠反应制成的单钠盐，也用作酸味调味品，还用作合成树脂、媒染剂的中间体。

工业上有多种方法生产反丁烯二酸。其主要来源是在催化剂存在下将苯(或丁烯)氧化生成顺丁烯二酸(或顺丁烯二酸酐)，再经异构化而得。将苯(或80%的丁烯)与过量空气在流化床或固定床反应器中进行氧化反应生成顺丁烯二酸酐，被循环的酸液吸收成顺丁烯二酸。再经脱色过滤，顺丁烯二酸在硫脲催化剂作用下进行异构化，反应物经过滤、洗涤、干燥即得反丁烯二酸。异构化催化剂也采用过硫酸铵-溴化铵混合物或金属盐、铵盐、硫醇及10%~20%的盐酸。碳水化合物如蔗糖、葡萄糖、麦芽糖经黑根菌发酵也可制得反丁烯二酸。用糖类发酵的方法，1t产品需耗粮食8t，经济上很不合算，国内研究以液体石蜡代替粮食发酵，以C16~C18含量较多的液蜡为碳源，经80~88h发酵，液蜡转化率在50%左右，提取率在50%以上。糠醛法，以糠醛为原料，经氯酸钠氧化而得。

研究内容

1) 以本实验提供的文献为基础，查阅相关文献资料。总结有关异构化法制备反丁烯二酸的研究进展。

2) 在以下三种催化剂：(a)硫脲、(b)铵盐、(c)10%~20%盐酸中选择一种，通过顺丁烯二酸异构化制备反丁烯二酸。

3) 学会设计合理的实验方案，根据自己设计的实验方案组装实验装置，并独立完成反丁烯二酸的制备。

4) 总结实验研究结果，撰写总结论文。

参 考 文 献

[1] 李贵华，等.马来酸催化转化制备富马酸[J].郧阳医学院学报，1997，16(1).

[2] 张万轩，等.用马来酸制备富马酸和苹果酸的绿色化学方法[J].忻州师范学院学报，2010，26(2).

[3] 付绍祥，等.富马酸生产工艺控制过程的改进[J].辽宁化工，1994，5.

[4] 索陇宁，等.顺酸酐水中马来酸异构化制富马酸[J].精细石油化工进展，2001，2(11).

[5] 刘传玉，等. 苯酐副产马来酸制备富马酸[J]. 苯酐通讯，1996，1.

[6] 张慧，等. 富马酸生产工艺进展[J]. 化工科技，2002，10(5).

[7] 苏秋芳，等. KBr–H$_2$O$_2$ 催化顺酐异构化合成富马酸[J]. 化学试剂，2001，23(2).

[8] 高翠英，等. 富马酸及其衍生物的应用研究进展[J]. 广东化工，2007，34(7).

实验 44　油田水缓蚀剂的制备与评价

研究背景：

在油田开发中后期，会产生大量的 H$_2$S、CO$_2$、Cl$^-$、SO$_4^{2-}$ 等腐蚀介质，这些物质溶解在地下采出水中，形成酸性液体，对井下管柱造成腐蚀。特别是 CO$_2$ 酸性气体造成的腐蚀较为特殊，表现为坑蚀、点蚀状，例如中坝气田、华北油田都曾出现过由于 CO$_2$ 腐蚀穿孔，造成油管报废及被迫停井的事例。此外，盐离子腐蚀也越来越成为一个突出的问题。

油田设备的服役条件主要是承载和环境，腐蚀是困扰石油天然气工业发展的难题之一。20 世纪 40 年代末，含硫油气田出现设备开裂事故，使酸性油田的开采拖延了近 10 年。腐蚀大大缩短了油田设备和集输管线的使用寿命，据粗略估计，腐蚀给我国石油工业造成的损失约占行业总产值的 6%，而采取合理的防腐蚀措施，可挽回 30%~40% 的损失。尽管一些特殊的耐蚀材料可用来制造油田设备和输集管线，但不能防止石油管的所有腐蚀，同时带来较高的材料成本。因此，必须采用其他更合理的防护技术提高油田设备的使用寿命。各种有机、无机涂镀层用于管路内防护时施工难度较大，且存在结合力差、不能保护丝扣、不适应苛刻力学环境、有机涂料易老化、耐高温性能差等缺点。而在介质中加入少量缓蚀剂，则可显著减少金属材料的腐蚀速度，并可保持金属的物理机械性能不变。同时，缓蚀剂具有成本低、操作简单、见效快、能保护整体设备、适合长期保护等特点，采用缓蚀剂无疑是油气田设备的最佳防护措施之一，也是该领域中国内外学者研究得最多的防腐措施。国内外的油田现场应用表明，加注缓蚀剂能大大提高油田设备的使用寿命。

大量有机化合物如醛类、胺类、羧酸、杂环化合物等可以作为有机缓蚀剂，目前有机缓蚀剂至少有 150 多个基本品种。作为缓蚀剂的有机化合物通常由电负性较大的 N、O、S 等原子为中心的极性基和 C、H 等原子组成的非极性基构成，能够以某种键的形式与金属表面相结合。国内外使用的油田缓蚀剂大多是链状有机胺及其衍生物、咪唑啉及其盐、季铵盐类、松香衍生物、磺酸盐、亚胺乙酸衍生物及炔醇类等。其中，有机胺类、季铵盐类、咪唑啉及其衍生物类缓蚀效果较好。

近年来，缓蚀剂和缓蚀技术的研究和应用发展很快，如多功能通用缓蚀剂、高效低毒型缓蚀剂、杂环型缓蚀剂、低聚型缓蚀剂等已相继研制成功。

为满足石油化工行业的发展需要，缓蚀剂的研究及发展方向主要为以下几个方面：

1）探索从天然植物、海产动植物中提取、分离、加工新型缓蚀剂有效成分。通过氢化、歧化、聚合和加成等改性后，可以获得在酸性介质中对碳钢有优异缓蚀性能的缓蚀剂。

2）研究开发脂肪酸、氨基酸、丹宁酸等含氧、氮化合物为主的有机缓蚀剂和复合缓蚀剂。

3）开发高温 200℃ 以上酸化缓蚀剂及炼油厂工艺缓蚀剂，满足工业生产发展的需要。

4）加强对含缓蚀剂的污染物处理及限制使用量的研究，以减少缓蚀剂对环境和生态发展的不良影响。

5）利用先进的现代分析测量仪器和计算机，从分子和原子水平上研究缓蚀剂分子在金属表面上的行为及作用机理，缓蚀剂之间协同作用机理，指导缓蚀研究和开发应用。

6）研究苛刻环境和复杂要求下具有优良综合性能、可与其他防护手段联合使用、无污染的缓蚀剂。

缓蚀效率的室内评价方法主要是失重法、直流极化法和交流阻抗法。失重法按石油天然气行业标准 SY/52731991 油田注水缓蚀剂评价方法执行。模拟工况，其他条件不变的情况下，分别测量注入缓蚀剂和不注入缓蚀剂的腐蚀失重量，计算缓蚀效率。直流极化法分别测得注入缓蚀剂和不注入缓蚀剂时腐蚀金属电极的极化曲线，利用塔菲尔外推法分别得到腐蚀电流计算缓蚀效率。交流阻抗法利用等效电路计算缓蚀效率。

此外，缓蚀效率的室内评价方法还包括物理测定法、化学分析法、表面微观分析法和扫描电极法、电化学噪声法等。

研究内容：

1）以本实验提供的文献为基础，查阅相关文献资料。总结有关油田水缓蚀剂的制备方法和评价手段。

2）在以下缓蚀剂：（a）有机胺类、（b）季铵盐类、（c）咪唑啉、（d）咪唑啉衍生物中选择一种进行制备。

3）在以下方法：（a）失重法、（b）直流极化法、（c）交流阻抗法中选择一种评价缓蚀剂的缓蚀效率。

4）学会设计合理的实验方案，根据自己设计的实验方案组装实验装置，并独立完成一种缓蚀剂的制备。

5）总结实验研究结果，撰写总结论文。

参 考 文 献

[1] 任呈强，等．油田缓蚀剂研究现状与发展趋势［J］．精细石油化工进展，2002，（10）．
[2] 尹成先，等．油田有机缓蚀剂的研究现状和发展趋势［J］．精细石油化工进展，2005，（4）．
[3] 黄光团，等．新型咪唑啉衍生物油田注水缓蚀剂的研究［J］．腐蚀与防护，2004，（2）．
[4] 赵艳娜，等．近中性油田产出水中缓蚀剂的性能评价［J］．腐蚀科学与防护技术，2008，（7）．
[5] 陈迪．油田用缓蚀剂筛选与评价程序研究［J］．全面腐蚀控制，2009，（3）．

第6章 开放性实验

随着全球科学技术的飞速发展，社会对人才素质的要求越来越高，化学人才的培养除需要学生掌握扎实的基础理论知识外，更重要的是学生通过动手做实验，掌握各种实验操作技能，培养学生独立思考、分析问题、解决问题的能力和创新能力，培养学生严谨求实的工作作风和科学态度。开放性实验是以学生为主导作用、学生根据所学的理论知识自己设计实验、实施实验、整理总结实验结果、撰写实验论文的一种实验模式，是激发学生的科研兴趣、培养学生的科研素质、提高学生的动手能力和创新能力的富有个性的实验教学模式。

实验45 2-庚酮的制备

2-庚酮是一种存在于成年工蜂和小黄蚁体内的昆虫警戒信息素，微量存在于丁香油、肉桂油和椰子油中，具有强烈的水果香味，可用作香精的添加剂，其实验室合成主要采用乙酰乙酸乙酯的烷基化反应和皂化水解脱羧反应。由于乙酰乙酸乙酯需要强碱(醇钠及以上强度的碱)才能脱氢发生烷基化反应，而水能够使醇钠分解为醇和氢氧化钠，降低碱的强度，因此2-庚酮的合成中对水分的控制要求很高，不仅仪器和溶剂要干燥除水，其合成的过程也要注意避免水分的进入。

本次实验对原料纯度要求较高，不建议采用正溴丁烷的制备实验中的产物为原料；考虑学生实验中的安全性，尽量选用保存良好的乙醇钠，不建议采用金属钠为起始原料。

一、实验目的
1) 学习和掌握制备2-庚酮的原理和方法。
2) 学习防水条件下的反应的保障和操作。

二、实验原理

三、主要仪器和试剂
1. 仪器

250mL三口烧瓶；250mL圆底烧瓶；氯化钙干燥管；分液漏斗；锥形瓶；蒸馏头；温度计(200℃)；回流冷凝管；直型冷凝管；真空接引管；三口瓶(100mL 250mL)；恒压滴液漏斗；玻璃棒；磁力加热搅拌器；电热套。

2. 试剂

乙醇钠；无水乙醇；正溴丁烷；碘化钾；乙酰乙酸乙酯；浓盐酸；二氯甲烷；无水硫酸镁；氢氧化钠；硫酸；氯化钙溶液。

四、实验步骤
1. 正丁基乙酰乙酸乙酯的制备

在装有磁力搅拌器、冷凝管和恒压滴液漏斗的干燥250mL三口烧瓶中，加入10.2g乙醇钠，1g 碘化钾，40mL 无水乙醇以及 19mL 乙酰乙酸乙酯，塞住剩余的磨口并在冷凝管上方装上干燥管，加热溶解后保持反应液呈微沸状态 15min，利用恒压滴液漏斗将 19mL 正溴丁烷滴入体系中，约 15min 加完，回流 2min。稍冷后，去掉恒压滴液漏斗和回流冷凝管，改为蒸馏装置，简单蒸馏蒸出过量乙醇（约 40~50mL）。冷至室温，加入 70mL5% 稀盐酸充分搅拌，将混合物转移至分液漏斗中，分去水层，洗涤，无水硫酸钠干燥，滤除干燥剂，得正丁基乙酰乙酸乙酯粗品。

2.2-庚酮的制备

在 250mL 圆底烧瓶中加入 100mL 8% 氢氧化钠水溶液和上一步中所获得的正丁基乙酰乙酸乙酯粗品，45~50℃ 下剧烈搅拌 2h。之后在搅拌下慢慢滴加 20% 硫酸直至 pH 值为 2~3（约 20mL 左右），搅拌至无二氧化碳气体放出后，进行简易水蒸气蒸馏，直至无油状物蒸出为止。在馏出液中加入颗粒状氢氧化钠，直至红色石蕊试纸呈碱性为止，分出有机层，用 10mL 饱和氯化钙水溶液洗涤后用无水硫酸镁干燥，得 2-庚酮粗品。粗品经干燥的蒸馏装置蒸馏，收集 135~142℃/81.3kPa(150mmHg) 或 145~152℃ 的馏分，即得 2-庚酮的无色到淡黄色透明液体，产量约为 4~6mL。

实验约需 8~10h。

五、注释

1）实验可分两个半天开展，如连续开展，第一步实验的粗品可不干燥。

2）注意加料时先加固体后加液体，加料时远离热浴防止进水，注意实验中萃取、洗涤等各操作的细节。

例题解析

【例1】本实验为什么要加入碘化钾？

【解答】本实验所需时间过长，在正丁基乙酰乙酸乙酯的制备时，如加入碘化钾可加速反应的进行，节约反应的时间。

【例2】2-庚酮后处理过程为什么要加入氯化钙浓溶液再干燥？

【解答】除去粗品中的乙醇。

参 考 文 献

[1] 袁华，等. 有机化学实验(第一版)[M]. 北京：化学工业出版社，2008.

[2] 郭书好. 有机化学实验(第二版)[M]. 武汉：华中科技大学出版社，2008.

[3] 李吉海，等. 基础化学实验(Ⅱ)——有机化学实验(第二版)[M]. 北京：化学工业出版社，2008.

实验46 植物生长调节剂的合成研究

2,3,5-三溴苯甲酸(2,3,5-tribromobenzoic acid)是一种植物生长调节剂(plant growth regulators)，它的毒性低、使用量少、应用成本低，对作物具有明显调节作用和增产效果，所选用原料廉价易得，制备工艺简单，反应温和，易于实施。

一、实验目的

1）学习溴化、重氮化的反应原理。

2）掌握 2,3,5-三溴苯甲酸的制备方法。

二、实验原理

三、主要试剂

8g 邻氨基苯甲酸、160mL 乙酸、8mL 盐酸、6mL 液溴、2mol/L 碳酸钠、浓硫酸 4g、溴化钾 8g、无水硫酸铜 4g、0.8g 铜屑、1.26g 亚硝酸钠、40mL 1.4%氢氧化钠水溶液、48mL 乙醇。

四、实验步骤

1. 3,5-二溴邻氨基苯甲酸的合成

称取邻氨基苯甲酸（$C_7H_7O_2N$）8g（0.058mol）置于 250mL 圆底烧瓶中，加入 160mL 乙酸，打开恒温搅拌器，于室温下缓缓滴加液溴（Br_2）6mL（0.119mol）、8.73g 溴化钾和 19mL 蒸馏水所组成的溶液，约 40min 滴完。随着液溴的加入，产生的沉淀不断增多。滴加结束后，与室温搅拌 20min。然后抽滤，用冷水洗涤滤饼一次。干燥后得白色粉状固体，乙酸滤液中加蒸馏水 80mL，再次析出固体。将两次得到的固体用 2mol/L 碳酸钠水溶液溶解，过滤除去不溶物。向滤液中滴定浓盐酸，调 pH 值至 1，过滤析出沉淀，干燥后得中间产物邻氨基 3,5-二溴苯甲酸。熔点为 238～238.5℃。

2. 溴化亚铜溶液的配置

将浓硫酸 4g、溴化钾 8g、无水硫酸铜 4g 与 40mL 蒸馏水混合，置于烧瓶中，再加入 0.8g 铜屑，一起回流 50min 至溶液无色透明，取出待用。

3. 2,3,5-三溴苯甲酸的合成

从溴化反应所得中间产物中取出 4g（0.014mol）3,5-二溴邻氨基苯甲酸与 1.26g（0.018mol）亚硝酸钠和 40mL 1.4%氢氧化钠水溶液溶解。在 250mL 三颈瓶内加入 8mL 浓盐酸，放入冰盐浴，调节温度 0℃，慢慢滴加上述溶液 2h，保持反应温度在 0～5℃，将产生的重氮盐溶液转入滴定漏斗。把先前配制的溴化亚铜溶液放入另一个 250mL 三颈瓶内，搅拌，滴加重氮化溶液，产生沉淀并伴有泡沫，滴加 30min 后，再回流 15min，冷却，过滤得到滤饼，用 48mL 的冷乙醇（95%）溶解滤饼，过滤得滤液，加 5 倍的蒸馏水，析出产物，再过滤，干燥，得到淡黄色松散的针状结晶。

表征：3,5-二溴邻氨基苯甲酸，熔点为 238～238.5℃；2,3,5-三溴苯甲酸，熔点为 192.5～193.5℃。

五、注释

重氮化反应不能按通常的加料顺序，因而采取二溴邻氨基苯甲酸的钠盐同亚硝酸钠一起溶解于水，再将水溶液慢慢滴加到浓盐酸中，这样能保证反应在均相中进行。

参 考 文 献

[1] 李吉海. 植物生长调节剂 2,3,5-三溴苯甲酸的合成[J]. 1987,（4）：17.

[2] Cohen. J B. Chem. Soc[J]. 1914：504.

[3] Rosanoff. M. A. Am. Chem. Soc[J], 1908, 30：1093.

实验 47　己二酸绿色合成方法的探索

现在工业上大都采用环己醇和环己酮为原料，以硝酸为氧化剂氧化制得己二酸。而硝酸对设备腐蚀严重，产生的大量氮氧化物对环境造成污染。本实验主要特点是不再使用有机溶剂作反应介质，避免使用硝酸作氧化剂对环境产生的污染。

一、实验目的

1）掌握环氧环己烷氧化合成己二酸（hexanedioic acid、adipic acid）的方法。

2）了解绿色合成（green synthesis）的意义。

二、实验原理

$$\text{环己酮}=O \xrightarrow[\text{H}_3\text{PW}_{12}\text{O}_{40}\cdot n\text{H}_2\text{O}]{30\%\text{H}_2\text{O}_2} \text{HOOC} - (\text{CH}_2)_4 - \text{COOH}$$

三、主要试剂

30mL 己二酸、30mL 1,2-二氯乙烷、10.10mL 环氧环己烷、55mL 30%H_2O_2、1mmol 的磷钨酸。

四、实验步骤

向 250mL 的烧瓶中加入 1 mmol 的磷钨酸（$H_3PW_{12}O_{40} \cdot nH_2O$，200℃ 灼烧 16 h），55mL 30%$H_2O_2$，室温下磁力搅拌 10min，加入 10.10mL（100mmol）环氧环己烷，将温度调到 92℃ 左右搅拌回流 6h，用 80℃左右 30mL 的 1,2-二氯乙烷趁热萃取，将水相冷却至 0℃，放置 12h，用布氏漏斗滤出结晶，用 30mL 0℃ 的饱和己二酸溶液洗涤，真空干燥后称重。

结构表征：

产物是白色单斜晶体，熔点 149.8~152.7℃。

红外光谱鉴定：

将合成的己二酸的红外光谱图（见图 6-1）与标准样的红外光谱图对比，如果两者谱图一致，则确定产物为己二酸。

图 6-1　己二酸的红外谱图

参 考 文 献

[1] Schindler G P. Appl. Catal. A：General[J]，1998，166：267-279.

实验 48　用水做溶剂合成内消旋 3，3′-二吡咯戊烷的方法

吡咯及其衍生物在卟啉、材料科学、光学和药物学领域中都有很重要的作用，3，3′-二吡咯戊烷(meso-3，3′-dipyrropentane)的合成是以合成卟啉的方法为基础的。该化合物传统合成方法是在高沸点的酸性溶剂中进行，经过改进后可以在高温气态下反应或用微波方法进行，但是需要小心地控制反应速度，否则很难使反应停留在二取代阶段。用水做溶剂可以克服这一缺点，使反应停留在二取代上。这样不但解决了反应速度的控制问题，而且更加环保。

一、实验目的

1）学习吡咯衍生物的合成方法。

2）掌握在水相中合成有机化合物的方法。

二、实验原理

卟啉合成通常采用醛酮与吡咯缩合来完成。在反应中，亲电试剂取代了芳香环上 α 位或 β 位的氢原子。通过两次 α-取代形成 3，3′-二吡咯戊烷的合成反应式如下：

三、主要仪器和试剂

1. 仪器

三口烧瓶、球形冷凝管、恒压滴液漏斗、分液漏斗、烧杯、抽滤瓶、温度计。

2. 试剂

3-戊酮 3.8mL(0.036mol)、吡咯 5mL(0.072mol)、蒸馏水、37%盐酸、无水硫酸镁。所用药品均为化学纯。

四、实验步骤

在 100mL 三口瓶上分别安装球形冷凝管和恒压滴液漏斗，在三口瓶中加入 75mL 水和 3.8mL(0.036mol)3-戊酮，加热至 90℃，使 3-戊酮与水充分混溶，然后加入 0.5mL 37%盐酸水溶液。在恒压滴液漏斗中加入新蒸的吡咯，边加热边慢慢滴加，然后回流 30~40min。反应结束后，自然冷却悬浮液至 40~50℃，将溶液倒入分液漏斗中，静置分液，将有机相和水相分开，分别冷却结晶，抽滤，干燥。产率约 60%。熔点为 107~109℃。

本实验的纯化可以让学生用柱色谱进行分离，条件让学生自己摸索。展开剂用石油醚和乙酸乙酯的混合溶剂。

五、注释

1）该反应使用了盐酸、吡咯、3-戊酮等有刺激性的物质，在实验过程中应避免这些物质直接与皮肤及眼睛接触。吡咯和 3-戊酮都是易燃易爆物质，不能与强碱、强氧化剂、还原剂同时使用。

2）有机相和水相的分离一定要彻底，否则抽滤时会出现抽不干的现象，给下一步干燥带来麻烦。分液后有机相很快就会析出晶体，而水相中晶体析出比较慢，抽滤后得到的晶体可用少量冷的吡咯洗涤。

3）酸的浓度对反应的影响比较大，需要严格控制。

4）在反应过程中，反应液颜色随温度变化比较明显，当温度在 90℃左右时，反应液呈黄色，低于 50℃时为墨绿色。分液时，温度不宜太低。

5）3，3′-二吡咯戊烷的红外谱图和核磁谱图如图 6-2、图 6-3 所示。

图 6-2　3，3′-二吡咯戊烷的红外谱图

图 6-3　3，3′-二吡咯戊烷的核磁谱图

参　考　文　献

[1] Fuhrhop J H，Li G T. 有机合成——概念与方法[M]. 张书圣，温永红，李英，等译. 北京：化学工业出版社，2006.

[2] 林晨. 介绍一个基础有机化学实验——用水做溶剂合成内消旋 3，3′-二吡咯戊烷的方法[J]. 大学化学，2009，24(3)：49-52.

实验 49　微波作用下 2-甲基苯并咪唑的合成

微波（microwave）作为一种新型能量形式可用于许多有机化学反应，其反应速率可比传统加热反应快数倍乃至数千倍，具有操作简便、时间短、产率高、产品易纯化、对环境友好等优点。

咪唑类杂环化合物是一类重要的有机化学反应中间体，通过咪唑类的还原水解及其甲基

碘盐与 Grignard 试剂的加成反应得到醛、酮、大环酮以及乙二胺衍生物等，为这类化合物的合成提供了新的合成方法。通常苯并咪唑类化合物是由邻苯二胺和羧酸为原料，加热回流得到。本实验将微波技术用于邻苯二胺和乙酸的缩合反应，提供了 2-甲基苯并咪唑的快速合成法。产率有大幅度的提高，适于在基础有机化学实验课程中开展。

一、实验目的

1）学习用微波辐射合成 2-甲基苯并咪唑（2-methylbenzimidazole）的方法。

2）了解微波作为一种新型能量形式在有机反应中的应用。

二、实验原理

反应方程式：

三、主要仪器和试剂

1. 仪器

微波炉；锥形瓶；抽滤瓶；布氏漏斗。

2. 试剂

邻苯二胺 1g(0.009mol)；乙酸 1.0mL(0.017mol)；10%氢氧化钠。

四、实验步骤

在 50mL 锥形瓶中放入 1g(0.009mol)邻苯二胺和 1.0mL(0.017mol)乙酸，摇动混合均匀后，置于微波炉中心，使用(162W)微波辐射 8min。反应完毕得淡黄色黏稠液，冷至室温。用 10%氢氧化钠水溶液调节至碱性，有大量沉淀析出，冰水冷却使析出完全。抽滤，冷水洗涤，用水重结晶，干燥得无色晶体 1.0g(产率：85%)，mp176~177℃。

五、注释

1）本实验辐射功率不宜过高，要用微波炉的低火档，功率为 162W。

2）反应时间以 6~10 min 较佳。

3）2-甲基苯并咪唑的红外谱图和核磁谱图如图 6-4、图 6-5 所示。

图 6-4　2-甲基苯并咪唑的红外谱图

图 6-5 2-甲基苯并咪唑核磁谱图

参 考 文 献

[1] 白银娟，路军. 推荐一个基础有机化学实验微波作用下 2-甲基苯并咪唑的合成[J]. 唐山师范学院学报，2008(5)：239-240.

实验 50 对氨基苯磺酸的微型合成实验

对氨基苯磺酸(sodium sulfanilate)俗称磺胺酸，是生产偶氮、酸性、活性等染料的中间体，广泛用作生产染料、香精、食品色素、医药、橡胶、农药的原料。用于合成酸性嫩黄2G、酸性橙Ⅱ、酸性媒介深黄、活性红 KP-5B 等品种。还可用作防治小麦锈病的农药，称为敌锈钠，对小麦锈病有内吸治疗作用。首先由苯胺与浓硫酸反应制得苯胺硫酸盐，经过加热后发生重排生成对氨基苯磺酸。由于温度的差异会生成对氨基苯磺酸、邻氨基苯磺酸和间氨基苯磺酸，控制转位温度可以有选择地得到不同的氨基苯磺酸。

一、实验目的

1）了解合成对氨基苯磺酸的原理和方法。

2）掌握磺化反应，学习重结晶等实验操作。

3）学习有机化合物的微型合成(miniaturization synthesis)方法。

二、实验原理

室温下芳香胺与浓 H_2SO_4 混合生成 N-磺基化合物，然后加热转化为对胺基苯磺酸，反应式如下：

三、主要仪器和试剂

1. 仪器

圆底烧瓶烧杯；冷凝管；量筒；抽滤瓶；布氏漏斗；玻璃棒；温度计。

2. 试剂

浓 H_2SO_4 4mL(0.07mol)；苯胺 2mL(0.02mol)；5%NaOH；浓盐酸；活性炭。

图 6-6　实验装置图

四、实验步骤

装置如图 6-6 所示，在圆底烧瓶中加入 2mL 新蒸馏的苯胺，烧瓶用冷水浴冷却，在振荡下慢慢加入 4mL 浓硫酸，然后将圆底烧瓶埋在砂浴中加热至 170℃，维持 170～180℃ 1.5h，反应完毕后取出圆底烧瓶，待反应物冷至 100℃ 左右时，在搅拌下将反应液倒入盛有 20mL 水的烧杯中，用少许热水冲洗反应瓶，洗液并入烧杯中，加热至沸腾，并适当加水使固体全溶（水略过量），用少量活性炭脱色，趁热过滤，析出灰白色结晶。抽滤、产品真空干燥，产量 1.5～2g，计算产率。

纯对氨基苯磺酸为白色或灰白色结晶，它是一种内盐，无明确熔点，加热到 280～290℃ 则碳化。

五、注释

1）加入浓硫酸后生成苯胺硫酸盐呈固态。

2）砂浴时，应底部砂层薄，四周厚，以利保温。切不可使烧瓶底部直接接触砂浴锅底部。

3）取几滴反应液加入 5%NaOH 溶液中，若无油花，表示反应已完全。

4）不要将活性炭加入到沸腾的溶液中，否则，沸腾的滤液会溢出容器外。因此，加活性炭时一定要停止加热，并适当降低溶液的温度。

5）可冷却结晶，抽滤后把粗产物用水重结晶；也可把粗产物溶于 5%NaOH 水溶液中，使生成对氨基苯磺酸钠溶于水，然后脱色过滤，把滤液用 1:1 盐酸酸化，使结晶析出；亦可按本实验操作直接脱色结晶。

6）对氨基苯磺酸的红外谱图和核磁谱图如图 6-7、图 6-8 所示。

图 6-7　对氨基苯磺酸的红外谱图

图 6-8   对氨基苯磺酸的核磁谱图

参 考 文 献

［1］顾炳鸿．半微量有机制备实验［M］．天津：天津科学技术出版社，1990，51-53．

［2］陈年友，赵胜芳，吴自清．对氨基苯磺酸的微波合成［J］．化学世界，2004，（8），428-429．

《大学有机化学实验》模拟试题(一)

一、填空题。(每空 1 分，共 20 分)

1. 将液体加热至沸腾，使液体变为蒸气，然后使蒸气冷却再凝结为液体，这两个过程的联合操作称为(　　　)。

2. 减压蒸馏装置中蒸馏部分由(　　)、(　　)、(　　)、(　　)及(　　)、(　　)等组成。

3. 熔点是指(　　)，熔程是指(　　)，通常纯的有机化合物都有固定熔点，若混有杂质则熔点(　　)，熔程(　　)。

4. (　　)是纯化固体化合物的一种手段，它可除去与被提纯物质的蒸气间有显著差异的不挥发性杂质。

5. 按色谱法的分离原理，常用的柱色谱可分为(　　)和(　　)两种。

6. 芳胺的酰化在有机合成中有着重要的作用，主要体现在(　　)以及(　　)两个方面。

7. 采用重结晶提纯样品，要求杂质含量为(　　)以下，如果杂质含量太高，可先用(　　)，(　　)方法提纯。

8. 在从天然物槐花米中提取芦丁，提取液中加入生石灰可以(　　)芦丁，加入盐酸可以沉淀芦丁。

二、选择题。(每空 2 分，共 20 分)

1. 常用的分馏柱有(　　)。

A. 球形分馏柱　　　　　　　　　　B. 韦氏(Vigreux)分馏柱

C. 填充式分馏柱　　　　　　　　　D. 直形分馏柱

2. 水蒸气蒸馏应用于分离和纯化时其分离对象的适用范围为(　　)。

A. 从大量树脂状杂质或不挥发性杂质中分离有机物

B. 从挥发性杂质中分离有机物

C. 从液体多的反应混合物中分离固体产物

3. 在色谱中，吸附剂对样品的吸附能力与(　　)有关。

A. 吸附剂的含水量　　B. 吸附剂的粒度　　　C. 洗脱溶剂的极性　　D. 洗脱溶剂的流速

4. 环己酮的氧化所采用的氧化剂为(　　)

A. 硝酸　　　　　　　B. 高锰酸钾　　　　　C. 重铬酸钾

5. 1)卤代烃中含有少量水(　　)。2)醇中含有少量水(　　)。3)甲苯和四氯化碳混合物(　　)。4)含 3%杂质肉桂酸固体(　　)。

A. 蒸馏　　　　　　　B. 分液漏斗　　　　　C. 重结晶　　　　　　D. 金属钠

E. 无水氯化钙干燥　　F. 无水硫酸镁干燥　　G. P_2O_5 H、$NaSO_4$ 干燥

6. 重结晶时，活性炭所起的作用是(　　)。

A. 脱色　　　　　　　B. 脱水　　　　　　　C. 促进结晶　　　　　D. 脱脂

7. 正丁醚合成实验是通过(   )装置来提高产品产量的？

A. 熔点管   B. 分液漏斗   C. 分水器   D. 脂肪提取器

三、判断题。（每题 1 分，共 10 分）

1. 液体的蒸气压只与温度有关。即液体在一定温度下具有一定的蒸气压。(   )

2. 在蒸馏低沸点液体时，选用长颈蒸馏瓶；而蒸馏高沸点液体时，选用短颈蒸馏瓶。(   )

3. 薄层色谱可用于化合物纯度的鉴定，有机反应的监控，不能用于化合物的分离。(   )

4. 化合物的比移值是化合物特有的常数。(   )

5. 重结晶实验中，加入活性炭的目的是脱色。(   )

6. 在进行正丁醚的合成中，加入浓硫酸后要充分搅拌。(   )

7. 在使用分液漏斗进行分液时，上层液体经漏斗的下口放出。(   )

8. 纯净的有机化合物一般都有固定的熔点。(   )

9、微量法测定沸点时，当毛细管中有一连串气泡放出时的温度即为该物质的沸点。(   )

10、硫酸洗涤正溴丁烷粗品，目的是除去未反应的正丁醇及副产物 1－丁烯和正丁醚。(   )

四、实验装置图。（每题 10 分，共 20 分）

1. 请指出以下装置中的错误之处？并画出正确的装置。

2. 画出柱层析装置示意图，并简述实验的基本操作过程和注意事项。

五、简答题。（每题 6 分，共 30 分）

1. 简述减压蒸馏操作的理论依据。当减压蒸馏结束时，应如何停止减压蒸馏？为什么？

2. 什么叫共沸物？为什么不能用分馏法分离共沸混合物？

3. 在乙酰苯胺的制备过程中，为什么是冰醋酸过量而不是苯胺过量？

4. 制备肉桂酸时，往往出现焦油，它是怎样产生的？又是如何除去的？

5. 试描述制备对氨基苯磺酸的反应原理。

《大学有机化学实验》模拟试题(二)

一、填空题。(每空 1 分，共 20 分)

1. 当蒸馏沸点高于 140℃的物质时，应该使用(　　　)。

2. 减压蒸馏装置主要由(　　)、(　　)、(　　)和(　　)四部分组成。

3. 在测定熔点时样品的熔点低于(　　　)以下，可采用浓硫酸为加热液体，但当高温时，浓硫酸将分解，这时可采用热稳定性优良的(　　　)为浴液.

4. 液-液萃取是利用(　　　)而达到分离，纯化物质的一种操作.

5. 醇的氧化是有机化学中的一类重要反应。要从伯醇氧化制备醛可以采用 PCC，PCC 是(　　)和(　　)在盐酸溶液中的络合盐。如果要从伯醇直接氧化成酸，可以采用(　　)、(　　)等。

6. 在肉桂酸的制备实验中，可以采用水蒸气蒸馏来除去未转化的(　　　)，这主要是利用了(　　　)的性质。

7. 重结晶溶剂一般过量(　　　)，活性炭一般用量为(　　　)。

8. 正丁醚的合成反应在装有分水器的回流装置中进行，使生成的(　　　)不断蒸出，这样有利于(　　　)的生成。

9. 减压过滤结束时，应该先(　　　)，再(　　　)，以防止倒吸。

二、选择题。(每题 2 分，共 20 分)

1. 减压蒸馏装置中蒸馏部分由蒸馏瓶、(　　　)、毛细管、温度计及冷凝管、接受器等组成。

A. 克氏蒸馏头　　　B. 毛细管　　　　　C. 温度计套管　　　D. 普通蒸馏头

2. 蒸馏瓶的选用与被蒸液体量的多少有关，通常装入液体的体积应为蒸馏瓶容积(　　　)。

A. 1/3~2/3　　　B. 1/3~1/2　　　　C. 1/2~2/3　　　　D. 1/3~2/3

3. 根据分离原理，硅胶柱色谱属于(　　　)。

A. 分配色谱　　　B. 吸附色谱　　　　C. 离子交换色谱　　D. 空间排阻色谱

4. 由于多数的吸附剂都强烈吸水，因此，通常在使用时需在(　　　)条件下，烘烤 30min。

A. 100℃　　　　B. 105℃　　　　　C. 110℃　　　　　D. 115℃

5. 测定熔点时，使熔点偏高的因素是(　　　)

A. 试样有杂质　　B. 试样不干燥　　　C. 熔点管太厚　　　D. 温度上升太慢。

6. 在粗产品环己酮中加入饱和食盐水的目的是什么？(　　　)

A. 增加重量　　　B. 增加 pH 值　　　C. 便于分层　　　　D. 便于蒸馏

7. 下列哪一个实验应用到升华实验。(　　　)

A. 乙酸乙酯　　　B. 正溴丁烷　　　　C. 咖啡因　　　　　D. 环己酮

8. 硫酸洗涤正溴丁烷粗品，目的是除去(　　　)。

A. 未反应的正丁醇　　B. 1-丁烯　　　　　　C. 正丁醚　　　　　D. 水

9、为防止钢瓶混用，全国统一规定了瓶身、横条以及标字的颜色，如：氧气瓶身是(　　)。

A. 红色　　　　　　B. 黄色　　　　　　C. 天蓝色　　　　　D. 草绿色

10、金属钠不能用来除去(　　)中的微量水分。

A. 脂肪烃　　　　　B. 乙醚　　　　　　C. 二氯甲烷　　　　D. 芳烃

三、判断题。（每题 1 分，共 10 分）

1. 蒸馏及分馏效果好坏与操作条件有直接关系，其中最主要的是控制馏出液流出速度，不能太快，否则达不到分离要求。(　　)

2. 温度计水银球下限应和蒸馏头侧管的上限在同一水平线上。(　　)

3. 高效液相色谱是属于吸附色谱中的一种。(　　)

4. 在进行柱层析操作时，填料装填得是否均匀与致密对分离效果影响不大。(　　)

5. 当偶氮苯进行薄层层析时，板上出现两个点，可能的原因为样品不纯。(　　)

6. 重结晶实验中，加入活性炭的目的是脱色。(　　)

7. 活性炭可在极性溶液和非极性溶液中脱色，但在乙醇中的效果最好。(　　)

8. 在合成正丁醚的实验中，用氢氧化钠溶液进行洗涤主要是中和反应液中多余的酸。(　　)

9、有固定的熔点的有机化合物一定是纯净物。(　　)

10、测定纯化合物的沸点，用分馏法比蒸馏法准确。(　　)

四、实验装置图。（每题 10 分，共 20 分）

1. 请画出正丁醚合成的装置。

2. 请画出提勒管熔点测定装置图，并指出操作要领。

五、简答题。（每题 6 分，共 30 分）

1. 为什么蒸馏时最好控制馏出液的速度为 1~2 滴/s 为宜？

2. 水蒸气蒸馏用于分离和纯化有机物时，被提纯物质应该具备什么条件？

3. 在柱色谱过程中，如果柱中存在气泡，对样品的分离有何影响？该如何避免？

4. 用铬酸氧化法制备环己酮的实验，为什么要严格控制反应温度在 55~60℃ 之间，温度过高或过低有什么不好？

5. 根据你做过的实验，总结一下在什么情况下需用饱和食盐水洗涤有机液体？

《大学有机化学实验》模拟试题(三)

一、填空题。(每空 1 分，共 20 分)

1. 常用的分馏柱有( )、( )和( )。

2. 温度计水银球( )应和蒸馏头侧管的下限在同一水平线上。

3. 熔点测定关键之一是加热速度，加热太快，则热浴体温度大于热量转移到待测样品中的转移能力，而导致测得的熔点(偏高)，熔距( )。当热浴温度达到距熔点 10~15℃时，加热要( )，使温度每分钟上升( )。

4. 在正溴丁烷的制备实验中，用硫酸洗涤是( )及副产物( )和( )。第一次水洗是为了( )及( )。碱洗( )是为了( )。第二次水洗是为了( )。

5. 乙酰水杨酸即( )，是十九世纪末成功合成的一个用于解热止痛、治疗感冒的药物，至今仍广泛使用。乙酰水杨酸是由( )与( )通过酯化反应得到的。

6. 芦丁作为天然产物，其结构中含有( )个糖基，不溶于乙醇、氯仿等有机溶剂，易溶于( )。

二、选择题。(每题 2 分，共 20 分)

1. 在水蒸气蒸馏操作时，要随时注意安全管中的水柱是否发生不正常的上升现象，以及烧瓶中的液体是否发生倒吸现象。一旦发生这种现象，应( )，方可继续蒸馏。

A. 立刻关闭夹子，移去热源，找出发生故障的原因

B. 立刻打开夹子，移去热源，找出发生故障的原因

C. 加热圆底烧瓶

2. 进行简单蒸馏时，冷凝水应从( )。蒸馏前加入沸石，以防暴沸。

A. 上口进，下口出　　B. 下口进，上口出　　C. 无所谓从那儿进水

3. 在苯甲酸的碱性溶液中，含有( )杂质，可用水蒸气蒸馏方法除去。

A. $MgSO_4$ 　　　　B. CH_3COONa 　　　　C. C_6H_5CHO 　　　　D. NaCl

4. 在色谱中，吸附剂对样品的吸附能力与( )有关。

A. 吸附剂的含水量　　B. 吸附剂的粒度　　C. 洗脱溶剂的极性　　D. 洗脱溶剂的流速

5. 在用吸附柱色谱分离化合物时，洗脱溶剂的极性越大，洗脱速度越( )。

A. 快　　　　　　　　B. 慢　　　　　　　　C. 不变　　　　　　　　D. 不可预测

6. 在对氨基苯磺酸的制备过程中，可用( )来检查反应是否完全。

A. 10%氢氧化钠溶液　　B. 10%醋酸　　　　C. 10%碳酸钠溶液

7. 在进行脱色操作时，活性炭的用量一般为( )。

A. 1%~3%　　　　　　B. 5%~10%　　　　　　C. 10%~20%　　　　　　D. 30%~40%

8. 正丁醚的合成实验，加入 0.6mL 饱和食盐水在分水器的目的是降低( )在水中的溶解度。

A. 降低正丁醇和正丁醚　　　　　　　　　　B. 正丁醇

C. 正丁醚　　　　　　　　　　　　　　　　D. 乙酰苯胺

9. 在乙酰苯胺的重结晶时，需要配制其热饱和溶液，这时常出现油状物，此油珠是（ ）。

A. 杂质   B. 乙酰苯胺   C. 苯胺   D. 正丁醚

10. 熔点测定时，试料研得不细或装得不实，将导致（ ）。

A. 熔距加大，测得的熔点数值偏高   B. 熔距不变，测得的熔点数值偏低

C. 熔距加大，测得的熔点数值不变   D. 熔距不变，测得的熔点数值偏高

三、判断题。（每题 1 分，共 10 分）

1. 减压蒸馏是分离可提纯有机化合物的常用方法之一。它特别适用于那些在常压蒸馏时未达沸点即已受热分解、氧化或聚合的物质。（ ）

2. 具有固定沸点的液体一定是纯粹的化合物。（ ）

3. 在柱色谱中，溶解样品的溶液或多或少对分离效果没有影响。（ ）

4. 对氨基苯磺酸为两性有机化合物，有敏锐的熔点。（ ）

5. 环己酮的氧化可以采用高锰酸钾作为氧化剂。（ ）

6. 进行乙酰苯胺的重结晶中，一般来说，热滤液迅速冷却可以得到较纯的晶体。（ ）

7. 合成正丁醚的过程中，在分水器中加入饱和食盐水的目的是降低正丁醇和正丁醚在水中的溶解度。（ ）

8. 不纯液体有机化合物沸点一定比纯净物高。（ ）

9. 样品管中的样品熔融后再冷却固化仍可用于第二次测熔点。（ ）

10. 在正溴丁烷的合成实验中，蒸馏出的馏出液中正溴丁烷通常应在下层。（ ）

四、实验装置图。（每题 10 分，共 20 分）

1. 试画出分馏的基本装置图。当加热后已有馏分出来时才发现冷凝管没有通水，怎么处理？

2. 在苯甲酸的重结晶实验中，请装一套热过滤装置，并回答下列问题。

1）重结晶操作中，为什么要用抽滤方法？

2）热过滤时，漏斗中为什么要放折叠滤纸？如何折叠？

3）重结晶操作中，加入活性炭的目的是什么？加活性炭应注意什么问题？

4）重结晶的原理。

五、简答题。（每题 6 分，共 30 分）

1. 蒸馏时加入沸石的作用是什么？如果蒸馏前忘记加沸石，能否立即将沸石加至将近沸腾的液体中？当重新蒸馏时，用过的沸石能否继续使用？

2. 若加热太快，馏出液 >1~2 滴/s（每秒种的滴数超过要求量），用分馏分离两种液体的能力会显著下降，为什么？

3. 有机化学实验中经常使用的冷凝管有哪些？各用在什么地方？

4. 测得 A、B 两种样品的熔点相同，将它们研细，并以等量混合：

（1）测得混合物的熔点有下降现象且熔程增宽；

（2）测得混合物的熔点与纯 A、纯 B 的熔点均相同。两种结果分别说明了什么？

5. Claisen 酯缩合反应的催化剂是什么？在乙酰乙酸乙酯制备实验中，为什么可以用金属钠代替？

《大学有机化学实验》模拟试题(四)

一、填空题。(每空 1 分,共 20 分)

1. 如果维持原来加热程度,不再有馏出液蒸出,温度突然下降时,就应(　　),即使杂质量很少也不能蒸干。

2. (　　)是分离和纯化与水不相混溶的挥发性有机物常用的方法。

3. 在减压蒸馏装置中,氢氧化钠塔主要用来吸收(　　)和水。

4. 毛细管法测定熔点时,通常用毛细管的内径为(　　),装填样品的高度为(　　)。如果样品未研细,填装不紧密,则测定熔点(　　)。

5. 物质的沸点随外界大气压的改变而变化,通常所说的沸点指(　　)。

6. 分液漏斗的体积至少大于被分液体体积的(　　)。用分液漏斗分离混合物,上层从(　　),下层从(　　)。

7. 脂肪提取器(　　)是利用(　　)和(　　),使固体连续不断地为纯的溶剂所提取,此装置效率高、节约试剂,但对(　　)物质不易采用。

8. 粗产品正溴丁烷经水洗后油层呈红棕色,说明含有(　　)。可用少量(　　)以除去。

9. 酸催化的直接酯化是实验室制备羧酯最重要的方法,常用的催化剂有(　　)、(　　)和(　　)等。

10. 为了避免在热过滤时结晶在漏斗中析出,可以把布氏漏斗(　　)。

二、选择题。(每题 2 分,共 20 分)

1. 久置的苯胺呈红棕色,用(　　)方法精制。

A. 过滤　　　　　B. 活性炭脱色　　　　C. 蒸馏　　　　　D. 水蒸气蒸馏

2. 减压蒸馏操作前,需估计在一定压力下蒸馏物的(　　)。

A. 沸点　　　　　B. 形状　　　　　　　C. 熔点　　　　　D. 溶解度

3. 在合成反应过程中,利用(　　)来监控反应的进程,最便利最省时。

A. 柱色谱　　　　B. 薄层色谱　　　　　C. 纸色谱

4. 根据分离原理,硅胶柱色谱属于(　　)。

A. 分配色谱　　　B. 吸附色谱　　　　　C. 离子交换色谱　　D. 空间排阻色谱

5. 氧化铝的活性分为 Ⅰ~Ⅴ级,一般常采用(　　)级。

A. Ⅰ　　　　　　B. Ⅱ　　　　　　　　C. Ⅲ　　　　　　D. Ⅳ

E. Ⅴ

6. 环己酮的氧化所采用的氧化剂为(　　)。

A. 硝酸　　　　　B. 高锰酸钾　　　　　C. 重铬酸钾

7. 从槐花米中提取芦丁,第一步酸提碱沉实验中,用 15% 盐酸调节 pH 值为(　　)。

A. 3~4　　　　　B. 2~3　　　　　　　C. 7~8　　　　　D. 9~10

8. 在合成正丁醚的实验中,为了减少副产物丁烯的生成,可以采用以下(　　)方法。

A. 使用分水器　　　B. 控制温度　　　　C. 增加硫酸用量　　　D. 氯化钙干燥

9. 下列哪一个实验应用到气体吸收装置？（　　　）

A. 环己酮　　　　　B. 正溴丁烷　　　　C. 乙酸乙酯　　　　D. 正丁醚

10. 正溴丁烷的制备中，第二次水洗的目的是（　　　）。

A. 除去硫酸　　　　B. 除去氢氧化钠　　C. 增加溶解度　　　D. 稀释体系

三、判断题。（每题 1 分，共 10 分）

1. 要使有相当量的液体沿柱流回烧瓶中，即要选择合适的回流比，使上升的气流和下降液体充分进行热交换，使易挥发组分量上升，难挥发组分尽量下降，分馏效果更好。（　　　）

2. 对于那些与水共沸腾时会发生化学反应的或在 100℃ 左右时蒸气压小于 1.3kPa 的物质，水蒸气蒸馏仍然适用。（　　　）

3. 水蒸气蒸馏时安全玻管不能插到水蒸气发生器底部。（　　　）

4. 柱子装填好后，向柱中加入样品溶液时，可以采用倾倒的方法。（　　　）

5. 在薄层层析过程中，点样时，样品之间需保持一定的距离，且样品点不能靠近板边缘。（　　　）

6. 采用分水器装置合成正丁醚，其反应液的温度在 135℃ 左右。（　　　）

7. 重结晶过程中，可用玻璃棒摩擦容器内壁来诱发结晶。（　　　）

8. 凡固体有机化合物都可以采用升华的方法来进行纯化。（　　　）

9. 沸点是物质的物理常数，相同的物质其沸点恒定。（　　　）

10. 可以使用第一次测定熔点时已经熔化了的试料使其固化后做第二次测定。（　　　）

四、实验装置图。（每题 10 分，共 20 分）

1. 水蒸气蒸馏装置主要由几大部分组成？试画出简易装置图。

2. 请画出乙酰苯胺的反应装置图，并说明该实验的注意事项。

五、简答题。（每题 6 分，共 30 分）

1. 什么叫沸点？液体的沸点和大气压有什么关系？文献里记载的某物质的沸点是否即为当地的沸点温度？

2. 分馏和蒸馏在原理及装置上有哪些异同？如果是两种沸点很接近的液体组成的混合物能否用分馏来提纯呢？

3. 在分馏时通常用水浴或油浴加热，它比直接火加热有什么优点？

4. 什么是色谱法？它的分类又如何？

5. 乙酰苯胺的制备除了可以用醋酸作酰化试剂外，还可以采用其他的什么酰化试剂？试比较它们酰化能力的大小？

《大学有机化学实验》模拟试题(五)

一、填空题。(每空 1 分,共 20 分)

1. 蒸馏瓶的选用与被蒸液体量的多少有关,通常装入液体的体积应为蒸馏瓶容积( )液体量过多或过少都不宜。

2. 仪器安装顺序为( )( )。卸仪器与其顺序相反。

3. 测定熔点时,温度计的水银球部分应放在( ),试料应位于( ),以保证试料均匀受热测温准确。

4. 熔点测定时试料研得不细或装得不实,这样试料颗粒之间为空气所占据,结果导致熔距( ),测得的熔点数值( )。

5. 测定熔点时,可根据被测物的熔点范围选择导热液:被测物熔点<140℃时,可选用( )。被测物熔点在 140~250℃时,可选用浓硫酸;被测物熔点>250℃时,可选用;还可用( )或( )。

6. 在乙酰苯胺的制备过程中,反应物中( )是过量的;为了防止苯胺的氧化,需在反应液中加入少量的( );反应装置中使用了( )来将水分馏出;反应过程中需将温度控制在( )。

7. 色谱法又称层析法,是一种物理化学分析方法,它是利用混合物各组分在某一物质中的( )或( )或亲和性能的差异,使混合物的溶液流经该种物质进行反复的( )或( )作用,从而使各组分得以分离。

二、选择题。(每题 2 分,共 20 分)

1. 在减压蒸馏时,加热的顺序是( )。
A. 先减压再加热　　B. 先加热再减压　　C. 同时进行　　D. 无所谓

2. 色谱在有机化学上的重要用途包括( )。
A. 分离提纯化合物　　B. 鉴定化合物　　C. 纯度的确定　　D. 监控反应

3. 对于酸碱性化合物可采用( )来达到较好的分离效果。
A. 分配色谱　　B. 吸附色谱　　C. 离子交换色谱　　D. 空间排阻色谱

4. 在环己酮的制备过程中,最后产物的蒸馏应使用( )。
A. 直形冷凝管　　B. 球形冷凝管　　C. 空气冷凝管　　D. 刺形分馏柱

5. 对氨基苯磺酸易溶于( )。
A. 水　　B. 乙醚　　C. 氯仿　　D. 苯

6. 在乙酰水杨酸的制备中,为了检查反应液中是否存在水杨酸,可采用( )。
A.5%碳酸氢钠溶液　　B.1%氯化铁溶液　　C.1%氯化钠溶液

7. 从槐花米中提取芦丁,第一步酸提碱沉实验中,用15%盐酸调节如果 pH 值较低,容易( )。
A. 收率较低　　　　　　　　　　B. 降低芦丁在溶液中的溶解度
C. 产生沉淀　　　　　　　　　　D. 破坏芦丁的结构

8. 乙酰苯胺的重结晶不易把水加热至沸，控制温度在(　　)摄氏度以下。

A. 67　　　　　　　B. 83　　　　　　　C. 50　　　　　　　D. 90

9. 用活性炭进行脱色中，其用量应视杂质的多少来定，加多了会引起(　　)。

A. 吸附产品　　　B. 发生化学反应　　　C. 颜色加深　　　D. 带入杂质

10. 乙酸乙酯中含有(　　)杂质时，可用简单蒸馏的方法提纯乙酸乙酯。

A. 丁醇　　　　　　B. 有色有机杂质　　　C. 乙酸　　　　　　D. 水

三、判断题。（每题1分，共10分）

1. 开始蒸馏时，先把T形管上的夹子关闭，用火把发生器里的水加热到沸腾。(　　)

2. 用蒸馏法、分馏法测定液体化合物的沸点，馏出物的沸点恒定，此化合物一定是纯化合物。(　　)

3. 用蒸馏法测沸点，烧瓶内装被测化合物的多少影响测定结果。(　　)

4. 将展开溶剂配好后，可将点好样品的薄层板放入溶液中进行展开。(　　)

5. 柱色谱不能用于监控有机合成反应的进程。(　　)

6. 苯胺在进行酰化反应时，可以快速将温度升至100℃进行反应。(　　)

7. 在对氨基苯磺酸的制备过程中，能产生等量的邻对位产物。(　　)

8. 在合成正丁醚的实验中，分水器中应事先加入一定量的水，以保证未反应的正丁醇顺利返回烧瓶中。(　　)

9. 用有机溶剂进行重结晶时，把样品放在烧瓶中进行溶解。(　　)

10. 制备正丁醚的实验中，加入浓硫酸后，如果不充分摇动会引起反应液变黑。(　　)

四、实验装置图。（每题10分，共20分）

1. 简单蒸馏装置主要由那些部分组成？请画出其装置图。

2. 画出薄层层析装置示意图，并简述实验的基本操作过程和注意事项。

五、简答题。（每题6分，共30分）

1. 如果液体具有恒定的沸点，那么能否认为它是单纯物质？

2. 用分馏柱提纯液体时，为了取得较好的分离效果，为什么分馏柱必须保持回流液？

3. 重结晶的目的是什么？怎样进行重结晶？

4. 在正丁醚的制备实验中，使用分水器的目的是什么？其中，所使用的饱和氯化钠溶液起到什么作用？

5. 有机实验中，玻璃仪器为什么不能直接用火焰加热？有哪些间接加热方式？应用范围如何？

《大学有机化学实验》模拟试题(一)参考答案

　　一、填空题。1. 蒸馏　2. 蒸馏瓶、克氏蒸馏头、毛细管、温度计、冷凝管、接受器　3. 固液两态在1个大气压下达成平衡时的温度、样品从初熔至全熔的温度范围、下降、增长　4. 升华　5. 吸附色谱、分配色谱　6. 保护氨基、降低氨基定位活性　7.3%、萃取、色谱　8. 碱化溶解

　　二、选择题。1. A、B、C　2. A　3. A、B、C、D　4. C　5.1)B2)E3)A4)C　6. A　7. C

　　三、判断题。1.√　2.√　3.×　4.×　5.√　6.√　7.×　8.√　9.×　10.√

　　四、实验装置图。(每题10分,共20分)

　　1. 答:

　　错误:温度计插入太深,温度计水银球上限应和蒸馏头侧管的下限在同一水平线上;冷凝水的流向不对,应从下口进水,上口出水;冷凝管用错,应选择直形冷凝管;反应液太满,不能超过圆底烧瓶容积的2/3。

　　2. 操做过程:1)装柱。关闭下部阀门,往柱中倒入少量洗脱溶剂,放入少许棉花,将用洗脱溶剂润湿好的填料倒入柱中,打开阀门,让溶剂流出,并不时敲打层析柱。当溶剂流至填料界面时,关闭阀门。2)加样。将样品溶液沿壁慢慢加入到柱中,打开阀门,让样液进入到填料中。当样液流至填料界面时,关闭阀门。用少量的洗脱液洗涤内壁,打开阀门,

让液体进入填料。至填料界面时，关闭阀门。加入一薄层新填料。3)洗脱和分离。

加入洗脱液进行洗脱和分离。注意：1)柱的装填要紧密均匀；2)样液不能过多；3)洗脱时不能破坏样品界面；4)洗脱速度不能快。

五、简答题。(每题 6 分，共 30 分)

1. 答：液体的沸点是指它的蒸气压等于外界压力时的温度，因此液体的沸点是随外界压力的变化而变化的，如果借助于真空泵降低系统内压力，就可以降低液体的沸点，这便是减压蒸馏操作的理论依据。

蒸馏完毕，除去热源，慢慢旋开夹在毛细管上的橡皮管的螺旋夹，待蒸馏瓶稍冷后再慢慢开启安全瓶上的活塞，平衡内外压力，(若开得太快，水银柱很快上升，有冲破测压计的可能)，然后才关闭抽气泵。否则，发生倒吸。

2. 答：当某两种或三种液体以一定比例混合，可组成具有固定沸点的混合物，将这种混合物加热至沸腾时，在气液平衡体系中，气相组成和液相组成一样，故不能使用分馏法将其分离出来，只能得到按一定比例组成的混合物，这种混合物称为共沸混合物或恒沸混合物。

3. 答：对于任何有机反应而言，除了考虑反应是否进行外，还须考虑后处理的难易程度。从后处理的角度来看，选择冰醋酸过量更易处理，因为冰醋酸溶于水，苯胺不溶于水。当反应完成后，将反应液倒入水中，搅拌后，冰醋酸则溶入水中，便于除去。

4. 答：产生焦油的原因是：在高温时生成的肉桂酸脱羧生成苯乙烯，苯乙烯在此温度下聚合所致，焦油可溶解其他物质。产生的焦油可用活性炭与反应混合物碱溶液一起加热煮沸，焦油被吸附在活性炭上，经过滤除去。

5. 答：1)苯胺与浓硫酸剧烈作用后生成固体苯胺硫酸盐

$$\text{C}_6\text{H}_5\text{NH}_2 + \text{H}_2\text{SO}_4 \xrightarrow{180°} \text{C}_6\text{H}_5\overset{+}{\text{N}}\text{H}_3\bar{\text{O}}\text{SO}_3\text{H}$$

2)苯胺硫酸盐在 180~190℃ 加热时失水，同时分子内发生重排生成对氨基苯磺酸

$$\text{C}_6\text{H}_5\overset{+}{\text{N}}\text{H}_3\bar{\text{O}}\text{SO}_3\text{H} \xrightarrow{-\text{H}_2\text{O}} \text{C}_6\text{H}_5\text{NHSO}_3\text{H} \longrightarrow p\text{-H}_2\text{N-C}_6\text{H}_4\text{-SO}_3\text{H} \rightleftharpoons p\text{-}\overset{+}{\text{H}_3}\text{N-C}_6\text{H}_4\text{-SO}_3^-$$

《大学有机化学实验》模拟试题(二)参考答案

一、**填空题**。1. 空气冷凝管　2. 蒸馏、抽气、保护、测压　3. 220℃、硅油　4. 物质在两种不互溶的溶剂中溶解度不同　5. 三氧化铬、吡啶、硝酸、高锰酸钾　6. 苯甲醛、共沸　7. 20%、1%~3%　8. 水和水共沸物、醚　9. 通大气、关泵

二、**选择题**。(每题2分,共20分)1. A　2. D　3. B　4. C　5. C　6. C　7. C　8. A、B、C　9. B　10. C

三、**判断题**。(每题1分,共10分)1. √　2. ×　3. ×　4. ×　5. ×　6. √　7. ×　8. √　9. ×　10. ×

四、**实验装置图**。(每题10分,共20分)

1. 答:

2. 答:

(1)热浴的选择(根据被测物的熔点范围选择热浴)。

(2)热浴的用量(以热浴的液位略高于齐列管上叉口为宜)。

(3)试料应研细且装实。

(4)熔点管应均匀且一端要封严(直径 = 1~1.2mm;长度 L = 70~80mm 为宜)。

(5)安装要正确,掌握"三个中部"即温度计有一个带有沟槽的单孔塞固定在齐列管的中轴线上,试料位于温度计水银球的中部,水银球位于齐列管上、下交叉口中间部位。

(6)加热部位要正确。

(7)控制好升温速度。

五、简答题。(每题分,共 30 分)

1. 答:在整个蒸馏过程中,应使温度计水银球上常有被冷凝的液滴,让水银球上液滴和蒸气温度达到平衡。所以要控制加热温度,调节蒸馏速度,通常以 1~2 滴/s 为宜,否则很难控制达到平衡。一方面蒸馏时加热的火焰不能太大,否则会在蒸馏瓶的颈部造成过热现象,使一部分液体的蒸气直接受到火焰的热量,这样由温度计读得的沸点会偏高;另一方面,蒸馏也不能进行得太慢,否则由于温度计的水银球不能为馏出液蒸气充分浸润而使温度计上所读得的沸点偏低或不规则。

2. 答:水蒸气蒸馏是分离和纯化与水不相混溶的挥发性有机物常用的方法。适用范围:

1)从大量树脂状杂质或不挥发性杂质中分离有机物;

2)除去不挥发性的有机杂质;

3)从固体多的反应混合物中分离被吸附的液体产物;

4)水蒸气蒸馏常用于蒸馏那些沸点很高且在接近或达到沸点温度时易分解、变色的挥发性液体或固体有机物,除去不挥发性的杂质。但是对于那些与水共沸腾时会发生化学反应的或在 100℃ 左右时蒸气压小于 1.3kPa 的物质,这一方法不适用。

3. 答:如有气泡存在,将降低分离能力,因为气泡的存在变相地减少了作用位点,减弱了填料与物质之间的作用力。因此,为了避免该情况的发生,在装填层析柱时,要不断地敲打柱壁,且要避免干柱。

4. 答:环己酮的制备反应是一个放热反应,温度高反应过于激烈,不易控制,易使反应液冲出,温度过低反应不易进行,导致反应不完全,因此,反应温度应严格控制在 55~60℃ 之间。

5. 答:当被洗涤液体的相对密度与水接近且小于水时,用饱和食盐水洗涤,有利于分层。有机物与水易形成乳浊液时,用饱和食盐水洗涤,可以破坏乳浊液形成。被洗涤的有机物在水中的溶解度大,用饱和食盐水洗涤可以降低有机物在水层的溶解度,减少洗涤时的损失。

《大学有机化学实验》模拟试题(三)参考答案

一、填空题。

1. 球形分馏柱、韦氏(Vigreux)分馏柱、填充式分馏柱　2. 上限　3. 加大、缓慢、1~2℃　4. 除去未反应的正丁醇、1-丁烯、正丁醚、除去部分硫酸、水溶性杂质、Na_2CO_3、中和残余的硫酸、除去残留的碱、硫酸盐及水溶性杂质　5. 阿司匹林、水杨酸、乙酸酐
6. 2. 碱液

二、选择题。 1. B　2. B　3. C　4. A、B、C、D　5. A　6. A　7. A　8. A　9. B　10. A

三、判断题。 1. √　2. ×　3. ×　4. ×　5. ×　6. ×　7. √　8. ×　9. ×　10. ×

四、实验装置图。

1. 答:

当加热后已有馏分出来时才发现冷凝管没有通水,应立即停止加热,待冷凝管冷却后,通入冷凝水,同时补加沸石,再重新加热蒸馏。如果不将冷凝管冷却就通冷水,易使冷凝管炸裂。

2. 答:1)重结晶操作过程中热过滤是为了使物质与杂质形成不同温度下的溶解,同时又避免溶解物质在过滤过程中因冷却而结晶,从而达到有效的分离提纯。

2)放菊花形折叠滤纸是充分利用滤纸的有效面积以加快过滤速度。折叠:①首先将滤纸对折成半圆形(1/2);②对折后的半圆滤纸向同方向进行等分对折即1/4→1/8对折;③八等分的滤纸相反方向对折成16等分成扇形;④两段对称部位向反方向再对折一次;⑤滤纸中心勿重压,使用时将折好滤纸翻转使用。

3)加入活性炭的目的是为了脱去杂质中的颜色。加入活性炭时应注意,量不可过多否则会对样品也产生吸附影响产率,另外活性炭应在加热溶解前加入,如果开始加热则应冷却片刻至室温时再加入,避免爆沸。

4)重结晶是纯化固体有机物的常用方法之一,它是利用混合物中各组分在某溶剂或混合溶剂中溶解度的不同而使它们互相分离。主要过程:a、称样溶解;b、脱色;c、热过滤;d、冷却析结晶;e、抽滤干燥称重。

五、简答题。（每题分，共 30 分）

1. 答：加入沸石的作用是起助沸作用，防止暴沸，因为沸石表面均有微孔，内有空气，所以可起助沸作用。不能将沸石加至将近沸腾的液体中，那样溶液猛烈暴沸，液体易冲出瓶口，若是易燃液体，还会引起火灾，要等沸腾的液体冷下来再加。

用过的沸石一般不能再继续使用，因为它的微孔中已充满或留有杂质，孔经变小或堵塞，不能再起助沸作用。

2. 答：因为加热太快，馏出速度太快，热量来不及交换（易挥发组分和难挥发组分），致使水银球周围液滴和蒸气未达平衡，一部分难挥发组分也被气化上升而冷凝，来不及分离就一道被蒸出，所以分离两种液体的能力会显著下降。

3. 答：有机化学实验中经常使用的冷凝管有：直形冷凝管，空气冷凝管及球形冷凝管等。直形冷凝管一般用于沸点低于 140℃ 的液体有机化合物的沸点测定和蒸馏操作中；沸点大于 140℃ 的有机化合物的蒸馏可用空气冷凝管。球形冷凝管一般用于回流反应即有机化合物的合成装置中（因其冷凝面积较大，冷凝效果较好）。

4. 答：①说明 A、B 两个样品不是同一种物质，一种物质在此充当了另一种物质的杂质，故混合物的熔点降低，熔程增宽。②除少数情况（如形成固熔体）外，一般可认为这两个样品为同一化合物。

5. 答：该缩合反应的催化剂是醇钠。在乙酰乙酸乙酯的合成中，因原料为乙酸乙酯，而试剂乙酸乙酯中含有少量乙醇，后者与金属钠作用则生成乙醇钠，故在该实验中可用金属钠代替。

《大学有机化学实验》模拟试题(四)参考答案

一、填空题。

1. 停止蒸馏

2. 水蒸气蒸馏

3. 酸性气体

4. 1mm、2~3mm、偏低

5. 在101.13kPa压力下,液体沸腾时的温度

6. 1~2倍、上面漏斗口倒出、活塞放出

7. 索氏提取器、溶剂回流、虹吸原理、受热易分解或变色

8. 游离的溴、亚硫酸氢钠水溶液洗涤

9. 硫酸、氯化氢、对甲苯磺酸

10. 预热

二、选择题。

1. C 2. A 3. B 4. A 5. B、C 6. C 7. A 8. B 9. B 10. A

三、判断题。

1. √ 2. × 3. × 4. × 5. √ 6. √ 7. √ 8. × 9. × 10. ×

四、实验装置图。(每题10分,共20分)

1. 答:主要由蒸馏部分、冷凝部分、接受器三部分组成。

2. 答:

注意事项:

1) 反应中使用的苯胺应该是新蒸过的;

2) 反应物中,冰醋酸需过量;

3) 温度的控制十分重要,必须保持在105℃左右。

五、简答题。(每题 6 分，共 30 分)

1. 答：将液体加热，其蒸气压增大到和外界施于液面的总压力(通常是大气压力)相等时，液体沸腾，此时的温度即为该液体的沸点。

文献上记载的某物质的沸点不一定即为当地的沸点度，通常文献上记载的某物质的沸点，如不加说明，一般是一个大气压时的沸点，如果当地的大气压不是一个大气压的话，该液体的沸点会有变化。

2. 答：利用蒸馏和分馏来分离混合物的原理是一样的，实际上分馏就是多次的蒸馏。分馏是借助于分馏往使一系列的蒸馏不需多次重复，一次得以完成的蒸馏。

现在，最精密的分馏设备已能将沸点相差仅 1~2℃ 混合物分开，所以两种沸点很接近的液体组成的混合物能用分馏来提纯。

3. 答：在分馏时通常用水浴或油浴，使液体受热均匀，不易产生局部过热，这比直接火加热要好得多。

4. 答：色谱法又称色层法或层析法，是一种物理化学分析方法，它是利用混合物各组分在某一物质中的吸附或溶解性能或分配性能的差异，或亲和性的不同，使混合物的溶液流经该种物质进行反复的吸附-解吸或分配-再分配作用，从而使各组分得以分离。按分离原理可分为吸附色谱、分配色谱、离子交换色谱和空间排阻色谱；按操作条件的不同可分为柱色谱、薄层色谱、纸色谱、气相色谱以及高效液相色谱等。

5. 答：在乙酰苯胺的制备过程中，除了可以用乙酸作酰化试剂外，还可以采用乙酰氯、乙酸酐。从苯胺通过酰化形成乙酰苯胺的反应机理中可看出，反应有两个关键点，一个是羰基正碳离子的活性，另一个是离去基团的能力。在乙酰氯、乙酸酐和乙酸中，乙酰氯的羰基正碳离子具有较高的正电性，且有一个较好的离去基团——氯原子，从而可知，乙酰氯的酰化能力最强，乙酸酐和乙酸相比，乙酸酐羰基正碳离子具有稍高的正电性，因此，乙酸酐的酰化能力次之，排在最后的为乙酸。

《大学有机化学实验》模拟试题（五）参考答案

一、填空题。

1. 1/3 ~ 2/3

2. 先下后上、先左后右

3. 提勒管上下两支管口之间、温度计水银球的中间

4. 加大、偏高

5. 液体石蜡或甘油、浓硫酸与硫酸钾的饱和溶液、磷酸、硅油

6. 冰醋酸、锌粉、刺形分馏柱、100 ~ 110℃

7. 、吸附、分配、吸附-解、分配-再分配

二、选择题。（每题 2 分，共 20 分）

1. A 2. A、B、C、D 3. C 4. C 5. A 6. B 7. A 8. B 9. A 10. B

三、判断题。

1. × 2. × 3. √ 4. × 5. × 6. × 7. × 8. √ 9. × 10. √

四、实验装置图。

1. 答：

蒸馏装置

2. 答：

操作过程：

1）取板。

取一块表面光滑的预制板。

2）点样。

在板的一端距离底部 1cm 处用铅笔轻轻划一条线，在其上标上点样位置，点样位置要靠近中间且点与点之间要相距 1cm 左右。用一细的毛细管，沾取少许样液，轻轻而快速地点在所标记好的点上。当看到板上出现暗斑时，样品量已够。自然凉干除去溶剂。等待展开。

3）配制展开液。

按比例配制好展开液，倒入展开槽中，放置少许时间。使溶液蒸气饱和整个展开槽。

4）展开。

将板放入展开槽中进行展开。

5）显色。

溶剂前移一定距离后，将板取出，标记溶剂前沿，用一定的显色剂进行显色，观察斑点。

6）计算比移值。

注意：①展开剂要在点样线以下；②点样量要适中；③展开前，展开槽应先用展开剂饱和；④点样点不应靠边；⑤板取出后，一定要画溶剂前沿。

五、简答题。

1. 答：纯粹的液体有机化合物，在一定的压力下具有一定的沸点，但是具有固定沸点的液体不一定都是纯粹的化合物，因为某些有机化合物常和其他组分形成二元或三元共沸混合物，它们也有一定的沸点。

2. 答：保持回流液的目的在于让上升的蒸气和回流液体充分进行热交换，促使易挥发组分上升，难挥发组分下降，从而达到彻底分离它们的目的。

3. 答：从有机反应中得到的固体化合物往往不纯，其中夹杂一些副产物、不反应的原料及催化剂等，纯化这类物质的有效方法就是选择合适的溶剂进行重结晶，其目的在于获得最大回收率的精制品。

进行重结晶的一般过程是：(1)将待重结晶的物质在溶剂沸点或接近沸点的温度下溶解在合适的溶剂中，制成过饱和溶液。若待重结晶物质的熔点较溶剂的沸点低，则应制成在熔点以下的过饱和溶液。(2)若待重结晶物质含有色杂质，可加活性炭煮沸脱色。(3)趁热过滤以除去不溶物质和活性炭。(4)冷却滤液，使晶体从过饱和溶液中析出，而可溶性杂质仍留在溶液中。(5)减压过滤，把晶体从母液中分离出来，洗涤晶体以除去吸附在晶体表面上的母液。

4. 答：使用分水器的目的是为了除去反应中生成的水，促使反应完全，提高产率。使用饱和氯化钠溶液的目的是为了降低正丁醇和正丁醚在水中的溶解度。

5. 答：因为直接用火焰加热，温度变化剧烈且加热不均匀，易造成玻璃仪器损坏；同时，由于局部过热，还可能引起副反应发生。间接加热方式和应用范围如下：在石棉网上加热，但加热仍很不均匀。水浴加热，被加热物质温度只能达到 80℃ 以下，需加热至 100℃时，可用沸水浴或水蒸气加热。电热套加热，对沸点高于 80℃ 的液体原则上都可使用。油浴加热，温度一般在 100~250℃ 之间，可达到的最高温度取决于所用油的种类，如甘油适用于 100~150℃，透明石蜡油可加热至 220℃，硅油或真空泵油在 250℃ 时仍很稳定。砂浴加热，可达到数百度以上。

附　录

附录 A　常用元素相对原子质量简表

元素名称	相对原子质量	元素名称	相对原子质量
银 Ag	107.868	碘 I	126.9045
铝 Al	26.981	钾 K	39.098
溴 Br	79.904	镁 Mg	24.305
碳 C	12.011	锰 Mn	54.938
钙 Ca	40.078	氮 N	14.007
氯 Cl	35.453	钠 Na	22.990
铬 Cr	51.996	氧 O	15.9994
铜 Cu	63.546	磷 P	30.974
氟 F	18.998	铅 Pb	207.2
铁 Fe	55.845	硫 S	32.065
氢 H	1.008	锡 Sn	118.710
汞 Hg	200.59	锌 Zn	65.409

附录 B　常见的二元共沸物组成表

共沸物		各组分沸点/℃		共沸物性质	
A 组分	B 组分	A 组分	B 组分	沸点/℃	组成(A 组分质量分数)
乙醇	水	78.5	100.0	78.2	95.6
正丙醇	水	97.2	100.0	88.1	71.8
正丁醇	水	117.7	100.0	93.0	55.5
糠醛	水	161.5	100.0	97.0	35.0
苯	水	80.1	100.0	69.4	91.1
甲苯	水	110.6	100.0	85.0	79.8
环己烷	水	81.4	100.0	69.8	91.5
甲酸	水	100.7	100.0	107.1	77.5
苯	乙醇	80.1	78.5	67.8	67.6
甲苯	乙醇	110.6	78.5	76.7	32.0
乙酸乙酯	乙醇	77.1	78.5	71.8	69.0
四氯化碳	丙酮	76.8	56.2	56.1	11.5
苯	醋酸	80.1	118.1	80.1	98.0
甲苯	醋酸	110.6	118.1	105.4	72.0

附录 C 常见的三元共沸物组成表

共沸物			各组分沸点/℃			共沸物性质			
A 组分	B 组分	C 组分	A 组分	B 组分	C 组分	沸点/℃	A 组分	B 组分	C 组分
水	乙醇	苯	100.0	78.5	80.1	64.6	7.4	18.5	74.1
水	乙醇	乙酸乙酯	100.0	78.5	77.1	70.2	9.0	8.4	82.6
水	丙醇	乙酸乙酯	100.0	97.2	77.1	82.2	21.0	19.5	59.5
水	丙醇	丙醚	100.0	97.2	91.0	74.8	11.7	20.2	68.1
水	异丙醇	甲苯	100.0	82.3	110.6	76.3	13.1	38.2	48.7
水	丁醇	乙酸丁酯	100.0	117.7	126.5	90.7	37.3	27.4	35.3
水	丁醇	丁醚	100.0	117.7	142.0	90.6	29.9	34.6	34.5
水	丙酮	氯仿	100.0	56.2	61.2	60.4	4.0	38.4	57.6
水	乙醇	四氯化碳	100.0	78.5	76.8	61.8	3.4	10.3	86.3
水	乙醇	氯仿	100.0	78.5	61.2	55.2	3.5	4.0	92.5

附录 D 常用的酸和碱

溶液	相对密度(d_4^{20})	$w/\%$	$c/(mol/L)$	$s/(g/100mL)$
浓盐酸	1.19	37	12.0	44.0
恒沸点盐酸(252mL 浓盐酸+200mL 水),bp 110℃	1.10	20.2	6.1	22.2
10% 盐酸(100mL 浓盐酸+320mL 水)	1.05	10	2.9	10.5
5% 盐酸(50mL 浓盐酸+380.5mL 水)	1.03	5	1.4	5.2
1mol/L 盐酸(41.5mL 浓盐酸稀释到 500mL)	1.02	3.6	1	3.6
恒沸点氢溴酸(沸点 126℃)	1.49	47.5	8.8	70.7
恒沸点氢碘酸(沸点 127℃)	1.7	57	7.6	97
浓硫酸	1.84	96	18	177
10% 硫酸(25mL 浓硫酸+398mL 水)	1.07	10	1.1	10.7
0.5mol/L 硫酸(13.9mL 浓硫酸稀释到 500mL)	1.03	4.7	0.5	4.9
浓硝酸	1.42	71	16	101
10% 氢氧化钠	1.31	10	2.8	11.1
浓氨水	0.9	28.4	15	25.9

附录 E 常用酸碱溶液相对密度及组成表
盐酸

$w(HCl)$ /%	相对密度 (d_4^{20})	$m(HCl)/$ (g/100mL 溶液)	$w(HCl)$ /%	相对密度 (d_4^{20})	$m(HCl)$ /(g/100mL 溶液)
1	1.0032	1.003	22	1.1083	24.38
2	1.0082	2.006	24	1.1187	26.85
4	1.0181	4.007	26	1.1290	29.35
6	1.0279	6.167	28	1.1392	31.90
8	1.0376	8.301	30	1.1492	34.48
10	1.0474	10.47	32	1.1593	37.10
12	1.0574	12.69	34	1.1691	39.75
14	1.0675	14.95	36	1.1789	42.44
16	1.0766	17.24	38	1.1885	45.16
18	1.0878	19.58	40	1.1980	47.92
20	1.0980	21.96			

硫酸

$w(H_2SO_4)/$ %	相对密度 (d_4^{20})	$m(H_2SO_4)/$ (g/100mL 溶液)	$w(H_2SO_4)/$ %	相对密度 (d_4^{20})	$m(H_2SO_4)/$ (g/100mL 溶液)
1	1.0051	1.005	65	1.5533	101.0
2	1.0118	2.024	70	1.6105	112.7
3	1.0184	3.056	75	1.6692	125.2
4	1.0250	4.100	80	1.7272	138.2
5	1.0317	5.169	85	1.7786	151.2
10	1.0661	10.66	90	1.8144	163.3
15	1.1020	16.53	91	1.8195	165.6
20	1.1397	22.78	92	1.8240	167.8
25	1.1783	29.46	93	1.8279	170.2
30	1.2185	36.56	94	1.8312	172.1
35	1.2599	44.10	95	1.8337	174.2
40	1.3028	52.11	96	1.8355	176.2
45	1.3476	60.64	97	1.8364	178.1
50	1.3951	69.76	98	1.8361	179.9
55	1.4453	79.49	99	1.8342	181.6
60	1.4983	89.90	100	1.8305	183.1

醋酸

$w(CH_3CO_2H)/$ %	相对密度 (d_4^{20})	$m(CH_3CO_2H)/$ (g/100mL 溶液)	$w(CH_3CO_2H)/$ %	相对密度 (d_4^{20})	$m(CH_3CO_2H)/$ (g/100mL 溶液)
1	0.9996	0.9996	65	1.0666	69.33
2	1.0012	2.002	70	1.0685	74.80
3	1.0025	3.008	75	1.0696	80.22
4	1.0040	4.016	80	1.0700	85.60
5	1.0055	5.028	85	1.0689	90.86
10	1.0125	10.13	90	1.0661	95.95
15	1.0195	15.29	91	1.0652	96.93
20	1.0263	20.53	92	1.0643	97.92
25	1.0326	25.82	93	1.0632	98.88
30	1.0384	31.15	94	1.0619	99.82
35	1.0438	36.53	95	1.0605	100.7
40	1.0488	41.95	96	1.0588	101.6
45	1.0534	47.40	97	1.0570	102.5
50	1.0575	52.88	98	1.0549	103.4
55	1.0611	58.36	99	1.0524	104.2
60	1.0642	63.85	100	1.0498	105.0

氢氧化钠

$w(NaOH)/$ %	相对密度 (d_4^{20})	$m(NaOH)/$ (g/100mL 溶液)	$w(NaOH)/$ %	相对密度 (d_4^{20})	$m(NaOH)/$ (g/100mL 溶液)
1	1.0095	1.010	26	1.2848	33.40
2	1.0207	2.041	28	1.3064	36.58
4	1.0428	4.171	30	1.3279	39.84
6	1.0648	6.389	32	1.3490	43.17
8	1.0869	8.695	34	1.3696	46.57
10	1.1089	11.09	36	1.3900	50.04
12	1.1309	13.57	38	1.4101	53.58
14	1.1530	16.14	40	1.4300	57.20
16	1.1751	18.80	42	1.4494	60.87
18	1.1972	21.55	44	1.4685	64.61
20	1.2191	24.38	46	1.4873	68.42
22	1.2411	27.30	48	1.5065	72.31
24	1.2629	30.31	50	1.5253	76.27

氢氧化钾

$w(KOH)/$ %	相对密度 (d_4^{20})	$m(KOH)/$ (g/100mL 溶液)	$w(KOH)/$ %	相对密度 (d_4^{20})	$m(KOH)/$ (g/100mL 溶液)
1	1.0083	1.008	28	1.2695	35.55
2	1.0175	2.035	30	1.2905	38.72
4	1.0359	4.144	32	1.3117	42.97
6	1.0544	6.326	34	1.3331	45.33
8	1.0730	8.584	36	1.3549	48.78
10	1.0918	10.92	38	1.3765	52.32
12	1.1108	13.33	40	1.3991	55.96
14	1.1299	15.82	42	1.4215	59.70
16	1.1493	19.70	44	1.4443	63.55
18	1.1688	21.01	46	1.4673	67.50
20	1.1884	23.77	48	1.4907	71.55
22	1.2083	20.58	50	1.5143	75.72
24	1.2285	29.48	52	1.5382	79.99
26	1.2498	32.47			

碳酸钠

$w(Na_2CO_3)/$ %	相对密度 (d_4^{20})	$m(Na_2CO_3)/$ (g/100mL 溶液)	$w(Na_2CO_3)/$ %	相对密度 (d_4^{20})	$m(Na_2CO_3)/$ (g/100mL 溶液)
1	1.0086	1.009	12	1.1244	13.49
2	1.0190	2.038	14	1.1463	16.05
4	1.0398	4.159	16	1.1682	18.50
6	1.0606	6.364	18	1.1905	21.32
8	1.0816	8.653	20	1.2132	24.26
10	1.1029	11.03			

附录 F　常见有机物的物理常数表

名称	化学式	相对分子质量	折射率	相对密度	熔点/℃	沸点/℃	溶解度		
							水中	乙醇中	乙醚中
氯仿	$CHCl_3$	119.38	1.4459	1.4832	−63.5	61.7	0.82^{20}	∞	∞
甲醛	HCHO	30.03		0.815^{20}	−92	−21	s	s	∞
甲酸	HCOOH	46.03	1.3714	1.220	8.4	100.8	∞	∞	∞
一氯甲烷	CH_3Cl	50.49	1.3389	0.9159	−97.73	−24.2	2.80^{15}_{mL}	3500^{20}_{mL}	4000^{20}_{mL}
甲醇	CH_3OH	32.04	1.3288	0.792	−93.9	64.96	∞	∞	∞
四氯化碳	CCl_4	153.82	1.4601	1.5940	−22.99	76.54	难溶	s	∞
乙酸	CH_3COOH	60.05	1.3716	1.049	16.6	117.9	∞	∞	∞
乙醇	CH_3CH_2OH	46.07	1.3611	0.7893	−117.3	78.5	∞	∞	∞
丙酮	CH_3COCH_3	58.08	1.3588	0.7899	−95.35	56.5	∞	∞	∞
正丙醇	$C_2H_5CH_2OH$	60.11	1.3850	0.8035	−126.5	97.4	∞	∞	∞
异丙醇	$CH_3CH(OH)CH_3$	60.11	1.3776	0.7855	−89.5	82.4	∞	∞	∞
N, N-二甲基甲酰胺	$HCON(CH_3)_2$	73.09	1.4305	0.9487	−60.48	149~156	∞	∞	∞
甘油	$(CH_2OH)_3$	92.11	1.4746	1.2613	20	290	∞	∞	i
乙酸酐	$(CH_3CO)_2O$	102.09	1.3901	1.082	−73.1	140.0	冷12: 热分解	∞；热分解	∞
乙酸乙酯	$CH_3CO_2C_2H_5$	88.12	1.3723	0.9003	−83.58	77.06	8.5^{15}	∞	∞
1-溴丁烷	$C_2H_5C_2H_4Br$	137.03	1.4401	1.2758	−112.4	101.6	0.06^{15}	∞	∞
正丁醇	$C_2H_5C_2H_4OH$	74.12	1.3993	0.8098	−89.53	117.3	9^{15}	∞	∞
异丁醇	$(CH_3)_2CHCH_2OH$	74.12	$1.3968^{17.2}$	0.802	−108	108.1	10^{15}	∞	∞
仲丁醇	$CH_3CHOHC_2H_5$	74.12	1.3978	0.8063	−114.7	99.5	12.5^{20}	∞	∞
叔丁醇	$(CH_3)_3COH$	74.12	1.3878	0.7887	25.5	82.2	∞	∞	∞
乙醚	$(C_2H_5)_2O$	74.12	1.3526	0.7138	−116.2	34.5	7.5^{20}	∞	∞，∞ 氯仿
呋喃		68.08	1.4214	0.9514	−85.65	31.36	难溶	s	s
四氢呋喃		72.12	1.4050	0.8892	−108.56	67	s	s	s
1,2-二氯乙烷	$ClCH_2CH_2Cl$	98.96	1.4448	1.2351	−35.36	83.47	0.9^{30}	s	∞
甲基叔丁基醚	$CH_3OC(CH_3)_3$	88.15	1.3690	0.7405	−109	55.2	s	s	s
苯	C_6H_6	78.12	1.5011	0.8787	5.5	80.1	$0.07^{22·}$	∞绝对	∞
环己烷	C_6H_{12}	84.16	1.4266	0.7786	6.55	80.74	i	∞	∞

续上表

名称	化学式	相对分子质量	折射率	相对密度	熔点/℃	沸点/℃	溶解度		
							水中	乙醇中	乙醚中
环己烯	C_6H_{10}	82.15	1.4465	0.8102	-103.5	83.0	极难溶解	∞	∞
氯苯	C_6H_5Cl	112.56	1.5241	1.1058	-45.6	132.0	0.049^{20}	∞	∞, ∞ 苯
苯胺	$C_6H_5NH_2$	93.12	1.5863	1.0217	-6.3	184.1	3.6^{18}	∞	∞
乙酰乙酸乙酯	CH_3COCH_2 $CO_2C_2H_5$	130.15	1.4194	1.0282	<-80	180.4	13^{17}	∞	∞, ∞ 氯仿
环己醇	$C_6H_{12}O$	100.16	1.4641	0.9624	25.15	161.1	3.6^{20}	s.	s
环己酮	$C_6H_{10}O$	98.15	1.4507	0.9478	-16.4	155.65	s	s	s
三乙胺	$(C_2H_5)_3N$	101.19	1.4010	0.7275	-114.7	89.3	s	s	s
甲苯	$C_6H_5CH_3$	92.15	1.4961	1.8669	-95	110.6	i	绝对∞	∞
苯甲醛	C_6H_5CHO	106.13	1.5463	1.0415	-26	178.1	0.3	∞	∞
苯甲酸	$C_6H_5CO_2H$	122.12	1.504^{132}	1.2659	122.4	249.6	$0.21^{17.5}$	46.6^{15} 绝对	66^{16}
水杨酸	$C_7H_6O_3$	138.12	1.565	1.443	159升华	211^{20}	0.16^4 2.6^{75}	49.6^{15} 绝对	50.5^{15}
丙二酸二乙酯	$CH_2(COOC_2H_5)_2$	160.17	1.4139	1.0551	-48.9	199.3	2.08^{20}	∞	∞
苄氯	$C_6H_5CH_2Cl$	126.59	1.5391	1.1002	-39	179.3	i	∞	∞, ∞ 氯仿
苯甲胺	C_7H_9N	107.16	1.5401	0.9813		185	∞	∞	∞
苯甲醇	$C_6H_5CH_2OH$	108.15	1.5396	1.0419	-15.3	205.35	4^{17}	s	s
对甲苯磺酸	$CH_3C_6H_4SO_3H$	172.21			104~105	140^{20}	s	s	s
N, N-二甲基苯胺	$C_6H_5N(CH_3)_2$	121.18	1.5582	0.9557	2.45	194.15	i	s	s
乙酸正丁酯	$C_6H_{12}O_2$	116.16	1.3941	0.8825	-77.9	126.5	0.7	∞	∞
乙酰苯胺	$C_6H_5NHCOCH_3$	135.17		1.219^{15}	114.3	304	0.56^6	$21^{20}, 46^{60}$	7^{25}
肉桂酸(反式)	$C_6H_5(CH)_2CO_2H$	148.15		1.2475^{14}_4	135.6	300	0.04^{18}	24^{20}绝对	s
苯甲酸乙酯	$C_6H_5CO_2C_2H_5$	150.18	1.5057	1.0468	-34.6	213	i	s	∞

注：1. 折射率：如未特别说明，一般表示为 n_D^{20}，即以钠光灯为光源，20℃时所测得的 n 值。

2. 相对密度：如未特别注明，一般表示为 d_4^{20}，即表示物质在20℃时相对于4℃的水的相对密度，气体的相对密度表明物质对空气的相对密度。

3. 沸点：如不注明压力，指常压(101.3kPa，760mmHg)下的沸点，140^{20}表示在20mmHg压力下沸点为140℃。

4. 溶解度：数字为每100份溶剂中溶解该化合物的份数，右上角的数字为摄氏温度，如气体的溶解度为 2.80^{16}_{mL}，表明在16℃时100g溶剂溶解该气体2.80mL。s：可溶，i：不溶，sl：微溶，∞：混溶(可以任意比例相溶)。

附录 G 常见有机化合物的毒性

名称	急性毒性 （大鼠 LD$_{50}$）	MAK[3]/ （mg/m³）	TLV[4]/ （mg/m³）
乙腈	200~453(or)[1]	70	70
乙醛	1930(口服)，LC$_{50}$36	100	180
乙醇	13660(or)，60(p.i.)	1000	1900
甲醇	12880(or)，200(p.i，LD$_{100}$)	50	9
甲醛	800(or)，200(p.i.，LD$_{100}$)	5	3
乙醚	300(p.i.)	500	400
二氯甲烷	1600(or)	1750	1740
氯仿	2180(or)>500(or)，150(p.i.)	200	240
四氯化碳	1280(小鼠经口)	50	65
二甲苯(混合物)	2000~4300(or)	870	435
二硫化碳	300(or)	30	60
丙酮	9750(or)，300(p.i.)，	2400	2400
甲苯	1000(or)	750	375
醋酸	3300(or)	25	25
醋酐	1780(or)	20	20
乙酸乙酯	5620(or)	1400	1400
四氢呋喃	65(p.i.)(小鼠)	200	590
环氧乙烷	330(or)	90	90
二恶烷	6000(or)，300(p.i.，LD$_{100}$)	200	360
环己烷	5500(or)	1400	1050
环己酮	2000(or)	200	200
苯	5700(or)，51(p.i.)	50	80
吡啶	1580(or)，12(p.i.LD$_{100}$)	10	15
硝基苯	500(or)	5	5
苯酚	530(or)	20	19

①or 为经口(mg/kg)；②p.i. 为每次吸入量(数字表示 mg/m³空气)，无特殊注明者所用实验动物皆为大鼠；③MAK 为德国采用的车间空气中，化学物质的最高允许浓度；④TLV 为 1973 年美国采用的车间空气中，化学物质的阈限值。

附录 H 各种气体和蒸气在空气中的爆炸极限

化学物质	爆炸极限/%(体)		化学物质	爆炸极限/%(体)	
	下限	上限		下限	上限
无机物			己二酸	1.6	
氨	15	28	异戊亚硝酸	1.0	
硫	2.0		亚硝基乙烯	3.0	50
一氧化碳	12.5	74	乙酰基丙酮	1.7	
亚氰基	6.6		异丁烯	1.8	9.6
氰氢酸	5.6	40	异丙醇	2.2	
乙硼	0.8	88	异丙醚	1.4	7.9
氕	4.9	75	丙基苯	0.6	

化学物质	爆炸极限/%（体）		化学物质	爆炸极限/%（体）	
	下限	上限		下限	上限
氢	4.0	75	异戊烷	1.4	
十烷硼	0.2		异硼	0.84	
联氨	4.7	100	乙烷	3.0	12.4
戊硼	0.42		乙醇	3.3	19
乙炔	2.5	100	乙胺	3.5	
乙酰替苯胺	1.0		乙二醚	1.9	36
乙醛	4.0	60	环己烷	1.2	7.7
乙酰基苯胺缩乙醛	1.6	10	环己乙烷	2.0	6.6
丙酮	2.6	13	环己戊烷	1.1	6.7
2-甲基-2羟基丙腈	2.2	12	乙、丙醚	1.7	9
苯胺	1.2	8.3	乙苯	1.0	6.7
O-氨基苯	0.66	4.1	甲乙醚	2.2	
戊醇	1.4		甲乙酮	1.9	1.0
戊醚	0.7		乙基硫醇	2.8	18
丙胺	2.2	22	乙烯	2.7	36
丙醇	2.5	18	乙胺	3.6	46
氧化氢	4.0	44	氧化乙烯	3.6	100
有机物			甘醇	3.5	
丙烯腈	3.0		2-羟基丁醛	2.0	
丙烯醇	2.8	31	丙二烯	2.16	
安息香酸	0.7		醋酸环己烷	1.0	
蒽	0.65		醋酸丁烷	1.4	8.0
异戊醇	1.4	9.0	醋酸丙烷	1.8	8

附录 I

1. 常用期刊文献

中国科学，科学通报，化学学报，高等学校化学学报，有机化学，化学通报，Journal of Chemical Society，Journal of the American Chemical Society，Journal of the Organic Chemistry，Chemical Reviews，Tetrahedron，Tetrahedron letters，Synthesis，Journal of Organmetallic Chemistry，Chemical Abstracts。

2. 网络资源

（1）美国化学学会（ACS）数据库（http：//pubs. acs. org）

（2）英国皇家化学学会（RSC）期刊及数据库（http：//www. rsc. org）

（3）Belstein/Gmelin Crossfire 数据库（http：//www. mdli. com/products/products. html）

（4）美国专利商标局网站数据库（http：//www. uspto. gov）

（5）John Wiley 电子期刊（http：//www. interscience. wiley. com）

（6）Elsevier Science 电子期刊全文库（http：//www. sciencedirect. com）

清华大学与荷兰 Elsevier Science 公司合作在清华图书馆已设立镜像服务器，访问网址：http：//elsevier. lib. tsinghua. edu. cn

（7）中国期刊全文数据库（http：//www. cnki. net）

（8）中国化学、有机化学、化学学报联合网站（http：//sioc-journal. cn/index. htm）